生物信息学数据分析丛书

深度测序数据的生物信息学分析及实例

沈百荣　主编

科学出版社

北　京

内 容 简 介

本书几乎涵盖了深度测序数据分析及应用的各个方面，适用于从事深度测序数据分析研究的技术人员和学者。在本书中，不仅可以了解到深度测序技术应用的领域，还可以通过具体实例，了解到不同软件的相关算法、原理及使用方法，以帮助选择适合自身研究和应用所需要的深度测序数据分析的解决方案。

本书适合从事生物信息学、系统生物学、医学信息学、转化医学、精准医学、健康管理等研究领域的读者阅读。

图书在版编目（CIP）数据

深度测序数据的生物信息学分析及实例/沈百荣主编. —北京：科学出版社，2017.9

（生物信息学数据分析丛书）

ISBN 978-7-03-054580-0

Ⅰ. ①深… Ⅱ. ①沈… Ⅲ. ①生物信息论 Ⅳ. ①Q811.4

中国版本图书馆 CIP 数据核字(2017)第 231042 号

责任编辑：李 悦 刘 晶／责任校对：郑金红
责任印制：赵 博／封面设计：北京图阅盛世设计有限公司

科学出版社 出版
北京东黄城根北街 16 号
邮政编码：100717
http://www.sciencep.com

北京凌奇印刷有限责任公司印刷
科学出版社发行 各地新华书店经销

*

2017 年 9 月第 一 版 开本：720×1000 1/16
2024 年 7 月第四次印刷 印张：13 3/4
字数：271 000
定价：88.00 元
(如有印装质量问题，我社负责调换)

《深度测序数据的生物信息学分析及实例》
编辑委员会

主　　编　沈百荣

副主编　严文颖　张文宇　钱福良　林宇鑫

编写人员（按姓氏汉语拼音排序）

　　　　　　　崔卫荣　蒋峻峰　荆鑫华　李　吟

　　　　　　　李　粤　李庆辉　林宇鑫　钱福良

　　　　　　　尚　婧　沈百荣　汤思捷　汤溢飞

　　　　　　　王　晶　吴文涛　严文颖　张文宇

前　言

近年来，以快速、低成本、高通量为特点的深度测序（又称下一代测序，next generation sequencing，NGS）技术极大地推动了相关科学和产业的进步，是未来精准医疗和健康产业的基石。深度测序产生了海量的数据，需要新的、专业的技术、方法和软件来分析与处理。目前，国内外已有大量优秀的研究人员发表了针对深度测序数据分析的新方法和新软件的论文。但是，国内外全面介绍深度测序数据分析及实例的书籍尚不多见。本书的编写目的就是为不同专业背景的读者提供一本实用的关于深度测序数据分析的书籍。

本书几乎涵盖了深度测序数据分析及应用的各个方面，适用于从事深度测序数据分析研究的技术人员和学者。在本书中，不仅可以了解到深度测序技术应用的领域，还可以通过具体实例，了解到不同软件的相关算法、原理及使用方法，以帮助选择适合自身研究和应用、学习所需要的深度测序数据分析的解决方案。同时，我们构建了本书配套的网站以方便读者进行实例学习，网址为 http://sysbio.suda.edu.cn/NGS_book/index.php。

本书共包括 11 章。第 1 章主要介绍了深度测序技术的常用平台和原理、对现代生物医学研究范式的影响、对生物信息学带来的挑战和机遇，以及深度测序数据分析的常见软件和平台；第 2 章介绍了深度测序相关的数据库和数据格式；第 3 章介绍了碱基识别的方法；第 4 章介绍了基因组序列比对；第 5 章介绍了序列片段的组装；第 6 章介绍了染色质免疫共沉淀测序数据分析；第 7 章介绍了转录组测序数据的分析；第 8 章介绍了 microRNA-Seq 的数据分析；第 9 章介绍了变异检测；第 10 章介绍了单细胞测序数据分析；第 11 章介绍了深度测序数据的可视化软件。本书的编写工作是苏州大学系统生物学研究中心师生多年来共同努力的结果，由于 NGS 领域发展迅速，且我们的时间和学识有限，难免有错误与不当之处，还希望读者反馈指正，我们将在以后再版时进行修改和更正。

本书各章的编写分工如下：前言及第 1 章，沈百荣、钱福良、李庆辉、汤溢飞；第 2 章，吴文涛；第 3 章，王晶；第 4 章，尚婧；第 5 章，张文宇；第 6 章，李庆辉、荆鑫华；第 7 章，严文颖、林宇鑫、汤溢飞；第 8 章，林宇鑫、李粤；第 9 章，崔卫荣、严文颖、蒋峻峰；第 10 章，张文宇；第 11 章，李吟、汤思捷。网站由林宇鑫、刘行云、严文颖开发。

本书内容曾在苏州大学生物信息学本科专业 2007 级、系统生物学硕士专业

2010 级和 2011 级同学中讲授过，感谢当时参加学习和讨论的同学。最要感谢的是中国科学院上海生命科学研究院/上海交通大学医学院健康科学研究所研究员荆清及其课题组的师生，他们在 2009 年就开始与我们共同合作分析 NGS 数据，使我们较早了解该领域，并开始这方面的工作。此外，特别感谢科学出版社的李悦编辑对我们工作的耐心鼓励和支持。

沈百荣
2017 年 7 月

目 录

前言
1 深度测序技术与生物信息学···1
  1.1 深度测序的常用平台··1
    1.1.1 Illumina 测序系统··1
    1.1.2 Roche 454 测序仪··5
    1.1.3 Applied Biosystems SOLiD 测序仪··7
    1.1.4 PacBio RSII 单分子测序··8
    1.1.5 Ion PGM 和 Proton 半导体测序仪···8
  1.2 深度测序技术对生物医学研究和社会的影响··9
    1.2.1 生物医学大数据与生物医学研究范式的改变······································9
    1.2.2 深度测序技术对经济市场的影响···10
    1.2.3 深度测序技术对社会的影响···11
  1.3 深度测序数据处理的挑战···12
    1.3.1 数据存取方面的挑战···12
    1.3.2 计算技术方面的挑战···13
    1.3.3 数据应用方面的挑战···14
    1.3.4 人才缺失与跨学科人才教育的挑战···15
  1.4 常见的软件和分析平台介绍···15
    1.4.1 生物信息学杂志特刊中的软件及其分类···15
    1.4.2 R 与 Bioconductor 软件平台···16
  参考文献···17
2 深度测序相关数据库和数据格式···19
  2.1 深度测序相关的数据库···19
  2.2 深度测序相关的数据格式···22
    2.2.1 序列与质量分数相关格式···22
    2.2.2 序列比对的相关格式···24
    2.2.3 序列组装的相关格式···24
    2.2.4 突变的相关格式···25

2.2.5　序列注释及可视化的相关格式 ································· 25
　2.3　格式转换 ··· 27
　　2.3.1　数据格式转换软件 NGSFormatConverter ························· 27
　　2.3.2　NGSFormatConverter 的安装与应用 ···························· 29
　参考文献 ·· 30

3　碱基识别 ··· 32
　3.1　深度测序碱基识别简介 ··· 32
　3.2　Illumina 平台碱基识别软件 ······································· 33
　参考文献 ·· 36

4　基因组序列比对 ··· 37
　4.1　短序列片段比对软件的发展 ······································· 37
　　4.1.1　深度测序技术带来的机遇 ··································· 37
　　4.1.2　深度测序数据带来的比对定位瓶颈 ··························· 37
　4.2　深度测序片段比对软件的比较 ····································· 39
　　4.2.1　深度测序片段比对软件 ····································· 39
　　4.2.2　深度测序片段比对定位软件算法比较 ··························· 40
　　4.2.3　比对定位软件性能比较 ····································· 45
　　4.2.4　比对定位软件评价 ··· 47
　4.3　深度测序片段比对软件实例演示 ··································· 50
　4.4　展望 ··· 51
　参考文献 ·· 53

5　小片段序列组装 ··· 55
　5.1　问题阐述：小片段序列组装 ······································· 55
　　5.1.1　小片段组装类型 ··· 55
　　5.1.2　当前组装过程的挑战 ······································· 56
　　5.1.3　小片段组装过程的意义 ····································· 56
　5.2　组装策略：如何将小片段组装成重叠群 ····························· 58
　　5.2.1　基因组序列的组装 ··· 58
　　5.2.2　转录组序列的组装 ··· 63
　5.3　算法评价：如何选取一个合适的组装软件 ··························· 63
　　5.3.1　基因组组装软件的选择 ····································· 64
　　5.3.2　转录组组装软件的选择 ····································· 66
　5.4　程序示例：如何执行一个片段组装过程 ····························· 67

  5.4.1 基因组测序数据的组装 ·· 67
  5.4.2 转录组测序数据的组装 ·· 69
 5.5 总结和展望：组装算法何去何从 ··· 70
 参考文献 ··· 71

6 染色质免疫共沉淀测序数据分析

 6.1 ChIP-Seq 简介 ··· 73
  6.1.1 ChIP-Seq 的出现 ·· 73
  6.1.2 ChIP-Seq 的基本实验流程 ·· 75
  6.1.3 影响 ChIP-Seq 实验成功的因素 ··· 76
 6.2 ChIP-Seq 数据计算分析 ··· 77
  6.2.1 碱基识别 ·· 77
  6.2.2 定位到基因组 ·· 78
  6.2.3 富集区域的鉴定 ·· 78
  6.2.4 其他下游分析 ·· 80
 6.3 Peak Calling 算法比较 ·· 81
 6.4 ChIP-Seq 数据分析应用实例 ··· 84
  6.4.1 峰的寻找 ·· 84
  6.4.2 基因关联 ·· 86
  6.4.3 Motif 发现 ·· 87
  6.4.4 注释分析 ·· 87
  6.4.5 可视化 ·· 88
 6.5 ChIP-Seq 软件的改进和发展方向 ··· 89
 参考文献 ··· 91

7 转录组测序数据分析

 7.1 RNA-Seq 简介 ·· 93
 7.2 RNA-Seq 技术的应用 ··· 96
 7.3 RNA-Seq 数据处理与软件 ··· 97
  7.3.1 概述 ··· 97
  7.3.2 剪接位点预测软件 ·· 98
  7.3.3 基因表达水平分析软件 ·· 101
  7.3.4 综合性分析软件 ·· 102
 7.4 软件安装与使用 ··· 105
  7.4.1 选择性剪接软件 ·· 105

7.4.2	基因表达水平分析软件	110
7.4.3	综合性分析软件	111

7.5 展望 ... 118

参考文献 ... 119

8 microRNA-Seq 数据分析 ... 121

8.1 microRNA 简介 ... 121

8.2 深度测序与 microRNA-Seq 技术 ... 122

    8.2.1 概述 ... 122

    8.2.2 microRNA-Seq 实验流程 ... 123

    8.2.3 microRNA-Seq 数据处理 ... 123

8.3 microRNA-Seq 数据分析软件 ... 125

    8.3.1 概述 ... 125

    8.3.2 本地分析软件 ... 126

    8.3.3 在线分析软件 ... 138

8.4 软件性能比较 ... 146

    8.4.1 测试数据与环境配置 ... 146

    8.4.2 运行时间比较 ... 147

    8.4.3 敏感度与准确度比较 ... 147

    8.4.4 新的 miRNA 预测 ... 148

参考文献 ... 149

9 变异检测 ... 151

9.1 引言 ... 151

9.2 基因组多态性 ... 153

9.3 变异的类型及其检测 ... 157

    9.3.1 SNP ... 157

    9.3.2 结构变异 ... 159

9.4 变异检测软件实例 ... 166

    9.4.1 Genome Analysis Toolkit 简介 ... 166

    9.4.2 Genome Analysis Toolkit 安装 ... 166

    9.4.3 Genome Analysis Toolkit 使用 ... 168

9.5 展望 ... 171

参考文献 ... 172

10 单细胞测序数据分析 ... 176

10.1 单细胞测序技术的简要发展历程 ... 176

10.2 单细胞测序的技术实现及主要分类 ···177
 10.2.1 常用单细胞分离的技术 ···178
 10.2.2 单细胞基因组测序技术 ···179
 10.2.3 单细胞转录组测序技术 ···180
 10.2.4 单细胞表观遗传组测序技术 ··181
10.3 单细胞测序的技术应用 ···181
 10.3.1 单细胞测序技术在癌症生物中的应用 ·······································182
 10.3.2 单细胞测序技术在发育生物中的应用 ·······································182
 10.3.3 单细胞测序技术在微生物学研究中的应用 ································183
 10.3.4 单细胞测序技术的临床应用前景 ···183
10.4 单细胞测序技术的数据分析实例 ··183
 10.4.1 输入数据以及数据分析工具介绍 ···184
 10.4.2 数据的读入与归一化 ··184
 10.4.3 根据归一化后的数据鉴定样本中高度差异表达的基因 ················184
10.5 单细胞测序技术的未来发展趋势 ··185
参考文献 ···186

11 深度测序的数据可视化软件···188
11.1 数据可视化技术的生物问题和应用背景 ··188
 11.1.1 生物问题 ···188
 11.1.2 应用背景 ···188
11.2 数据可视化相关软件介绍和比较 ··189
 11.2.1 基于网络的可视化浏览器 ··190
 11.2.2 基于本地平台的可视化软件 ···191
11.3 软件示例 ···197
 11.3.1 Savant 安装 ··197
 11.3.2 Savant 运行实例 ···198
参考文献 ···205

1 深度测序技术与生物信息学

> **内容提要：** 本章主要介绍深度测序的常用平台和原理、深度测序技术对现代生物医学研究范式乃至对社会的影响，讨论生物信息学处理深度测序数据所面临的机遇和挑战，最后对深度测序数据分析的常见软件和平台作简单介绍。

1.1 深度测序的常用平台

近年来，随着多国政府个人基因组计划的启动（例如，2014 年英国启动的"十万人基因组计划"、2015 年美国和中国政府分别启动的"百万人基因组计划"等），基因测序行业逐渐进入了大众视野，深度测序或下一代测序技术已经形成了巨大的产业和市场，是继 Sanger 测序和基因芯片技术之后发展起来的新兴产业。测序的普及使得测序产业的竞争异常激烈，深度测序平台也随时间推移在不断发展更新，市场已从三大主要平台（Illumina、454、ABI）演变到 Illumina 一家独大的局面。2014 年，Illumina 公司被美国权威杂志《麻省理工科技评论》（*MIT Technology Review*）评为"全球创新企业 50 强"第一名，超越了苹果、谷歌等科技巨头。现在 Illumina 占据了基因测序仪市场 70%的份额，其他厂商凭借自身的特点和优势分享余下的份额。在收录的数据方面，以 PUBMED SRA（http://www.ncbi.nlm.nih.gov/sra/）数据库为例，有来自不同测序平台和技术的数据，如 Roche 454 GS System、Illumina Genome Analyzer、Applied Biosystems SOLiD® System、Helicos Heliscope、Complete Genomics、Pacific Biosciences SMRT 等。下面对目前常用的测序平台进行介绍。

1.1.1 Illumina 测序系统

1999 年，Illumina 公司只是一家拥有 25 人的小公司，主要销售传统的微阵列芯片，这种芯片可以检测设计好的特定位点的变化。2007 年，Illumina 以 6 亿美元收购基因测序公司 Solexa。之后 Illumina 逐步从几大测序公司并立的局面中成长为最大的测序公司，Solexa 的基因测序技术比竞争对手快百倍，且价格低廉。Illumina 公司的新一代测序平台非常丰富，有号称测序工厂的 HiSeq X Ten；有 HiSeq X Five、HiSeq 4000、HiSeq 3000、HiSeq 2500；还有小通量灵活型的 MiSeq、针对临床诊断使用的 NextSeq 等。这些测序平台就测序通量和测序成本等方面而言，基本上覆盖了所有的应用及需求层面，这足以说明 Illumina 公司是目前测序市场产品线最丰富、最强大的公司。

1.1.1.1　HiSeq X Ten

"人类基因组计划"、"曼哈顿计划"、"阿波罗登月计划"是人类自然科学史上的三大计划。其中,"人类基因组计划"耗费了约 30 亿美元,由全球几大主要国家的顶尖科学家参与,耗时 15 年,测定了人类染色体的 30 亿对碱基,完成了第一份人类基因组图谱。随着技术的发展,测序速度和价格发生了惊人的变化。

2014 年初,Illumina 公司在第 32 届摩根大通保健大会上重磅推出了目前最强大的测序仪——HiSeq X Ten。这一套测序系统包括 10 台 HiSeq X 测序仪,适合群体规模的测序项目。HiSeq X Ten 测序平台是当前全球测序能力最强、通量最高的测序平台,也是全球第一款将个人全基因组测序成本降到了 1000 美元以内的平台。

HiSeq X Ten 以 Illumina 成熟的边合成边测序技术为基础,采用了多个先进的设计特点产生超高的通量。HiSeq X Ten 包含有数十亿个纳米孔的流动槽,新的簇生成试剂让数据密度显著增加。利用最先进的光学设备和更高效快速的试剂,HiSeq X Ten 能够比以往更快地测序。每台 HiSeq X 仪器 3 天可产生 1.8Tb 的数据,即每天 600Gb。若同时运行 10 台仪器,人们每年可测序>18 000 个人类基因组(按照每个人的全基因组 30 倍的覆盖深度计算)。

每台 HiSeq X 仪器可运行单流动槽或双流动槽,支持 2×150bp 的读长。在 3 天的时间内,双流动槽的每次运行可产生 1.6~1.8Tb 数据(6 billion SE reads),而单流动槽可产生 800~900Gb 数据(3 billion SE reads)。在 2×150bp 读长时,75%以上的碱基都高于 Q30。在最新版的试剂(V2.5),Q30 最高可达到 90%以上,单个 lane 的数据产量最高可达到 140~150Gb。随着试剂及机器软件的研发升级,单台机器的单位数据产量会越来越高。HiSeq X Ten 在测序市场上的数据产量能力当之无愧排名第一。

目前,HiSeq X Ten 测序系统需 10 台起售,售价 1000 万美元起,国内采购 10 台及相关的配套设备需超过 1 亿人民币的投入。目前全球一共有 10 余家拥有 HiSeq X Ten 的用户,包括科研机构、第三方服务机构、医院等。虽然 HiSeq X Ten 的测序能力非常强大,但是 Illumina 公司为了保护其他产品线的正常运转,对 HiSeq X Ten 的用处做了很大的限制,将其测序的范围限定在只能应用于人类全基因组测序。

1.1.1.2　HiSeq X Five

HiSeq X Five 是由 Illumina 公司在 2015 年的摩根大通保健大会推出的测序系统,是 2014 年推出的顶尖平台 HiSeq X Ten 的缩小版本,包括 5 台 HiSeq X 测序仪。

对于很多测序中心而言，HiSeq X Ten 的价格太高，通量太大。因此，Illumina 公司推出了售价约为 600 万美元的 HiSeq X Five。HiSeq X Five 的推出是为了让那些资金有限的客户也能够享受到 1000 美金的测序福利。HiSeq X Ten 系统在年初上市后反响热烈，大大超乎 Illumina 的预期。起初，Illumina 表示将供应给 5 名客户，但到年底，HiSeq X 测序仪共售出 201 台，客户数达到 18 名。据统计，HiSeq X Five 每年的测序通量超过 9000 例人类全基因组，每个基因组的成本费用大约在 1400 美元。

1.1.1.3　HiSeq 4000

HiSeq 4000 也是 Illumina 公司在 2015 年 1 月份的摩根大通保健大会上带来的新产品。HiSeq 4000 是基于成熟的 HiSeq 2500 系统开发的具有双流动槽的测序仪，但没有了 HiSeq 2500 的"快速运行模式"。HiSeq 4000 的售价为 90 万美元，能够在 3.5 天内测序 12 个基因组、100 个转录组或 180 个外显子组。

与之前的版本相比，HiSeq 3000/4000 的重大改进是流动槽设计。早期的 HiSeq 仪器使用非图案化的流动槽，这样测序簇可在表面的任何地方形成。因此，测序簇的大小、性状和间隔不均匀，而数据分析的步骤之一就是确定它们在哪里。新的仪器（包括 HiSeq X 系列）采用了图案化的流动槽，让测序簇限制在 400nm 的孔中。这种有序的结构使得簇间隔均匀和特征大小均一，便于准确分辨以极高密度成簇的流动槽，使得通量大幅提高。不过，需要注意的是，HiSeq 3000/4000 与 HiSeq 2500 的硬件系统不同，故无法从 HiSeq 2500 直接升级到 HiSeq 3000/4000，两者的试剂也不能混用。

在 HiSeq 4000 系统的每次运行中，最多测序 12 个人类全基因组（30 倍覆盖度）且时间不到 3 天。该系统每次运行最多可测序 180 个外显子组（假定每个外显子组 4 Gb）或 100 个人类全转录组（假定每个样品 5000 万条序列）。

1.1.1.4　HiSeq 3000

和 HiSeq 4000 系统一样，HiSeq 3000 是基于成熟的 HiSeq 2500 系统研发的，且都是在 2015 年 1 月份发布的新测序系统。与 HiSeq 4000 不同的是，HiSeq 3000 只有单个的流动槽。HiSeq 3000 的售价为 74 万美元（比 HiSeq 4000 便宜约 16 万美元），通量为 HiSeq 4000 的一半。

基于成熟的 HiSeq 2500 系统，凭借创新的图案化流动槽技术，HiSeq 3000/4000 系统带来了无可匹敌的速度和性能。双流动槽的 HiSeq 4000 系统提供了最高的通量和每个样品的较低价格，适合广泛的应用。而单流动槽的 HiSeq 3000 系统则享有较低的机器价格和快速运行时间。

在 HiSeq 3000 系统的每次运行中，最多测序 6 个人类全基因组（30 倍覆盖度）

且时间不到 3 天。系统每次运行最多可测序 90 个外显子组（假定每个外显子组 4 Gb）或 50 个人类全转录组（假定每个样品 5000 万条序列）。当需要的时候，HiSeq 3000 可以直接升级到 HiSeq 4000。

1.1.1.5 HiSeq 2500

HiSeq 2500 系统是一台强大而高效的超高通量测序系统，支持最广泛的应用和研究规模。利用 Illumina 成熟的边合成边测序（SBS）原理，无可匹敌的数据质量让 HiSeq 2500 成为全球大型基因组中心和领先机构的首选仪器。新推出的 HiSeq v4 试剂可以在更短时间内获得更多读取和更多数据。HiSeq 2500 适用于生产规模的基因组、外显子组、转录组测序等多种应用。

HiSeq 2500 系统有两种特有的运行模式——快速运行模式和高产量运行模式，能够同时处理一个或两个流动槽。这提供了一个灵活、可扩展的平台，支持最广泛的测序应用和研究规模。在快速运行模式和高产量运行模式中选择，以使得可扩展的产量能满足客户的项目需求。新的试剂能在高产量模式下产生高达 1 Tb 的数据。高产量模式沿用 HiSeq 2000 的运行方式，单次运行可以产出 600G，特别适合样品量较多，或需要最深度覆盖的应用。快速运行模式最多能在一天之内产生 100G 左右的数据量，还能提供 2×150bp 的读长，有助于改善 de novo 应用的组装效果。

1.1.1.6 MiSeq 系列

MiSeq 是行业最准确且最易用的台式测序仪之一，快速简约，适用于小型基因组、扩增子、靶向基因嵌板（panel）、16S rRNA 测序等。新的 MiSeq 试剂以 25 M 测序 reads 和 2×300bp 读长实现了高达 15Gb 的产量，且适用于更多的应用如外显子组、mRNA 测序、靶向基因表达、宏基因组学和 HLA 分型。

MiSeq 是唯一一台在单次运行中产生 2×300bp 双端 reads 和高达 15Gb 数据的台式测序仪。这实现了小型基因组的组装或目标变异的准确检测，特别是在均聚物区域。如今，更多的样品也能在较少时间内处理，同时在每次运行中产生比以往任何版本更多的读段（reads）。所有这些都在"从样品到数据"流程最短的台式测序仪上成为了现实。

通过 MiSeq，可以在单次运行中对多达 96 个样品进行多重分析，获得更高效率；实现准确的双向扩增子测序；产生更完整的 de novo 组装效果。

另外，值得一提的是 MiSeqDx，该仪器是第一台也是唯一一台经过 FDA 批准的体外诊断（IVD）下一代测序（NGS）系统，专为临床实验室的环境而设计。MiSeq Dx 仪器拥有约 $0.3m^2$ 的占地面积、易于上手的流程，以及专为临床实验室的需求而定制的数据产量。此外，整合的软件具有样品追踪、用户可追溯性及结果解释等功能。利用 Illumina 成熟的边合成边测序（SBS）技术，MiSeqDx 仪器提供了准确而可靠的筛查和诊断检测。

MiSeqDx 仪器上运行的分析采用简单的三步过程，从人类外周血标本中提取出的基因组 DNA（gDNA）开始，通过添加引物、生成带索引的文库、制备测序用的 gDNA 样品，进行同时捕获和扩增；文库可添加到 MiSeqDx 流动槽中，并上样到 MiSeqDx 仪器进行测序。

为了确保系统的正确使用，MiSeqDx 仪器装有 Illumina User Manager Software（用户管理软件）和 MiSeq Operating Software（操作软件）。前者让实验室可控制和追踪系统访问，确保只有经过授权的人员才能运行检测；后者控制 MiSeqDx 仪器，让测序过程自动化，并减少用户的手工操作时间。

1.1.1.7　NextSeq 系列

在 2014 年和 2015 年的摩根大通保健大会上，Illumina 公司分别推出了 NextSeq 500 和 NextSeq 550。

HiSeq X Ten 定位为工厂规模的测序仪，通量超高，价格不菲，而 NextSeq 500 则旨在以 MiSeq 的大小提供 HiSeq 的性能。NextSeq 500 系统集高通量测序的性能和台式测序仪的简约为一体，是目前唯一一款可实现外显子组、转录组和全基因组测序的台式测序仪。它可在两种模式下开展测序实验：高产量（high output）和中等产量（medium output），在单次运行中可获得 20~120Gb 的数据，为用户带来广泛的应用灵活性。

与 MiSeq 一样，NextSeq 500 的整个流程也非常简单。制备好的文库可直接上样到系统。整合的簇生成实现了单分子的自动化克隆扩增。此系统将簇生成、边合成边测序（SBS）和碱基检出整合在单台 NGS 系统中。凭借成熟的 SBS 技术，NextSeq 500 系统带来了行业领先的测序准确性，其中 75% 以上的测序碱基都高于 Q30。

NextSeq550 系统整合了高通量测序和芯片扫描功能。在测序方面，NextSeq 550 的测序模块与 NextSeq 500 完全相同；在芯片扫描方法上，它目前支持 Infinium CytoSNP-12、Infinium CytoSNP-850K 和 Infinium Human Karyomap-12 三款芯片，适用于细胞遗传学和生殖健康。NextSeq 550 系统的价格为 27.5 万美元。

1.1.2　Roche 454 测序仪

2005 年底，*Nature* 杂志报道 454 公司推出了革命性的基于焦磷酸测序法的超高通量基因组测序仪 Genome Sequencer 20 System，并分别于 2007 年推出了 Genome Sequencer FLX System、2008 年推出了 GS FLX Titanium 系列试剂和软件，让 GS 测序仪在通量增加的同时，准确性和读长进一步提高。Roche 454 测序仪的特点是该仪器的最大读长能够达到1000bp；拥有一键式数据处理和分析软件使得包括重测序基因组拼接、参考基因组比对及变异分析等在内的生物信息分析变得非常简单。

GS FLX系统的流程包括以下几个步骤：

（1）样品片段化：GS FLX系统支持各种不同来源的样品，这一步将包括基因组DNA、PCR产物、BAC、cDNA、小分子RNA等在内的样品打断成300~800bp的片段。

（2）文库制备：借助一系列标准的分子生物学技术，将A和B接头（3'端和5'端具有特异性）连接到DNA片段上。接头也将用于后续的纯化、扩增和测序步骤。具有A、B接头的单链DNA片段组成了样品文库。

（3）磁珠链接和纯化：单链DNA文库被固定在特别设计的DNA捕获磁珠上。每一个磁珠携带了一个独特的单链DNA片段。磁珠结合的文库被扩增试剂乳化，形成油包水的混合物，这样就形成了只包含一个磁珠和一个独特片段的微反应器。

（4）乳液PCR扩增：每个独特的片段在自己的微反应器里进行独立扩增，在保证没有其他的竞争性或者污染性序列影响的同时，整个片段文库的扩增平行进行。扩增后原先每条序列产生了数百万个相同的拷贝。

（5）扩增序列的读取：携带DNA的捕获磁珠随后放入PTP板中进行后续的测序。PTP孔的直径（29μm）只能容纳一个磁珠（20μm）。然后将PTP板放置在GS FLX中，测序开始。放置在4个单独的试剂瓶里的4种碱基，依照T、A、C、G的顺序依次循环进入PTP板，每次只进入一个碱基。如果发生碱基配对，就会释放一个焦磷酸。这个焦磷酸在ATP硫酸化酶和萤光素酶的作用下，经过合成反应和化学发光反应，最终将萤光素氧化成氧化萤光素，同时释放出光信号。此反应释放出的光信号被仪器配置的高灵敏度CCD实时捕获。有一个碱基和测序模板进行配对，就会捕获到一分子的光信号；由此一一对应，就可以准确、快速地确定待测模板的碱基序列。

（6）数据分析：GS FLX系统在10h的运行之后产生了数亿个碱基信息。GS FLX系统提供两种不同的生物信息学工具对测序数据进行分析：从头拼接和基因组的重测序。

GS FLX系统的准确率在99%以上。其主要限制来自同聚物，即是相同碱基的连续掺入，如AAA或GGG。由于没有终止元件阻止单个循环的连续掺入，同聚物的长度就需要从信号强度中推断出来。这个过程就可能产生误差。因此，454测序平台的主要错误类型是插入-缺失。

据454官方网站（http://454.com/products/gs-flx-system/index.asp）介绍，该测序仪主要的应用有以下几种：

（1）全基因组测序：Roche 454测序仪的长读长特性给大基因组、复杂基因组的重头测序带来了便利。

（2）转录组测序：一次性读取全长 RNA 序列使得复杂剪切方式的转录组测序变得简单。

（3）区间捕获测序：同样，对于长读长的捕获 DNA 区间，FLX 测序仪很好地解决了难以测全的问题。

（4）宏基因组：测足够长的 DNA 序列为复杂环境样品中不同生物的鉴定提供了方便。

1.1.3 Applied Biosystems SOLiD 测序仪

SOLiD（supported oligo ligation detection）是以四色荧光标记寡核苷酸的连续合成来读取核苷酸上的碱基，因其独特的标记方法取代了传统的聚合酶连接反应，可对单个拷贝的 DNA 片段进行高通量测序。

SOLiD 测序实验主要包括如下几个步骤：

（1）文库制备。SOLiD 系统能支持两种测序模板：片段文库（fragment library）和配对末端文库（mate-paired library）。使用哪一种文库取决于用户的应用及需要的信息。片段文库就是将基因组 DNA 打断，两端加上接头，制成文库。用户可以使用它进行转录组测序、RNA 定量、miRNA 探索、重测序、3′,5′-RACE、甲基化分析、ChIP 测序等。如果用户的应用是全基因组测序、SNP 分析、结构重排/拷贝数，则需要用配对末端文库。配对末端文库是将基因组 DNA 打断后，与中间接头连接，再环化，然后用 EcoP15 酶切，使中间接头两端各有 27bp 的碱基，再加上两端的接头形成文库。

（2）乳液 PCR/微珠富集。在微反应器中加入包括微珠和引物在内的反应物，进行乳液 PCR。PCR 完成之后变性模板，富集带有延伸模板的微珠，并去除多余的微珠。微珠上的模板经过 3′修饰，可以与玻片共价结合。PCR 反应结束后，磁珠表面就固定有数百万个同来源 DNA 模板扩增产物。

（3）微珠沉积。3′修饰的微珠沉积在一块玻片上。在微珠上样的过程中，沉积小室将每张玻片分成 1 个、4 个或 8 个测序区域。SOLiD 系统最大的优点就是每张玻片能容纳更高密度的微珠，在同一系统中轻松实现更高的通量。

（4）连接测序。SOLiD 没有采用惯常的聚合酶，而用了连接酶。SOLiD 连接反应的底物是 8 碱基单链荧光探针混合物。连接反应中，这些探针按照碱基互补规则与单链 DNA 模板链配对。类似地，通过复制反应获得光信号后解析出一条条序列的碱基。

（5）数据分析。SOLiD 测序完成后获得了由颜色编码组成的 SOLiD 原始序列。理论上，根据"双碱基编码矩阵"，只要知道所测 DNA 序列中任何一个位置的碱基类型，就可以将 SOLiD 原始颜色序列"解码"成碱基序列。但由于双碱基编码规则中双碱基与颜色信息的简并特性（一种颜色对应4种碱基对），前面碱基的颜色编码直接影响紧跟其后碱基的解码，所以一个错误颜色编码就会引起"连锁解码错误"，改变错误颜色编码之后的所有碱基。

官方宣称，该测序仪的特色是很好地保证了研究人员测序实验的精确性，主要包括：

（1）极高的准确性。高达99.99%的准确性给疾病研究中的低频等位基因测定带来了可能。

（2）多样本混合测序的能力。官方给予最多96个barcode的混合模式，将最大限度地利用测序通量。

1.1.4　PacBio RSII 单分子测序

PacBio RS目前可以获得2500~3000bp的读长，对于基因组拼接来说，这就相当于同样的一幅图，用大的碎片来做拼图，由于大碎片比小碎片的识别度要高，因此完成拼图的难度就可以大幅降低。

目前，PacBio上所使用的DNA聚合酶的合成速度大约是每秒1~3个碱基，这意味着测序速度每分钟可超过100个碱基。从样品制备到获得碱基序列的全部流程可在1天内完成。每个SMRT cell可以获得90M的可定位数据，现阶段每天最多可运行12个SMRT cell，因此每天可获得的数据量是12×90=1080Mb。

PacBio平台目前的错误主要是插入和缺失，只有大约1%是碱基置换（substitution）。PacBio平台的主要应用场景是甲基化研究、高GC含量基因组测序、病原微生物测序、稀有变异检测等。

1.1.5　Ion PGM 和 Proton 半导体测序仪

Ion PGM和Proton半导体测序仪是Life Sciences公司开发的两款基于半导体技术的深度测序仪，其利用了DNA合成时释放一个氢离子的特性，用半导体检测来达到测序的目的。Ion PGM™测序仪快速、简捷、扩展性好，更关键的一点是价格实惠。它的出现给众多小型公司提供了高端深度测序的可能性，简单方便的操作也给人才培养节省了成本。而Proton在PGM的基础上提高了测序通量，使得对人的测序也有了可能。

Ion Torrent个人基因组测序仪的操作流程非常简单：

（1）产生两端有Ion Torrent接头的测序DNA片段的文库。这一步可以通过直接将接头固定在PCR产物上，或者在设计PCR引物的时候直接在引物的5′端加上Ion的接头序列来实现。

（2）文库的片段被克隆到专门的离子微球颗粒上，再通过微乳液PCR进行扩增。将表面带模板的离子微球颗粒转移到 Ion 芯片，通过短暂的离心将离子微球颗粒沉淀到芯片的微孔中，接着放到个人 PGM 仪器上按触摸屏上的操作导引建立程序运行测序。

（3）数据一旦在 Ion PGM 测序仪上产生，仪器会自动将数据传送到 Torrnet 测序的服务器上。在该服务器上，数据通过信号处理和碱基算法分析，产生单次读长的相关 DNA 序列。

Ion Torrent 平台有着一整套的数据分析和管理系统，为实验室和研究单位节省了大量前期开发的成本。

1.2 深度测序技术对生物医学研究和社会的影响

如今基因测序的价格已下跌为 20 年前的近万分之一。21 世纪初，测定基因组图谱是基于毛细管电泳芯片（capillary array electrophoresis）的 Sanger 测序法，测定一个全基因组图谱的花费高于 1000 万美元，而随着下一代测序技术的进步，测序速度提高、测序成本下降（Stevens，2012），使得全基因组测序只需要 1000 美元就可以实现（Mardis，2006；Erlich，2015）。这一巨大的发展，与计算机发展历程有类似之处。深度测序技术的发展将对科学、经济和社会三个方面产生深远的影响（白晋伟和沈百荣，投稿中）。

1.2.1 生物医学大数据与生物医学研究范式的改变

1.2.1.1 生物医学大数据的产生和数据驱动的生物学研究

深度测序技术与传统的测序技术相比，生物问题的应用更为广泛，它不仅可以应用于定性的 DNA 序列的测定和基因组的结构分析，还可以用于定量的表达分析，例如，RNA-Seq 可用于表达谱的测定，包括非编码 RNA 的表达等。ChIP-Seq 可用来测定蛋白质与 DNA 的结合位点、表观组学的测定等，另外还可应用到肠道菌群、宏基因组测序、单细胞测序等。在表达定量分析方面的研究，不仅可以测定已知基因的表达情况，也可以用于新基因的发现和测定。深度测序技术的应用除了在研究具体生物问题方面的广度得以拓展之外，同时在物种演化比较、基因与环境相互作用方面也得到广泛的应用。

由于深度测序的应用范围的拓展，基于一个生物标本可进行的测序式样有很多种，如可以对一个生物组织进行基因组测序、分析其基因组结构的变化，也可以测定其表达组的信息、表观遗传组信息、变异信息等，因此基于少量的样本就可以产生大量的数据，这些数据相对于商业领域的个人商品和书籍等购买信息而言，有不同的特征，前者被称为"小的大数据"，后者被称为"大的小数据"。当然，随着数据的累积如人群基因数据的测定，也逐渐形成大的大数据，如 23&Me 公司收集了大量的个性化数据可用于大数据分析（Hyde et al.，2016；Abbasi，2017）。

1.2.1.2 个性化医学、P4 医学和精准医学研究范式的兴起

个性化医学、P4 医学和精准医学等研究范式都是在近几年深度测序技术迅猛发展的基础上提出的，个人基因组测定的可行性，使得大众有可能测定和分析自己的基因组、寻找到个人健康相关的基因风险因素，从而可以在生活习惯、饮食等方面提早进行个性化预测和预防。由于互联网的发展和即时检验技术（point-of-care-testing，POCT）的应用，人们可以通过网络进行交流和参与到整个诊疗过程，这便是 P4 医学的概念：预测性（predictive）、预防性（preventive）、个性化（personalized）及参与性（participatory）。与个性化医学的范式相比，P4 医学更强调早期预测和预防，强调对患者了解的系统性和参与性。精准医学的概念则是在基因测序普及的基础上，将整个个体的各种信息如生理信息（通过可穿戴设备可以即时监控和收集到）和肠道菌群变化、各种组学信息（深度测序测定）整合，进行精准的疾病分型、治疗和预防。

随着老年化时代的到来及临床资源的限制，基于这三种范式的健康管理和精准诊疗将成为生物医学研究与应用的基本范式，走向大众生活，正如当年的计算机发展历程一样，从原来的大型机器演变成可移动的小型工具。医学与健康的将来也会随着深度测序的普及和生物信息学数据处理能力的大幅度提高，而进入个性化的大众管理时代。

1.2.2 深度测序技术对经济市场的影响

俄国经济学家及统计学家康狄夫（1892—1938）的长波理论（Kondratieff's wave cycles）认为商品经济中存在着为期 50~60 年的周期性波动，根据这一理论，商品经济的第六波创新驱动将由信息技术向心理社会健康方面转移（https://en.wikipedia.org/ wiki/Kondratiev_wave）。可以相信，全球老年化社会到来后的经济主战场将是健康行业，而以基因测序预测健康和临床精准分型的市场将会越来越大。

深度测序相关的经济市场有两个方面。一是测序仪器和技术相关的市场，这方面的竞争达到狂热的程度。前面介绍仪器平台时已有说明，中国也有几台国产的测序仪，如华大 BGISEQ500、中科紫鑫 BIGIS 和华因康 PSTAR-II 等，随着测序技术的进一步普及，期待国产测序仪在今后的市场上有一席之地。二是测序应用市场的竞争。测序的应用产业除了科研服务外，最主要的是围绕疾病个性化诊

疗的精准分型和健康管理产业，基于基因测试的疾病风险预测和干预。其他的基因测试市场是疾病诊疗和健康管理业的衍生行业，如保险业务的相关疾病风险预测、遗传咨询相关的基因检测，以及食品、营养和农业相关的基因检测等。

"23&Me"是美国的一家著名的 DNA 测定公司，创始人是安妮•沃西基（Anne Wojcicki）。用户邮寄给 23&Me 公司一份唾液，花费 99 美元，就能获得一份在线 DNA 报告，包括祖先起源、血统混合情况（包括来自欧洲、非洲和亚洲的比例，从而将祖先划定在某个大陆的特定区域）；用户还可以选择提交自己的 DNA 数据，进行遗传学分析、参与 230 多项研究，目的在于寻找疾病治疗和治愈方式。该公司 2006 年起开始收集生物标本、递交样本者的信息和知情同意书，超过百万人的数据被收集，2013 年 11 月 22 日，美国 FDA 禁止了该公司的基因测试的销售，但该公司依然利用他们收集到的大数据进行研究。2015 年 2 月 9 日 FDA 批准该公司测定 Bloom 综合征携带者，Bloom 综合征即面部红斑侏儒综合征，该病是常染色体隐性遗传病，是一种典型的染色体断裂综合征。之后该公司又获准为客户测定 35 个基因携带状态的信息（Stoekle et al.，2016）。

目前中国市场类似的服务层出不穷，同时基于基因检测的精准分型市场也越来越大。以肺癌治疗为例，20 世纪 80 年代肺癌分类非常简单，按照显微组织将肺癌分为非小细胞癌（85%）和小细胞癌（15%），非小细胞癌又分为非鳞状癌（75%）和鳞状癌（25%）。到 21 世纪初，根据致癌驱动因子的不同，可以将非小细胞肺癌分为 EGFR（34%）、kras（11%）和未知突变（55%）三种类型。近年来，深度测序技术促进了对肺癌的进一步认识和分型，更多的位点突变如 ALK、ERCC1、MET、PI3K、RRM1 等被陆续被发现，多基因检测肺癌致癌驱动基因对医生准确选择靶向药物十分重要。以肺癌中最常见的 EGFR 突变型为例，敏感性基因突变（19 Del+L858R），第一代靶向药物（如易瑞沙等）可以良好治疗和控制；但是对于耐药性基因突变（T790M），则需要第三代靶向药物（AZD9291）才有较好的临床效果。

在健康领域的分析还有很多细节需要进一步分析，尤其是复杂疾病，中国人的基因突变谱和疾病风险有其个性化的特征，需要收集大量的数据、建立准确的风险分析模型，才能在市场上得到准确应用和认可。

1.2.3 深度测序技术对社会的影响

深度测序技术促进了基因检测的普及，对社会的影响有两个方面。一个方面是商业模式，即医学检验和健康管理方面的平民化、个性化趋势的形成。23&Me 公司是美国 FDA 批准的直接面向客户销售的基因检测企业，它引导了一个新的商业模式 D2C（direct-to-customer），即直接面向客户的商业模式，不需要经过商店或医院，客户直接参与到自己的基因分析和健康管理中来，这种模式会随着移动通讯和互联网的发展、基因测试仪器的小型化走入百姓家庭，自己测序（do-it-yourself sequencing，DIY-sequencing）的时代应该不远了。

社会生活受到深度测序技术影响的第二个方面是基因测序的广泛应用。例如，基因关联将人与人通过遗传学关联起来，人们可以对基因进行分析判定亲缘关系，基因测定甚至可以帮助判定婚姻（包括遗传病等方面的）匹配度。公安机关可以通过基因对比，锁定犯罪嫌疑人、寻找丢散的儿童和亲人。有报道表明测定 20 多个基因就可以将人脸重构（Claes et al.，2014）。总之，基因检测的应用将随着基因-表型的关联得到更广泛的应用，对社会生活的方方面面起到重要作用。

1.3 深度测序数据处理的挑战

目前深度测序数据是生物医学领域数量增加最快、应用最广的数据，对这些数据的管理、分析和应用给生物信息学带来了巨大的挑战。早期的测序技术是"测定没有计算快"，下一代测序技术发展以来，变为如今的"计算没有测定快"。测序速度给计算带来了巨大的挑战。除了生物信息学本身针对各种生物问题处理的复杂性之外，深度测序技术测定数据的处理和计算可以分为如下 10 个挑战，根据数据存取、数据运算分析、数据应用及人才培养分为 4 个方面（白晋伟和沈百荣，2017）。

1.3.1 数据存取方面的挑战

1）挑战 1：存储与提取

深度测序测定的数据同样具有大数据的四个"V"的特点，即大量（volume）、高速（velocity）、多样（variety）、真实性（veracity）。如前所述，一台 HiSeq X Ten 每天可以产生 600GB 的数据，3 天可测定 1.8TB 的数据，通常的个人计算机是难以处理这样巨大数据的，深度测序数据的多样性在于不同的组学数据如基因组学、转录组学、表观基因组学及变异组学等，其真实性与实验室的污染、仪器误差和计算的假阳性等有关。大数据存取需要很大的硬件和计算代价，开发高效快速的存取格式和模型是深度测序大数据的首要挑战。

2）挑战 2：数据格式与标准化

大数据的存储和提取与数据的格式和结构密切相关，同时也与数据的重复使用性相关，数据的格式和标准化是保证数据 FAIR 原理的基础，FAIR 原理指的是可找到的（findable）、可获取的（accessible）、可互操作性（interoperable）和可重用性（reusable）（Wilkinson and Dumontier，2016）。然而，由于深度测序数据的多样性及基因之间的相关性，数据的标准性还涉及数据之间的关联，将高效易解析的数据格式、数据标准化与各种不同的本体论（ontology）结合起来，将会为数据库和知识库的构建提供基础。

3）挑战3：伦理、隐私与数据共享

如果深度测序数据是个人的各种组学数据，将涉及个人数据的隐私性，保护个人的隐私（包括能力、疾病、习惯等），可以避免在就业、婚恋、保险和社会生活中被歧视等伦理问题。数据的共享必须以隐私保护为前提，然而，隐私保护并不是将姓名等个人信息去掉那么简单，正如前面所说的，人们可以根据其他的信息推测个人的隐私信息。例如，根据20多个基因可以推断一个人的长相，去隐私性需要对基因数据进行复杂的预处理，才能保障数据提供者的信息安全（Huang et al., 2016; Vayena and Gasser, 2016; Wang et al., 2017）。

4）挑战4：数据库和知识库

数据库和知识库的发展是生物信息学科的基石。数据库的构建应该考虑从原始数据到知识发展的过程，为知识发现提供好的数据库构架。没有好的数据、好的数据关联和建模相关的元素，就没有好的知识发现。过去构建的独立元素的数据库，便不能用于发现复杂的元素关联网络结构。好的知识库可以用于对数据库的深度解释和机理发现，如GO、KEGG等是广为使用的知识库。但在临床表型数据和知识方面的缺乏，使得这些知识库在精准基因型和表型关联方面的应用受到制约。如何将深度测序数据建立成一个大的数据库便于搜查和比较，如疾病相似性比较等，建立基因与疾病风险之间的知识库对精准的健康监控尤为关键。

由于大数据中的复杂关系并不能预先知道和设计，事先无法定义数据模式和表的结构等，NoSQL（not only SQL）一类的非关系型数据库便得到了应用和推广。键值存储数据结构（entity-attribute-value）更适用于大数据的研究，但关系数据库与NoSQL两者对数据分析各有优缺点。

1.3.2 计算技术方面的挑战

1）挑战5：运算速度与算法

速度是大数据处理的关键，前面讨论到的数据库系统的整体效率即存取速度。这里讨论的速度是指对数据进行各种操作和分析的速度，需要考虑数据结构、数据分布和数据运算资源的分配，最常用的解决办法是高性能计算和并行计算，在计算方案设计过程中需要对生物医学问题在机制层面上理解和分析，如数据的重复度、数据的分布结构等，针对深度测序数据不同特征的新的算法是计算的一大挑战，甚至需要考虑软件、硬件整合的计算构架。

2）挑战 6：数据降维与可操作数据的选择

由于生物医学数据本身有它的独特性，基因数据关联度大，演变性强，在生物医学大数据中寻找驱动（或者关键的）基因和子网络，对大数据进行合理的降维、寻找可操作的变量是促进生物医学大数据分析走向应用的关键。

1.3.3 数据应用方面的挑战

1）挑战 7：多组学数据的整合与应用

多组学的整合一直是近几年来的研究热点，犹如将盲人摸象中多个盲人获得的不同信息进行整合，这里的整合是对"同一个大象"的不同部位的信息进行的，因此用来整合的数据必须是成对的、来自同一个样本的数据，成对的基因数据和临床信息数据是关键。最近几年用于数据整合的系统有很多，如 BTRIS（Cimino et al.，2014）、dbGaP（Tryka et al.，2014）、Enterprise Data Trust（Chute et al.，2010）、i2b2（Murphy et al.，2010）、IMMPORT（Bhattacharya et al.，2014）、NDAR（Payakachat et al.，2016）、STRID（Lowe et al.，2009）、TCGA（Tomczak et al.，2015）、TCIA（Clark et al.，2013）、TRAM（Wang et al.，2009）等，这里多组学整合不只是在分子组学层次，还有基因与图像组学、生理组学和临床表型组学等方面的整合和应用。

2）挑战 8：系统建模分析

对复杂系统的理解，系统建模是关键。如何将深度测序得到的数据重建一个基因调控网络，并进行动态模拟或静态分析，绝非一件简单的事情。因为这个系统中有多种元素，如编码基因的表达、Non-coding RNA 的表达、表观修饰、变异、肠道菌群及环境影响因素等，研究这些复杂系统的变化和干扰，构建一个多元素的网络是第一步。另外，对这个系统的动力学研究还需要必要的动力学参数和初始条件等信息。

当然，我们可以将系统简化，用物理学中的熵分析方法来寻找变化规律、临界点等。但是由于系统的演变时间较长，也许没有明显的临界点。例如，有些癌症通常被认为是慢性病，有十多年的演化历程，也许无法通过收集十多年的数据来找到一个具体的临界点。不过熵的演变模型，可以帮助我们理解这个过程的宏观特点。在系统层次上的方法还需要新的数学模型对复杂系统的分子机制进行深入了解。

3）挑战 9：数据的个性化应用和个性化模型

生物体系尤其是疾病体系是由基因、环境和生活习惯三者复杂的相互作用导致的，生物系统是一个异质性和鲁棒性很强的系统，很难开发出一个实用性很强的模型和软件。针对不同的数据结构和不同的复杂系统开发出不同的个性化的模型及软件是精准医学和精准健康管理的必然挑战。

1.3.4 人才缺失与跨学科人才教育的挑战

1）挑战 10：跨学科教育的挑战

深度测序数据的迅猛增长使得数据科学分析方面的人才十分缺乏，深度测序和大数据处理都是新生事物，将深度测序数据应用到临床更需要数学统计、计算机和生物、临床医学领域的多学科交叉的高级人才，这些人才的培养往往并不是短时间内能够实现的，加上深度测序、大数据处理、生物医学学科本身的迅猛发展和学科内容的不断更新，需要有很好的社会机制和教学模式才可能培养出社会需要的真正有用的人才。

1.4 常见的软件和分析平台介绍

深度测序数据分析的软件随着研究的深入和应用的需要，有大量面向不同科学问题和应用的软件产生，它们分别发表在不同的杂志和软件平台上，还有一些商业用软件不断推出。软件的多样性和复杂性使得软件的系统评价及比较成为一个重要的研究方向，每个软件可能有各自独特性和使用范围，即使同一个软件、同一个数据，使用的参数不一样，其结果也大相径庭。这种情况使得使用者受到困扰。生物信息学软件的算法使用范围、理论背景和统计学的应用类似，大量的研究文献中存在不少错误或不准确应用，生物信息学的普及与推广需要长时间的努力，不少学生和研究人员对生物信息学科理解不深，导致他们的研究出现简单和粗糙的结果。深度测序数据的积累，导致对这些数据做精确分析的人才在市场上十分紧缺。很多人希望深入学习深度测序数据分析，这里对一些常用的软件信息来源和平台作介绍，可以作为深度测序数据分析学习者的起点。

1.4.1 生物信息学杂志特刊中的软件及其分类

早在 2009 年深度测序技术刚刚兴起时，牛津大学出版社的 *Bioinformatics* 杂志就设了一个虚拟期号，将出版在该杂志上的相关文章收集在这一期刊的虚拟期（virtual issue）上，及时更新相关的算法和软件信息，这是一个深度测序数据分析软件的重要信息源。当然，在其他期刊如 *Nucleic Acids Research*、*Genome Biology*、*BMC Bioinformatics* 和 *PLOS Computational Biology* 也有一些报道。在 *Bioinformatics* 杂志上的工具软件分为以下 10 类：

- Alignment（测序对比）
- Assembly（测序组装）
- Base calling（碱基识别）
- ChIP-Seq（研究蛋白质与 DNA 结合位点分析）

- Diagnosis（诊断应用）
- Miscellaneous（其他）
- Pipeline（分析流程工具）
- RNA-Seq（转录组测序）
- Variant detection（变异检测）
- Visualization（可视化）

请参见：https://academic.oup.com/bioinformatics/pages/next_generation_sequencing。

1.4.2 R 与 Bioconductor 软件平台

R 语言是科学计算领域的一个最重要的开源软件，软件包中涉及的算法和应用非常广泛，绝大多数的生物相关软件收集在 Bioconductor 软件平台下，目前包括 1380 多个软件包，可以联合使用解决大量的生物信息学问题，因此 R 语言和基于 R 语言的 Bioconductor 是生物信息学家不可缺少的工具，Bioconductor 平台上（http://www.bioconductor.org/）不仅可以下载生物信息学（包括深度测序数据分析）软件和数据，网页上还有大量的学习材料供初学者乃至专家熟悉相关的软件和生物信息学应用。这里对深度测序相关的软件包和数据包作一简单介绍，具体内容可在 Biocondictor 平台上查找。

1.4.2.1 深度测序相关的软件包

目前，Biocondictor 平台上有关生物技术相关的分析软件包有 871 个，其中测序相关的软件包约 433 个，见表 1-1（详细信息见相关网页）。

表 1-1 Biocondictor 平台上生物技术相关的分析软件包

各种生物技术*	软件包个数	测序相关技术**	软件包个数
CRISPR	（4）	ChIPSeq	（73）
ddPCR	（1）	DNASeq	（20）
FlowCytometry	（44）	ExomeSeq	（8）
MassSpectrometry	（63）	HiC	（10）
Microarray	（403）	MethylSeq	（20）
MicrotitrePlateAssay	（16）	Microbiome	（13）
qPCR	（10）	miRNA	（11）
SAGE	（10）	PooledScreens	（1）
Sequencing	（433）	RiboSeq	（4）
SingleCell	（12）	RIPSeq	（3）
		RNASeq	（174）
		TargetedResequencing	（5）
		WholeGenome	（20）
		SingleCell	（12）

*http://www.bioconductor.org/packages/release/BiocViews.html#___Technology
**http://www.bioconductor.org/packages/release/BiocViews.html#___Sequencing

1.4.2.2 深度测序相关的实验数据包

Biocondictor 平台上有关生物技术相关的数据包有 202 个,其中测序相关的软件包有 70 个,见表 1-2(详细信息见相关网页)。

表 1-2 Biocondictor 平台上生物技术相关的数据包

各种生物技术[*]	数据包个数	测序相关技术[**]	数据包个数
CGHData	(4)	ChIPSeqData	(7)
FlowCytometryData	(6)	DNASeqData	(6)
HighThroughputImagingData	(4)	MicrobiomeData	(4)
MassSpectrometryData	(17)	miRNAData	(3)
MicroarrayData	(112)	RIPSeqData	(1)
MicrotitrePlateAssayData	(4)	RNASeqData	(33)
qPCRData	(4)	SmallRNAData	(1)
SAGEData	(1)		
SequencingData	(70)		

[*]http://www.bioconductor.org/packages/release/BiocViews.html#___TechnologyData
[**]http://www.bioconductor.org/packages/release/BiocViews.html#___SequencingData

参 考 文 献

白晋伟, 沈百荣. 2017. 健康管理与深度测序数据解析的挑战. 中华医学图书情报杂志. 投稿中.
Abbasi J. 2017. 23andMe, big data, and the genetics of depression. Jama, 317(1): 14-16.
Bhattacharya S, Andorf S, Gomes L, et al. 2014. ImmPort: disseminating data to the public for the future of immunology. Immunol Res, 58(2-3): 234-239.
Chute C G, Beck S A, Fisk T B, et al. 2010. The enterprise data trust at mayo clinic: a semantically integrated warehouse of biomedical data. J Am Med Inform Assoc, 17(2): 131-135.
Cimino J J, Ayres E J, Remennik L, et al. 2014. The national institutes of health's biomedical translational research information system(BTRIS): design, contents, functionality and experience to date. J Biomed Inform, 52: 11-27.
Claes P, Liberton D K, Daniels K, et al. 2014. Modeling 3D facial shape from DNA. PLoS Genet, 10(3): e1004224.
Clark K, Vendt B, Smith K, et al. 2013. The cancer imaging archive(TCIA): maintaining and operating a public information repository. J Digit Imaging, 26(6): 1045-1057.
Erlich Y. 2015. A vision for ubiquitous sequencing. Genome Res, 25(10): 1411-1416.
Huang Z, Ayday E, Lin H, et al. 2016. A privacy-preserving solution for compressed storage and selective retrieval of genomic data. Genome Research, 26(12): 1687-1696.
Hyde C L, Nagle M W, Tian C, et al. 2016. Identification of 15 genetic loci associated with risk of major depression in individuals of European descent. Nat Genet, 48(9): 1031-1036.
Lowe H J, Ferris T A, Hernandez P M, et al. 2009. STRIDE—an integrated standards-based translational research informatics platform. AMIA Annu Symp Proc, 2009: 391-395.

Mardis E R. 2006. Anticipating the 1,000 dollar genome. Genome Biol, 7(7): 112.

Murphy S N, Weber G, Mendis M, et al. 2010. Serving the enterprise and beyond with informatics for integrating biology and the bedside(i2b2). J Am Med Inform Assoc, 17(2): 124-130.

Payakachat N, Tilford J M and Ungar W J. 2016. National database for autism research(NDAR): big data opportunities for health services research and health technology assessment. Pharmacoeconomics, 34(2): 127-138.

Stevens H. 2012. Dr. Sanger, meet Mr. Moore: next-generation sequencing is driving new questions and new modes of research. Bioessays, 34(2): 103-105.

Stoekle H C, Mamzer-Bruneel M F, Vogt G, et al. 2016. 23andMe: a new two-sided data-banking market model. BMC Med Ethics, 17: 19.

Tomczak K, Czerwinska P, Wiznerowicz M. 2015. The cancer genome atlas(TCGA): an immeasurable source of knowledge. Contemp Oncol(Pozn), 19(1a): A68-77.

Tryka K A, Hao L, Sturcke A, et al. 2014. NCBI's database of genotypes and phenotypes: dbGaP. Nucleic Acids Res, 42(Database issue): D975-979.

Vayena E, Gasser U. 2016. Between openness and privacy in genomics. PLoS Med, 13(1): e1001937.

Wang S, Jiang X, Singh S, et al. 2017. Genome privacy: challenges, technical approaches to mitigate risk, and ethical considerations in the United States. Ann N Y Acad Sci, 1387(1): 73-83.

Wang X, Liu L, Fackenthal J, et al. 2009. Translational integrity and continuity: personalized biomedical data integration. J Biomed Inform, 42(1): 100-112.

Wilkinson M D, Dumontier M. 2016. The FAIR guiding principles for scientific data management and stewardship. Sci Data, 3: 160018.

2 深度测序相关数据库和数据格式

> **内容提要**：随着深度测序技术的到来，许多生物信息数据库和软件不断升级，同时许多新的数据库和软件应运而生。种类繁多的数据库经常让研究人员无从下手，无法找到想要的数据。五花八门的数据格式更让研究人员无法有效地进行后续分析。
>
> 因此，本章旨在收集与整理深度测序相关的数据库和数据格式，帮助研究人员获取与分析数据。随后演示深度测序格式转换软件和数据库检索软件的使用，以帮助研究人员解决有关深度测序的数据获取与数据格式转换难题，便于他们能专心于深层研究。

2.1 深度测序相关的数据库

随着深度测序技术的不断成熟，越来越多的研究人员投身其中，然而后续数据分析的速度却远远赶不上数据生成的速度，这些都使得深度测序的数据呈指数上升并且产生了海量数据的存储问题。这个问题随着制造商开发出更多更快的测序仪而愈加严重。例如，ABI 的测序平台 SOLiD（supported oligonucleotide ligation and detection）单次运行，便可以分析 6Gb 的碱基序列；Roche 454 测序仪单次运行可以将上述结果转换成 12~15G 字节的数据信息；Illumina Genome Analyzer（GAII）测序系统仅在 2h 的运行时间内，就能得到 10T 字节的信息。尽管对于像 Applied Biosystems 这样的制造商而言，可以为用户提供高达 11.25TB 的存储量，但对于多数实验室所具有的信息管理系统来说，规模如此庞大的数据信息如同迎面而来的洪水，让人感到难以控制。

因此，为解决海量深度测序数据的存储问题，美国国家生物技术信息中心（NCBI）率先推出了短序列片段数据库（SRA）。随后，欧洲生物信息研究所（EBI）和日本国立遗传学研究所（DNA Data Bank of Japan，DDBJ）都推出了相应的数据库，它们之间共享数据，使研究人员能自行提交或下载数据。同时，研究人员也公布自己的实验数据并建立数据库；也有些研究者提取 SRA 等数据库的数据，进行聚类等分析后建立了二次数据库，供其他研究者更方便地获取其所想要的数据。表 2-1 列出了已经发表的常用存储深度测序信息的数据库，下面将逐一介绍，以方便研究者选择合适的数据库。

表 2-1 深度测序相关数据库

数据库	简介	官网
CLIPZ	存储由实验获得的 RNA 结合蛋白的结合位点数据并提供分析工具	http://www.clipz.unibas.ch
DARNED	人类 RNA 编辑（RNA editing）数据库	http://darned.ucc.ie
DeepBase	存储由深度测序产生的 ncRNA（microRNA、siRNA、piRNA 等）数据	http://deepbase.sysu.edu.cn
DRA	DDBJ 的短序列片段数据库	http://trace.ddbj.nig.ac.jp/dra/index_e.shtml
ENA	EBI 的短序列片段数据库	http://www.ebi.ac.uk/ena
GEO	NCBI 的基因表达数据库，也提供对深度测序数据的存储	http://www.ncbi.nlm.nih.gov/geo
hmChIP	收集公开发表的人类和老鼠的 ChIP-seq 及 ChIP-chip 数据	http://jilab.biostat.jhsph.edu/database/cgi-bin/hmChIP.pl
isomirs	存储由深度测序产生的 isomirs 数据	http://galas.systemsbiology.net/cgi-bin/isomir/find.pl
ncRNAimprint	哺乳动物非编码印记 RNA 数据库	http://rnaqueen.sysu.edu.cn/ncRNAimprint
NGSmethDB	深度测序产生的 DNA 甲基化数据库	http://bioinfo2.ugr.es/NGSmethDB/gbrowse
OrchidBase	兰花转录组数据库，有传统测序产生的，也有深度测序产生的	http://lab.fhes.tn.edu.tw/est
SRA	NCBI 的短序列片段数据库	http://trace.ncbi.nlm.nih.gov/Traces/sra
starBase	用于解码癌症中 RNA 间及 RNA 与蛋白质间的相互作用网络	http://starbase.sysu.edu.cn
TIARA	基于多种技术的人类基因组分析数据库	http://tiara.gmi.ac.kr

首先，讨论一下 SRA（Sequence Read Archive）、ENA（European Nucleotide Archive）和 DRA（DDBJ Sequence Read Archive），它们都是国际核酸序列数据库合作组织（INSDC）的合作者（Shumway et al.，2010；Leinonen et al.，2011），是三大生物信息数据库专为深度测序建立的数据库，三个数据库之间共享数据。换言之，用户可以在一个数据库中下载到三个数据库所有的数据。

CLIPZ（Khorshid et al.，2011）支持自动注释由交联免疫共沉淀（CLIP）实验与 RNA 结合蛋白获得的短序列片段，确定这些蛋白质的结合位点。功能注释也可用于其他实验获得的短序列片段，如 mRNA-Seq、数字化基因表达、小 RNA 克隆等。CLIPZ 平台支持可视化及多个实验数据的挖掘与分析。

DARNED（Kiran and Baranov，2010）的名字取自 DAtabase of RNa EDiting。数据库提供集中访问所有已经发表的关于 RNA 编辑的数据集。这些数据来自有关新发现的描述 RNA 编辑的文献。他们定义了四种数据集：①以生物信息技术分析 cDNA 序列和基因组序列的不同之处为基础的数据；②单核苷酸多态性（SNP）的分析数据；③miRNA 的分析数据；④来自同一组织的 RNA 和 DNA 样本的高通量测序结果。

DeepBase（Yang et al.，2010）是深度测序数据中非编码 RNA（包括 microRNA、

siRNA、piRNA 等）的注释和发现平台。在 DeepBase 上，用户可以映射、储存、检索、分析、整合、注释、挖掘和可视化不同平台、不同组织、不同细胞系、不同物种的深度测序数据。DeepBase 还提供综合性、交互性、通用的网络图形界面来显示多维数据，并促使转录组的研究和新的 ncRNA 发现。它的数据来源于许多数据库，包括 GEO、miRBase、Ensemble、UCSC 生物信息学网站等。

GEO（Gene Expression Omnibus）（Barrett et al.，2009）构建于 2000 年，最初是 NCBI 为基因表达数据而建立的。不过，由于其灵活的数据结构，其他数据也能被存储，这其中就包括深度测序数据。因此，在 SRA 出现之前，GEO 成为存储深度测序数据最主要的数据库。直到现在，仍有大量的深度测序数据存储在 GEO 中。

hmChIP（Chen et al.，2011）能对公开的 ChIP 数据进行查询、检索，比较任意样本和基因区域的结合强度等，弥补了其他 ChIP 数据库在这些方面的不足。hmChIP 的数据收集自 GEO、SRA 和 UCSC 的 ENCODE，并使用相关软件生成 peak 列表。每个 peak 列表包含了一种蛋白质在特定细胞环境下的 DNA 结合位点。截止到 2016 年 3 月，数据库中包含了约 170 多种蛋白质和 1000 多万个 DNA-蛋白质相互作用。

isomirs（Lee et al.，2010）数据库收集深度测序平台产生的人类和鼠样本的 miRNA 序列变体。它能使用户确定序列的丰度和每个 miRNA 不均一性的程度。

NcRNAimprint（Zhang et al.，2010）数据库收集了哺乳动物的非编码印记 RNA，包括 snoRNA、microRNA、piRNA、siRNA、反义 ncRNA 和类 mRNA 的非编码 RNA。它也从 NCBI 的 GEO 数据库中下载非编码 RNA 的深度测序数据，并把它们映射到人类和鼠的印记区域，从而获取完全匹配的序列。它同时提供图形浏览器"DeepMap"以显示深度测序数据。

NGSmethDB（Hackenberg et al.，2011）用于存储和检索由深度测序获得的甲基化数据。它主要收录了人类、鼠和拟南芥的数据及两种胞嘧啶甲基化（CpG 和 CAG/CTG），同时提供了数据挖掘工具、可视化分析功能及提交数据功能。

OrchidBase（Fu et al.，2011）收集了兰花的转录组序列。它从 11 种室内蝴蝶兰的 cDNA 文库中收集了 77 979 342 条序列片段。其中，41 310 条表达序列标签（EST）由 Sanger 测序法获得，而 37 908 032 条读段由深度测序技术（Roche 454 和 Solexa Illumina）获得。

starBase（Yang et al.，2011）的名字取自 sRNA target base。starBase 从 CLIP-Seq（HITS-CLIP、PAR-CLIP、iCLIP、CLASH）技术产生的数据中得出 RNA 之间、microRNA-靶基因及蛋白质与 RNA 的相互作用网络。目前，该数据库已经收录了 14 种癌症类型、6000 余种肿瘤样本及 111 个 CLIP-Seq 数据集。网站还提供了 deepview 浏览器以完成可视化处理。

TIARA（Hong et al., 2011）的全称是 Total Integrated Archive of Short-Read and Array。它的数据来自深度测序技术和超高分辨率的比较基因组杂交（CGH）阵列获得的人类基因信息。数据库提供了较高准确度的人类基因组变异的信息，如 SNP、短的插入缺失（indel）和结构变异（SV）。到目前为止，数据库存储了 36 个个体的基因组信息并能通过基因浏览器查看。

随着深度测序技术的不断发展，相信这样的数据库还会越来越多，涵盖的研究领域也会越来越广。对这些数据库的分类能有效降低研究人员获取数据的难度，使他们更专注于对数据本身的分析。

2.2 深度测序相关的数据格式

数据格式是数据的载体，一个好的数据格式能有效地存储数据、降低存储空间、增加运算速度。对于深度测序产生的庞大数据，如何合理、有效地组织数据存储以加快下游分析速度是十分重要的。图 2-1 显示了深度测序相关的数据格式及其分类，本节将对深度测序软件中常用到的数据格式进行总结和讨论。

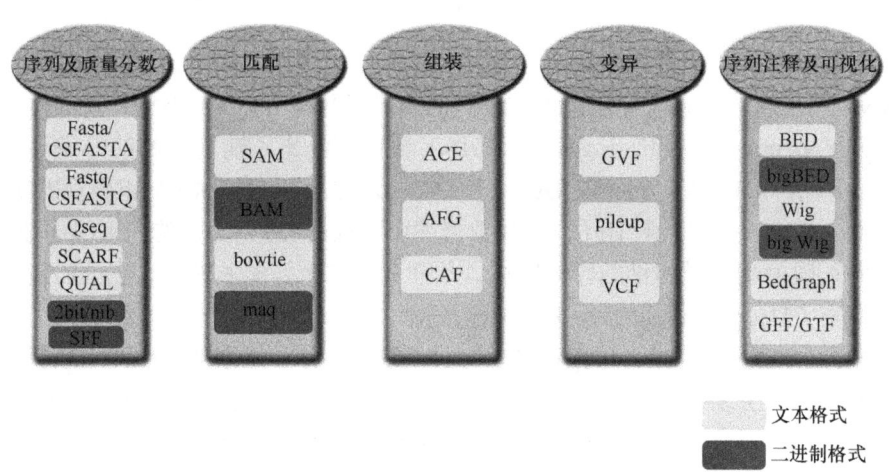

图 2-1　深度测序相关的数据格式

2.2.1 序列与质量分数相关格式

FASTA 和 FASTQ 格式是最常用的序列格式，许多深度测序软件都以这两种格式为输入格式。QUAL 格式保存了质量分数和描述信息，常与 FASTA 格式一起使用，有的软件产生类似的.seq 文件和.qual 文件。FASTQ 格式既包含了序列信息，也包含了质量分数信息，起到了替代 FASTA 和 QUAL 文件的作用，因此更为常用。CSFASTA 和 CSFASTQ 与上面两种格式类似，不过它们都是 color-space 的。

这两种格式由 SOLID 测序仪产生，许多软件提供将这两种格式转换为普通 FASTA/FASTQ 格式的功能。Illumina 平台也产生自己的格式，Qseq 和 SCARF 都是其中的代表。Qseq 格式类似于 FASTQ，不过它保存了许多其他测序信息，如测序仪名称、测序编号、条带编号、坐标等。Qseq 每行保存一条序列信息，序列中以"."（点号）代表未知碱基（N）。Qseq 的质量分数计算方式也与 FASTQ 不同，传统的 FASTQ 采用 Sanger 的质量分数，用 phred 值加上 33 取 ASCII 码，而 Qseq 用 phred 值加上 64 取 ASCII 码（Cock et al., 2010）。SCARF（solexa compact ASCII read format）是 Illumina 的另一种格式，也是每行一条序列，不过质量分数的计算方式采用了 Solexa 的方式（Li et al., 2009）。SFF（sequence flowgram format）格式是 Roche 454 平台的一种输出格式，它以二进制的方式保存了序列、质量分数及其他信息。2bit 和 nit（nibble）格式都是以二进制方式存储序列信息，这种方式占用空间小，能存储更多的序列。2bit 格式以两位（bit）保存一个碱基，两位在计算机中正好能代表四种状态，可对应 ATCG 四个碱基。不过，这却无法表示未知碱基（N），因此必须在文件中单独列出。而 nib 格式以四位表示一个碱基，能够表示 ATCGN 五种状态，因此，它比 2bit 更简单，但是一个碱基占用的空间更大。

CSFASTA、CSFASTQ、Qseq、SCARF、SFF 格式都是由测序仪产生的，常常需要将它们转化为标准的 FASTA 或 FASTQ 格式。使用 FASTA 和 QUAL 组合的软件也不太多，往往用 FASTQ 取代。2bit 和 nib 主要用于存储大量的序列信息，占用空间比 FASTA 格式小得多，但由于二进制的存储方式，使得这两种格式不便于阅读与修改，以上所述的格式总结见表 2-2。

表 2-2　序列与质量分数相关格式

名称	类型	描述	常见后缀
FASTA	文本	最常见的序列格式，包含了序列和描述信息	.fa/.fna/.fasta
CSFASTA	文本	Color Space FASTA，类似于 FASTA，不过序列是颜色编码的	.csfasta
2bit	二进制	以二进制方式存储多条序列，能存储高达 4GB 的信息	.2bit
nib	二进制	类似于 2bit，不过较简单	.nib
FASTQ	文本	最常见的序列和质量分数格式，比 FASTA 多了质量分数信息	.fq/.fastq
CSFASTQ	文本	同 CSFASTA，不过类似于 FASTQ	.csfastq
Qseq	文本	Illumina 的类似于 FASTQ 的格式，不过质量分数计算方式不同，保存了许多测序的信息	.qseq
SCARF	文本	Solexa Compact ASCII Read Format，每行存储一条序列	.scarf/.txt
SFF	二进制	Roche 平台产生的序列和质量分数格式	.sff
QUAL	文本	类似于 FASTA，不过仅保存了质量分数和描述信息	.qual

2.2.2 序列比对的相关格式

SAM/BAM（Li et al., 2009）格式专用于存储基于参考序列的比对序列。它可支持短序列和长序列（最大到 128Mb）。SAM 的格式较为灵活，可以分为两个部分：以@开头的文件头区域和比对信息区域。头区域是以@开头、制表符分隔的键值对，主要描述了文件的版本、参考序列及读段分组等信息，例如，@HD 标签用于描述文件的版本号和排序依据；@SQ 标签用于描述参考序列的信息。在比对区域中，有 11 个以制表符分隔的必选字段和一些可选字段。每个字段都有严格的格式，用于描述比对序列的详细信息。BAM 格式是 SAM 格式的二进制版本。BAM 采用 BGZF 算法压缩，能有效降低存储空间。此外，BAM 格式还能生成索引，以提高读取速度。

以上几种格式都是由序列比对程序得到的输出格式，还有其他的比对软件也会产生自定义的输出格式，这里只讨论其中用途比较广泛的几种。PSL 格式是由 BLAT 比对程序产生的，以行为单位，每行有以制表符分隔的 21 个字段。BLAT 程序与 BLAST 类似，都不适合于短序列的比对。bowtie 格式是 bowtie（Langmead et al., 2009）程序的默认输出格式，也支持输出 SAM 格式。bowtie 格式也是每行以制表符分隔的，一共 8 列字段。bowtie 软件是一款高效的短序列比对软件，在深度测序的序列比对中应用十分广泛，在 SRA 上有许多数据是以 bowtie 格式存储的。maq 格式是 maq（Li et al., 2008）程序的序列比对格式，是专门为短序列片段比对设计的格式，可以使用专用的 mapview（Bao et al., 2009）查看其中的信息，序列比对的相关格式如表 2-3 所示。

表 2-3 比对相关格式

名称	类型	描述	常见后缀
SAM	文本	用于存储比对信息，支持短和长的读段	.sam
BAM	二进制	以二进制方式组织 SAM 格式	.bam
PSL	文本	BLAT 程序产生的比对格式	.psl
bowtie	文本	Bowtie 的默认输出格式	.bowtie
maq	二进制	Maq 的序列比对格式	.map

2.2.3 序列组装的相关格式

由于深度测序的片段短，这大大增加了序列组装的难度。许多组装软件往往使用以前早期的格式，而没有提出更好的格式（Zhang et al., 2011），如表 2-4 所示。ACE 格式最早是 phrap 程序的输出格式，以后被越来越多的组装程序使用。

ACE 文件存储了片段重叠群（contig）及其读段（read）信息，包括序列、质量分数、起止坐标等。许多软件可提供对其的可视化，如 Tablet（Milne et al., 2010）。AFG 格式是 AMOS 软件包的一种组装格式（Treangen et al., 2011）。AMOS 是一个开源的序列组装软件集，囊括了许多开源的工具和脚本，同时提供对深度测序数据的组装。CAF（common assembly format）格式最初目的是为了有效地存储组装程序产生的所有数据，使得所有的序列组装程序能以 CAF 为接口相结合。CAF 格式在许多方面借鉴了 ACE 的特点并有所改进，其在桑格测序法所用的程序中使用较为广泛，由于其良好的兼容性，也适用于深度测序的数据。

表 2-4 组装相关格式

名称	类型	描述	常见后缀
ACE	文本	一种很早就出现的序列组装格式	.ace
AFG	文本	AMOS 软件集的一种序列组装格式	.afg
CAF	文本	一种易于理解的信息涵盖较广的序列组装格式	.caf

2.2.4 突变的相关格式

如表 2-5 所列出的突变相关的格式，GVF（genome variation format）（Reese et al., 2010）格式是 GFF3 格式的扩展，采用了序列实体论（sequence ontology）方法，主要用于描述 DNA 突变（variants）。目前 10Gen 的人类基因组数据集都是以 GVF 格式存储的，并且可以从 Sequence Ontology 网站上免费下载。Pileup 格式最初用于 Sanger 测序法，用以描述 SNP/indel 信息。深度测序软件 SAMtools 也使用了这种格式，不过这种格式现在已不被推荐。取而代之的是 VCF 格式（variant call format）。VCF（Danecek et al., 2011）格式是 1000 基因组计划提出的用于描述结构突变的格式。它有三个区域，分别是信息行、文件头和数据行。信息行储存了文件的基本信息及对数据的定义；文件头是对数据列的描述；数据行是以行为单位、以制表符分隔的具体信息，包括染色体编号、坐标、突变及自定义的信息等。

表 2-5 突变相关格式

名称	类型	描述	常见后缀
GVF	文本	为人类基因组突变开发的格式	.gvf
pileup	文本	桑格研究所过去使用的一种描述突变的格式	.pileup
VCF	文本	主要用于描述结构突变的信息	.vcf

2.2.5 序列注释及可视化的相关格式

表 2-6 列出了常见的序列注释及可视化相关格式。BED（browser extensible data）格式采用了一种灵活的方法来描述基因信息。在 UCSC（UCSC genome browser）

和 Ensembl（Ensembl genome browser）上的定义略有差别，不过都有如下规则：以行为一个单位，每行以制表符分隔各个字段，并且只有三个必选字段，其余为可选字段。例如，在 UCSC 上，一共有 9 个可选字段，而在 Ensembl 上只有 6 个。由于 BED 格式本身并不保存序列，而是利用网络数据库上的信息，因此在 USCS 或者 Ensembl 上使用 BED 格式能大大减小存储空间和网络传输时间。BEDgraph 格式十分类似于 BED 格式，不过它只有 4 个以制表符分隔的字段。当大量区域有相同值的时候，使用 BEDgraph 能有效地降低存储开销。Wig（wiggle）格式能有效地描述一系列连续的值。它有两种表示方法，能将一些连续的值合并以减小存储空间。由于它也不直接保存序列信息，因此在 UCSC 和 Ensembl 上使用非常方便。

表 2-6　序列注释及可视化相关格式

名称	类型	描述	常见后缀
BED	文本	灵活的序列信息格式，主要用于显示特定的序列信息	.bed
bigBED	二进制	BED 格式的二进制格式	.bb/.bigbed
BEDgraph	文本	类似 Bed 格式，主要用于表示连续的值	.bedgraph
GFF	文本	用于描述基因特征，最新的是第三版	.gff/.gff2/.gff3
GTF	文本	根据 GFF2 的改进，用于描述基因特征	.gtf
useq	二进制	一种用于存储大量基因信息的压缩格式	.useq
Wig	文本	用于显示紧密连续的值	.wig
bigWig	二进制	Wig 的二进制格式	.bw/.bigwig

bigBed 和 bigWig（Kent et al.，2010）格式分别是 BED 和 Wig 格式的二进制版本，能将大量的 BED 或 Wig 格式合并压缩为一个文件，减小存储空间。此外，一些网络数据库还能利用远程的 bigBed 和 bigWig 文件，这对于较大文件来说是非常方便的。例如，当有几个 GB 大小的 BED 文件需要在 UCSC 上显示，如果你直接上传到 UCSC，根据网速不同，可能要等待几个小时或者几天，如果途中断电，还得重新上传。而如果把 BED 格式转换成 bigBed 格式，并存放在个人的 ftp 或者其他能被访问的地方，只要在 UCSC 上输入文件的地址，UCSC 能不下载所有的文件，而只显示你需要的部分，这可能只需要最多几分钟的时间。

GFF（general feature format）格式主要用来描述基因的特征，如内含子、外显子的起始终止位点、编码区域等。目前最新的版本是版本 3，也称为 GFF3。GFF3 采用了最新的序列实体论（sequence ontology）方法，此方法能方便地描述序列的特征和属性。GFF3 以行为单位，每行有以制表符分隔的 9 列。由于 GFF3 能详细地描述基因的特征，现在许多分析软件都提供对 GFF3 的支持。GTF（gene transfer format）格式十分类似于 GFF2 格式，以至于一些研究人员称之为 GFF2.5。GTF 没有采用序列实体论的方法，因此也逐步地被 GFF3 所取代，但是仍有许多软件提供支持。

Useq 格式是使用 zip 压缩的存储序列信息的格式,其最初目的是提供一种存储大量序列信息的压缩的最小二进制格式。GenoViz 和 USeq 软件提供对其的读写,目前也有一些可视化软件提供对其的显示。

BED、bigBed、Bedgrapg、GFF、GTF、Wig、bigWig 等格式都能用于显示基因的某些特征,UCSC 支持以这些格式显示基因信息。为了在 UCSC 或 Ensembl 上显示,除了 bigBed 和 bigWig 外,其他文件的头部可以加上 browser lines 或 track lines。它们主要用于定义浏览器的显示参数和文件版本等信息。例如,对于 Bedgraph 格式,track lines 是必需的,必须在其中指明"type=bedGraph"以区别 BED 格式。而对于 Wig 格式,若要自定义显示,则必须以"track lines"开头。

2.3 格式转换

由于深度测序发展迅速,数据格式众多,尚未形成统一的标准,格式之间的转换就显得尤为重要。虽然许多研究者为了研究需要,编写了相应转换脚本,但这些脚本往往都有一定的局限性,只适用于编写者当时的特定情况,没有普遍价值。况且并不是所有的研究人员都擅长编写程序。因此,具有适用性格式转换软件就显得十分重要了。

2.3.1 数据格式转换软件 NGSFormatConverter

针对上述问题,我们开发了专用于深度测序数据格式转换的软件 NGSFormatConverter(Yu et al., 2017),界面见图 2-2。

该软件主要有以下特点:

(1) 集成了众多深度测序相关的数据格式转换,并且可以方便地添加其他类型的格式。

(2) 可视化及命令行操作都能完成格式转换。可视化方便了用户的参数设置,命令行方便其他软件调用。

(3) 批量处理,软件实现大量文件的批量处理,避免了每次处理都需要重复操作的麻烦。

(4) 自定义的任务处理,简单的几条命令就能实现大批量数据的自动化处理,极大地降低了任务处理的复杂度。

(5) 自定义的数据库检索,能方便地检索多个数据库。

(6) 良好的可扩展性,支持外部脚本及程序的调用。用户可自行添加自己的转换脚本或者使用他人员编写的脚本,甚至也能调用处理程序;并且调用外部脚本或程序时，也能使其具有可视化的参数设置及批量处理功能。这使得原先只能一次处理一个文件的程序也能实现批量处理。

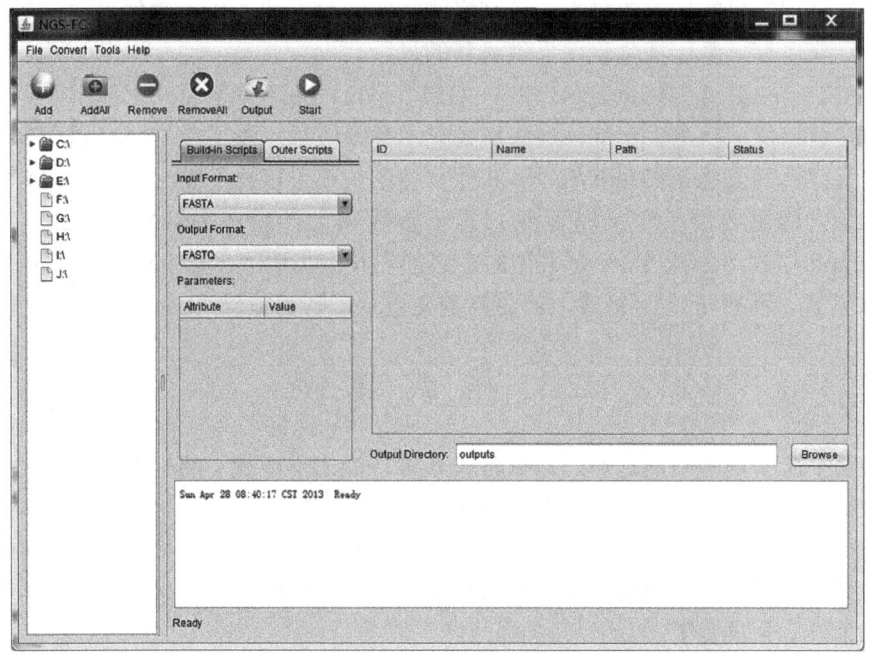

图 2-2　NGSFormatConverter 软件界面

（7）采用 JAVA 编写，具有良好的可移植性，并且免费、开源。

图 2-3 显示了 NGSFormatConverter 所支持的数据格式及其相互之间的转换关系。

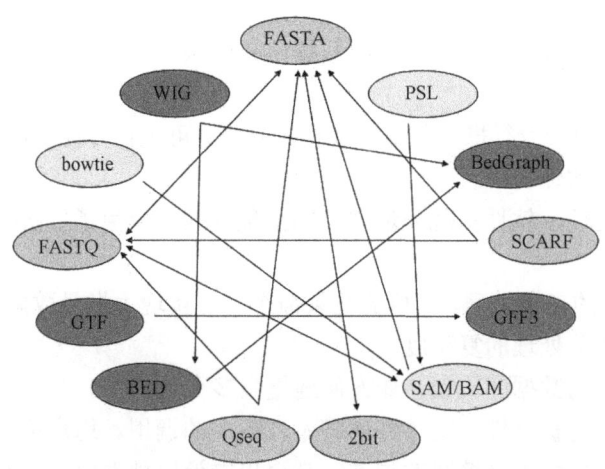

图 2-3　NGSFormatConverter 所支持的数据格式

2.3.2 NGSFormatConverter 的安装与应用

2.3.2.1 安装

下载地址 https://sourceforge.net/projects/ngsformaterconv/?source=navbar。使用软件需要首先安装 JRE1.6 或以上版本。安装 JRE 后，在 Windows 下可直接双击 jar 文件运行，在 Linux 下输入 java -jar NGSFormatConverter.jar 运行。

2.3.2.2 数据格式的转换

（1）点击 Add 或 AddAll 按钮添加待处理的文件，如图 2-4 所示；
（2）点击 Input Format 下拉框，选择相应输入文件的格式；
（3）点击 Output Format 下拉框，选择待转换的输出格式；
（4）点击 Output 下的 Browse 按钮，选择输出文件夹；
（5）若有参数设置，设置相应的参数点击 Start 按钮，等待程序完成；
（6）点击 Start 开始转换格式，等待程序运行结束。

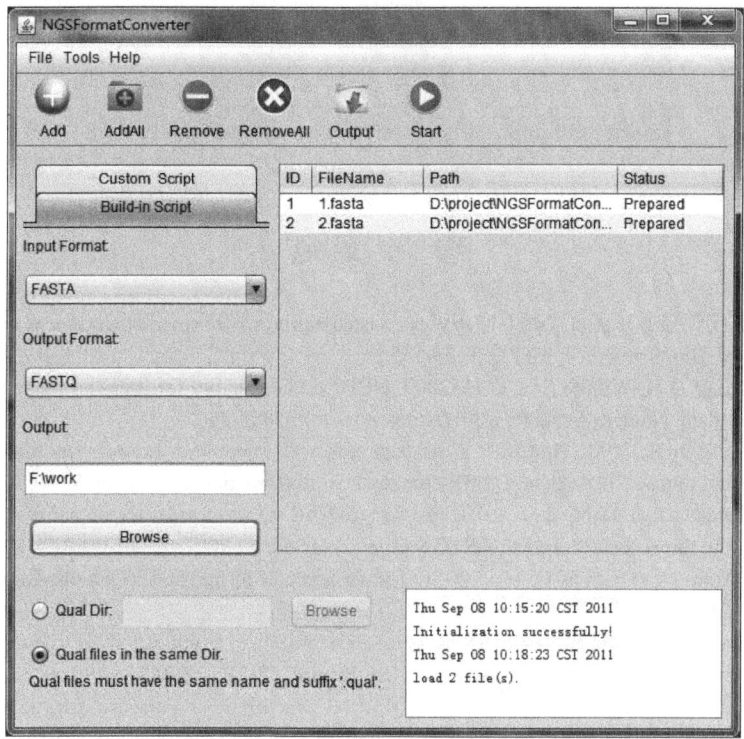

图 2-4　数据格式的转换

2.3.2.3 数据库的检索

（1）点击 Tools 菜单，选择 Databases，弹出数据库窗口，见图 2-5；
（2）选择需要检索的数据库，若要添加其他数据库，点击 Edit；
（3）输入关键词，点击 Search。

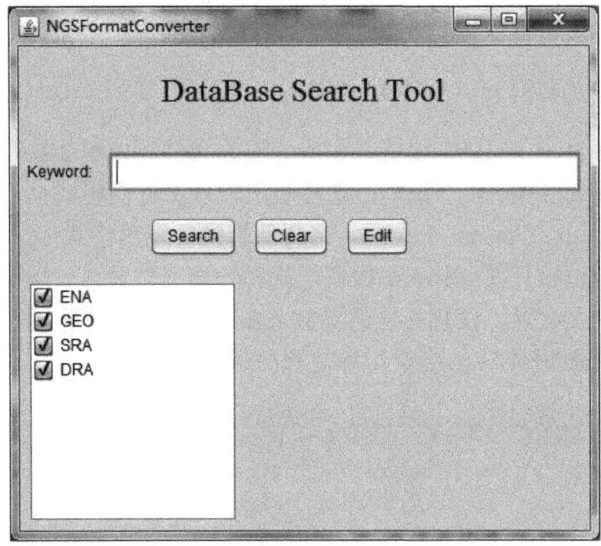

图 2-5 数据库检索

参 考 文 献

Bao H, Guo H, Wang J, et al. 2009. MapView: visualization of short reads alignment on a desktop computer. Bioinformatics, 25(12): 1554-1555.

Barrett T, Troup D B, Wilhite S E, et al. 2009. NCBI GEO: archive for high-throughput functional genomic data. Nucleic Acids Res, 37(Database issue): D885-890.

Chen L, Wu G, Ji H. 2011. HmChIP: a database and web server for exploring publicly available human and mouse ChIP-seq and ChIP-chip data. Bioinformatics, 27(10): 1447-1448.

Cock P J, Fields C J, Goto N, et al. 2010. The Sanger FASTQ file format for sequences with quality scores, and the Solexa/Illumina FASTQ variants. Nucleic Acids Res, 38(6): 1767-1771.

Danecek P, Auton A, Abecasis G, et al. 2011. The variant call format and VCFtools. Bioinformatics, 27(15): 2156-2158.

Fu C H, Chen Y W, Hsiao Y Y, et al. 2011. OrchidBase: a collection of sequences of the transcriptome derived from orchids. Plant Cell Physiol, 52(2): 238-243.

Hackenberg M, Barturen G, Oliver J L. 2011. NGSmethDB: a database for next-generation sequencing single-cytosine-resolution DNA methylation data. Nucleic Acids Res, 39(Database issue): D75-79.

Hong D, Park S S, Ju Y S, et al. 2011. TIARA: a database for accurate analysis of multiple personal genomes based on cross-technology. Nucleic Acids Res, 39(Database issue): D883-888.

Kent W J, Zweig A S, Barber G, et al. 2010. BigWig and BigBed: enabling browsing of large distributed datasets. Bioinformatics, 26(17): 2204-2207.

Khorshid M, Rodak C, Zavolan M. 2011. CLIPZ: a database and analysis environment for experimentally determined binding sites of RNA-binding proteins. Nucleic Acids Res, 39(Database issue): D245-252.

Kiran A, Baranov P V. 2010. DARNED: a DAtabase of RNa EDiting in humans. Bioinformatics, 26(14): 1772-1776.

Langmead B, Trapnell C, Pop M, et al. 2009. Ultrafast and memory-efficient alignment of short DNA sequences to the human genome. Genome Biol, 10(3): R25.

Lee L W, Zhang S, Etheridge A, et al. 2010. Complexity of the microRNA repertoire revealed by next-generation sequencing. RNA, 16(11): 2170-2180.

Leinonen R, Sugawara H, Shumway M, et al. 2011. The sequence read archive. Nucleic Acids Res, 39(Database issue): D19-21.

Li H, Handsaker B, Wysoker A, et al. 2009. The sequence alignment/map format and SAMtools. Bioinformatics, 25(16): 2078-2079.

Li H, Ruan J, Durbin R. 2008. Mapping short DNA sequencing reads and calling variants using mapping quality scores. Genome Res, 18(11): 1851-1858.

Milne I, Bayer M, Cardle L, et al. 2010. Tablet—next generation sequence assembly visualization. Bioinformatics, 26(3): 401-402.

Reese M G, Moore B, Batchelor C, et al. 2010. A standard variation file format for human genome sequences. Genome Biol, 11(8): R88.

Shumway M, Cochrane G, Sugawara H. 2010. Archiving next generation sequencing data. Nucleic Acids Res, 38(Database issue): D870-871.

Treangen T J, Sommer D D, Angly F E, et al. 2011. Next generation sequence assembly with AMOS. Curr Protoc Bioinformatics, Chapter 11: Unit 11-18.

Yang J H, Li J H, Shao P, et al. 2011. StarBase: a database for exploring microRNA-mRNA interaction maps from Argonaute CLIP-Seq and Degradome-Seq data. Nucleic Acids Res, 39(Database issue): D202-209.

Yang J H, Shao P, Zhou H, et al. 2010. DeepBase: a database for deeply annotating and mining deep sequencing data. Nucleic Acids Res, 38(Database issue): D123-130.

Yu C, Wu W, Wang J, et al. 2017. NGS-FC: a next-generation sequencing data format converter. IEEE/ACM Transactions on Computational Biology and Bioinformatics. (99): 1-1.

Zhang W, Chen J, Yang Y, et al. 2011. A practical comparison of de novo genome assembly software tools for next-generation sequencing technologies. PLoS One, 6(3): e17915.

Zhang Y, Guan D G, Yang J H, et al. 2010. NcRNA imprint: a comprehensive database of mammalian imprinted noncoding RNAs. RNA, 16(10): 1889-1901.

3 碱 基 识 别

> **内容提要**：碱基识别（base calling）是深度测序技术的一个关键性步骤，具有高难度、准确率低、文件存储大等特点。本章将重点介绍碱基识别的基本原理和相关软件，带领大家了解碱基识别的世界。

3.1 深度测序碱基识别简介

测序的一般步骤为：样本制备、序列扩增、测序、数据分析。使用深度测序仪测序所用的最原始的文件一般为图像文件，如图 3-1 所示。

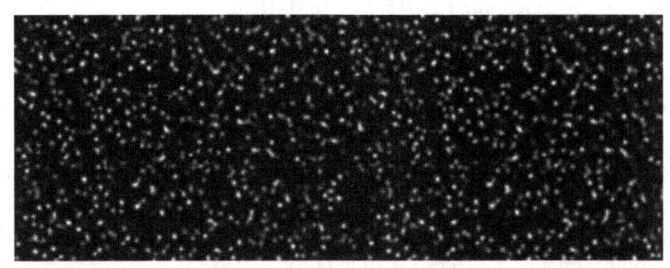

图 3-1 测序原始图像文件（彩图请扫封底二维码）

从图 3-1 中我们可以看到，这些有传感器接收到的图像文件所显示出的为荧光信号。每一种不同颜色的荧光信号表示了一种碱基。从图 3-1 中我们可以发现不同颜色的荧光信号有强有弱，同种颜色的荧光信号也有强有弱，这就使得我们从图像中识别出碱基变得更为复杂。将图像的信号转换为序列信息需要进行质量控制。质量控制的结果会完全影响后续序列的结果输出。因此，碱基识别这个复杂的问题就出现在我们面前。

碱基识别为测序环节中一个重要的步骤，直接影响测序的正确率。传统的 Sanger 测序同样也面临碱基识别这一重要的步骤。但是由于下一代测序的高通量性，使其与传统测序在碱基识别这一步的正确率有所差别。传统的 Sanger 测序的长度为 1000 个碱基，而每个碱基的错误率为 10^{-5}（Sanger et al.，1977；Shendure and Ji，2008）。而深度测序的测序长度是随着测序平台的变化而变化的，并且不同平台由于技术的发展也在不断改变着其本身的测序长度。下一代测序仪由于测序的原理、实验操作、测序长度、所用荧光染料等方面的不同，导致不同的测序仪有着不同的准确率。

3.2 Illumina 平台碱基识别软件

如今，各类下一代测序的碱基识别软件，如 Burtard、Alta-Cyclic（Erlich et al.，2008）、Rolexa（Rougemont et al.，2008）、Swift（Whiteford et al.，2009）、BaseCall/naiveBasesCall（Kao et al.，2009；Kao and Song，2011）、Ibis（Kircher et al.，2009）等所用的统计模型基本分为两类：参数模型和经过优化的支持向量机 SVM（Ledergerber and Dessimoz，2011）模型。其中，Alta-Cyclic 和 Ibis 使用的是优化的 SVM 模型，其余的均为参数模型。

下面为大家介绍几款常用的软件。

1）Alta-Cyclic

Alta-Cyclic 使用了 SVM 统计模型以消除系统噪声，图 3-2 显示了 Alta-Cyclic 的处理流程。Alta-Cyclic 能够很好地将碱基识别的长度延长至 78bp，并且较好地减少了系统的偏差（Erlich et al.，2008）。由于模型使用了 SVM，所以在运行 Alta-Cyclic 处理数据前要先进行数据集的训练，使得 Alta-Cyclic 这款软件依赖测试所用的训练集数据。同样依赖于训练数据的还有 Ibis。Alta-Cyclic 采用了三个来源的数据作为训练集的构成，然后用贪婪算法寻找最优化的相重叠问题。此时，结合强度质量文件优化 SVM 参数，从而得到 SVM 模型，最后得到准确的序列文件。Alta-Cyclic 的非商业用途可以通过下面网址获得 http://hannonlab.cshl.edu/Alta-Cyclic/main.html 。但此网页在 2009 年 2 月以后便再无更新。

2）Swift

Swift 是使用 C++语言编写的在 Linux 环境运行的软件（Whiteford et al.，

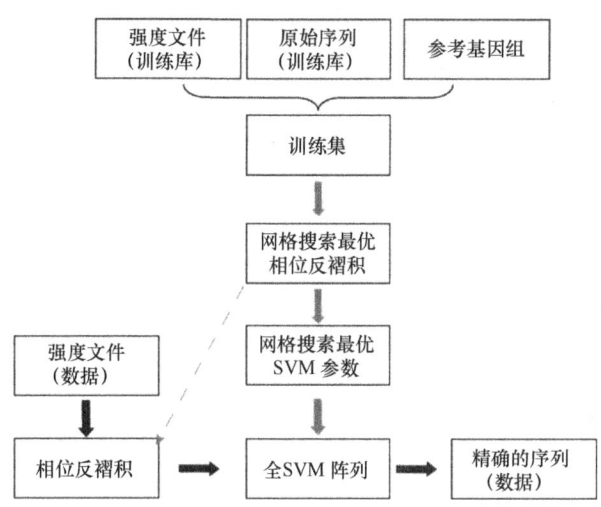

图 3-2　Alta-Cyclic 的处理流程（Erlich et al.，2008）

2009）。可从 http://sgenomics.org/swift/ 获得其相关信息。在 Linux 系统下通过下面方式获得：

```
$ svn co https://swiftng.svn.sourceforge.net/svnroot/swiftng/trunk
```

Swift 是除了 Illumina 以外的第一款可以处理 Illumina 数据的碱基识别软件。利用 Swift 碱基识别的主要步骤如下：

（1）矫正交叉干扰（crosstalk correction）。这与染料重叠的发射频率相关，其中 C 与 A 相重叠、T 与 G 相重叠。这样使得荧光信号之间会出现信号的交叉重叠问题。Swift 采取的解决这个问题的办法来自 Li 和 Speed（1999）。

（2）相位矫正（phasing correction）。由于测序过程中脱氧核糖核酸链会一步步延长，这样就导致了前一步或者前几步反应所残留的荧光信号会对后续碱基的识别产生影响，即会出现 phasing 和 pre-phasing 的问题。

在文献（Whiteford et al.，2009）中使用前 400 反应簇预测 phasing 的问题。具体的选择方法是选择在这个反应周期中本通道最亮的点，但是在前一个周期和后一个周期都不是最大的强度。

（3）纯化过滤（chastity filtering）。同 Illumina 本身的识别软件相同，这里用的依旧是：纯度=最强强度/（最强强度+次强强度）。

（4）碱基识别（base calling）：经过上述步骤处理后就可以进行碱基识别了，这里所选取的是最大强度点。Swift 的特点是可以输出一个点含有四个碱基概率的 Fast4 文件，此文件包含每个点的四个碱基的概率值，这样产生的有质量分数文件在后续的匹配过程中很有用（Whiteford et al.，2009）。质量分数的范围是 Q6~Q30。

这一步骤的质量分数文件在后续出现的 Base Calling 软件中也被广泛使用，主要用于对 Base Calling 过程进行评价。

3）Ibis

Ibis 在众多 Base Callin 软件中更新较频繁。具体的详细信息可参见：https://bioinf.eva.mpg.de/Ibis/。这里应用的版本为 Ibis 1.1.6。

（1）Linux 环境下 Ibis 的安装命令如下：

```
$ wget http://bioinf.eva.mpg.de/Ibis/ibis_1.1.6.tgz
```

（2）解压 ibis_1.1.6.tgz 的压缩文件：

```
$ tar vxzf ibis_1.1.6.tgz
$ cd Ibis_1.1.6
```

（3）SVM 构架

```
$ cd Ibis_SVMlight
$ make
$ cd ..
```

能够处理 Illumina 平台数据的 Base Calling 软件不止于此,由于篇幅有限,这里就不再详细描述。2011 年 9 月在 *Brief Bioinformatics* 杂志上发表的综述(Ledergerber and Dessimoz,2011)详细列举了那些能处理 Illumina 平台数据的 Base Calling 软件,并且比较了这些软件的算法、精确度、运行时间等参数,如图 3-3 所示。

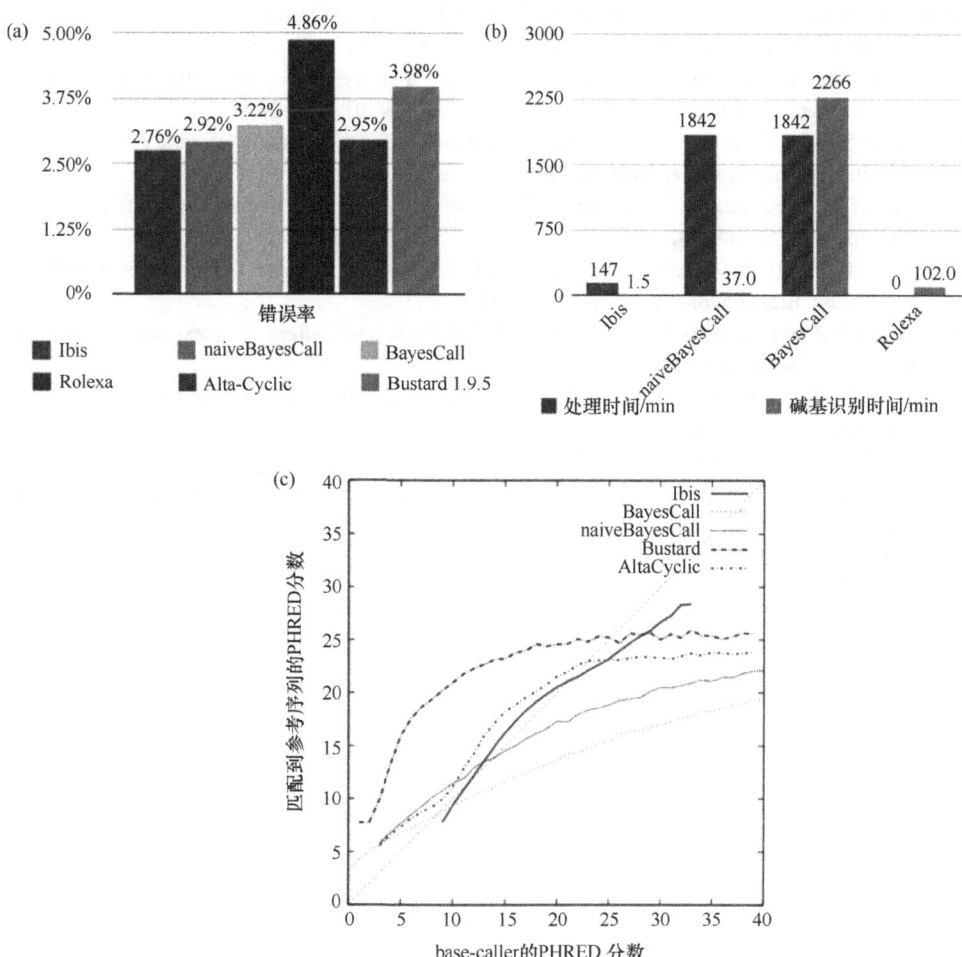

图 3-3　各软件性能比较(Ledergerber and Dessimoz,2011)

Ledergerber 和 Dessimoz 比较各款软件对数据的处理性能。图 3-3(a)表示了各款软件的错误率,其中 Rolexa 的错误率最高。图 3-3(b)表示了各款软件在 2GHz 的 AMD 处理器上分别用于数据训练和数据处理的时间。图 3-3(c)是预测的准确度。但是这篇文章仅仅使用了一套数据测试软件,这对于使用该套数据作为训练集的两款基于 SVM 的软件非常有好处。并且,单一的数据集不能完全体现出软件的实际水平，特别是存在以 SVM 为基础的方法时。

参 考 文 献

Erlich Y, Mitra P P, delaBastide M, et al. 2008. Alta-Cyclic: a self-optimizing base caller for next-generation sequencing. Nat Methods, 5(8): 679-682.

Kao W C, Song Y S. 2011. Naive Bayes Call: an efficient model-based base-calling algorithm for high-throughput sequencing. J Comput Biol, 18(3): 365-377.

Kao W C, Stevens K, Song Y S. 2009. Bayes Call: a model-based base-calling algorithm for high-throughput short-read sequencing. Genome Res, 19(10): 1884-1895.

Kircher M, Stenzel U, Kelso J. 2009. Improved base calling for the Illumina Genome Analyzer using machine learning strategies. Genome Biol, 10(8): R83.

Ledergerber C, Dessimoz C. 2011. Base-calling for next-generation sequencing platforms. Brief Bioinform, 12(5): 489-497.

Li L, Speed T P. 1999. An estimate of the crosstalk matrix in four-dye fluorescence-based DNA sequencing. Electrophoresis, 20(7): 1433-1442.

Rougemont J, Amzallag A, Iseli C, et al. 2008. Probabilistic base calling of Solexa sequencing data. BMC Bioinformatics, 9: 431.

Sanger F, Nicklen S, Coulson A R. 1977. DNA sequencing with chain-terminating inhibitors. Proc Natl Acad Sci USA, 74(12): 5463-5467.

Shendure J, Ji H. 2008. Next-generation DNA sequencing. Nat Biotechnol, 26(10): 1135-1145.

Whiteford N, Skelly T, Curtis C, et al. 2009. Swift: primary data analysis for the Illumina Solexa sequencing platform. Bioinformatics, 25(17): 2194-2199.

4 基因组序列比对

> **内容提要:** 深度测序产生海量的小片段读段为基因序列的比对带来了新的挑战。本章将首先介绍深度测序数据带来的机遇及比对定位的瓶颈;接着介绍了针对深度测序数据的比对软件,从算法和性能的角度进行了比较和评价;最后,以实例展示了比对软件的应用。

4.1 短序列片段比对软件的发展

4.1.1 深度测序技术带来的机遇

随着科学技术的发展,传统 Sanger 测序技术已经不能完全满足研究的需要,一些涉及模式生物基因组重测序和非模式生物基因组测序的研究都需要费用更低、通量更高、速度更快的测序技术。从 2005 年至 2007 年,454 Life Sciences、Illumina 及 ABI 这三个主要的商业公司掀起了对 DNA 测序技术的改革,深度测序技术应运而生。深度测序技术可以高速、低价地进行高通量测序,已经迅速成为进行全基因组测序的最好选择,同时也逐渐被应用于基于测序的不同研究领域中(Shendure and Ji, 2008)。如图 4-1 所示,概述了深度测序技术的基本应用领域,包括运用深度测序技术进行重测序可以在全基因组水平上扫描并检测与重要性状相关的基因序列差异和结构变异,实现遗传进化分析及重要性状候选基因预测;深度测序技术与染色质免疫共沉淀方法的结合(ChIP-Seq),实现了在全基因组范围内更精确、更敏感、更经济地定位目的蛋白的结合位点,为蛋白质与 DNA 之间相互作用,特别是表观基因组学方面的研究提供了一套全新的研究思路(Marguerat et al., 2008);深度测序技术和转录组研究方法的结合应用(RNA-Seq),在物种基因信息未知的情况下,可以测序任意物种的全基因组,同时又能够检测未知基因、发现新的转录本,是转录组研究领域又一项技术突破。当然,深度测序技术的应用并不局限于此,它的诞生给生物学研究领域带来了历史性的变革(Marshall, 1982)。

4.1.2 深度测序数据带来的比对定位瓶颈

下一代测序技术诞生后面临的第一个挑战是短序列片段比对定位问题。它的

```
深度测序技术 ┬─ ChIP-Seq
            │    ·建立甲基化模式图谱
            │    ·列举组蛋白修饰位点
            │    ·鉴定DNA-蛋白质的相互作用
            │    ·鉴定转录因子结合位点
            │    ·创建染色质状态图谱
            ├─ RNA-Seq
            │    ·基因表达水平研究
            │    ·差异性表达的基因鉴定
            │    ·转录本结构研究（基因边界鉴定、可变剪切研究等）
            │    ·转录本变异研究（如基因融合、编码区SNP研究）
            │    ·非编码区域功能研究（non-coding RNA研究、microRNA研究）
            │    ·全新转录本发现
            └─ 重测序
                 ·个体或群体进行差异性分析
                 ·变异体检测（单核苷酸多态性，插入缺失和结构变异位点检测）
                 ·全基因组进化分析
```

图 4-1 深度测序技术在三大研究领域内的应用

分别为：基因组的重测序（re-sequencing）技术、深度测序技术与染色质免疫共沉淀方法的结合应用（ChIP-Seq）、深度测序技术与转录组研究方法的结合应用（RNA-Seq）

应用不论是扫描基因组范围内的变异（variant detection）、鉴定蛋白质的结合位点（ChIP-Seq），还是转录组的量化分析（RNA-Seq），这些大多数生物学应用的主要研究目的都是探究序列已知的基因组即参考基因组（reference genome）。这种情况下，如果要追溯短序列片段背后的生物学意义，首先必须确定这些短序列片段在参考基因组范围内精确定位信息，该过程即是短序列片段与参考基因组进行比对或定位。因此，短序列比对或定位步骤几乎是所有深度测序技术应用的基本步骤。实现深度测序技术的优势，首要目标是实现高速、精确地将短序列片段定位到参考基因组上。将高通量的短序列片段定位到参考基因组上，这对于比对算法提出了新的严峻的挑战，这不仅需要算法的高效性，还要求运算结果具有较高的精确度（Cokus et al., 2008）。

比对定位面临的第一个挑战是源于实际运用：如果对参考基因组较大的物种进行深度测序分析，同时测序产生的短序列片段通量较高，如何将这些短序列片段高效地定位到基因组上，将是研究人员面临的首要实际问题。序列比对是生物信息学中常见的经典问题，有大量文献曾描述并比较过精确匹配和非精确匹配算法的优劣性，这里就不一一详述。传统的软件，如 BLAST 或 BLAT 在处理 ChIP-Seq 或 RNA-Seq 实验中获得的高通量短序列片段数据集时，计算复杂度高，CPU 运行时间过长，即使在硬件设备相对较高的计算机上运行，也需要几天时间才可能完成比对工作，而这种对计算机硬件的依赖性导致高通量短序列片段比对工作不具有普遍通用性。作为实践问题，将高通量的短序列片段定位到较大的基因组上（如哺乳动物基因组）需要非常高效的算法，内存的每个单元使用要达到最优或者接近最优，以降低计算代价，实现即便使用一台普通的台式计算机也能高效地完成高通量测序数据的比对定位步骤，这对于比对软件的研发提出了新的严峻挑战。

比对定位面临的第二个挑战是策略问题：如果短序列片段来自参考基因组重复元件区域，比对软件如何精确定位短序列片段究竟属于哪一个拷贝序列，这个过程一般很难实现。比对软件可能找出短序列片段在参考基因组上多个可能的位点或者启发式地找到某一个位点，在染色体序列可能存在变异及测序误差等因素存在的情况下会导致该问题的严重性加剧。短序列片段和其在基因组上真正来源之间的比对结果，与短序列片段和其他重复拷贝的比对结果相比，实际可能存在更多的差异。已剪接的序列定位也存在相同的挑战，但由于内含子导致空位存在，这一问题会更复杂（Johnson et al.，2007）。

比对定位在细节上仍然存在一些尚待解决的问题。大多数生物应用领域中，当短序列片段长度很短时，存在一定数目的错配是可以接受的。另外，当短序列片段长度较长或者需要将短序列片段比对到亲缘关系较远的参考基因组上时，这种限制可能会显著影响比对结果的质量。例如，变异体检测研究中要求比对过程中短序列片段不能存在较多数目的空位或错配，插入/缺失和测序误差都有可能导致产生假阳性的变异体结果；而 RNA-Seq 研究中提出在比对过程中允许存在较多数目的空位，这种现象主要因为 RNA-Seq 研究中，由于内含子的存在，可能引起较多对应的空位（Marguerat and Bahler，2010）。幸运的是，新的短序列比对软件已经相继研发出来，用于解决深度测序技术产生的计算复杂度挑战。在选择合适的比对软件之前，充分理解计算复杂度问题、了解定位过程中尚存的挑战和机遇是十分必要的。

4.2 深度测序片段比对软件的比较

4.2.1 深度测序片段比对软件

深度测序技术提出了高效、精确地将短 DNA 序列片段进行比对定位到基因组上的需求，要求降低比对算法的计算复杂度，同时提高比对结果的灵敏度。目前，常用的用于处理高通量短序列片段的比对定位软件包括 Eland、RMAP（Smith et al.，2009）、MAQ（Li et al.，2008）、SOAP2（Li et al.，2009）、ZOOM（Lin et al.，2008）和 SHRiMP（Rumble et al.，2009）等，已有近 40 余种，足以证明深度测序技术产生的短序列片段定位过程在后续生物学研究中占据着举足轻重的地位。自 2008 年至今，已经研发的用于深度测序短序列片段比对的软件，如图 4-2 所示（Shang et al.，2014）。

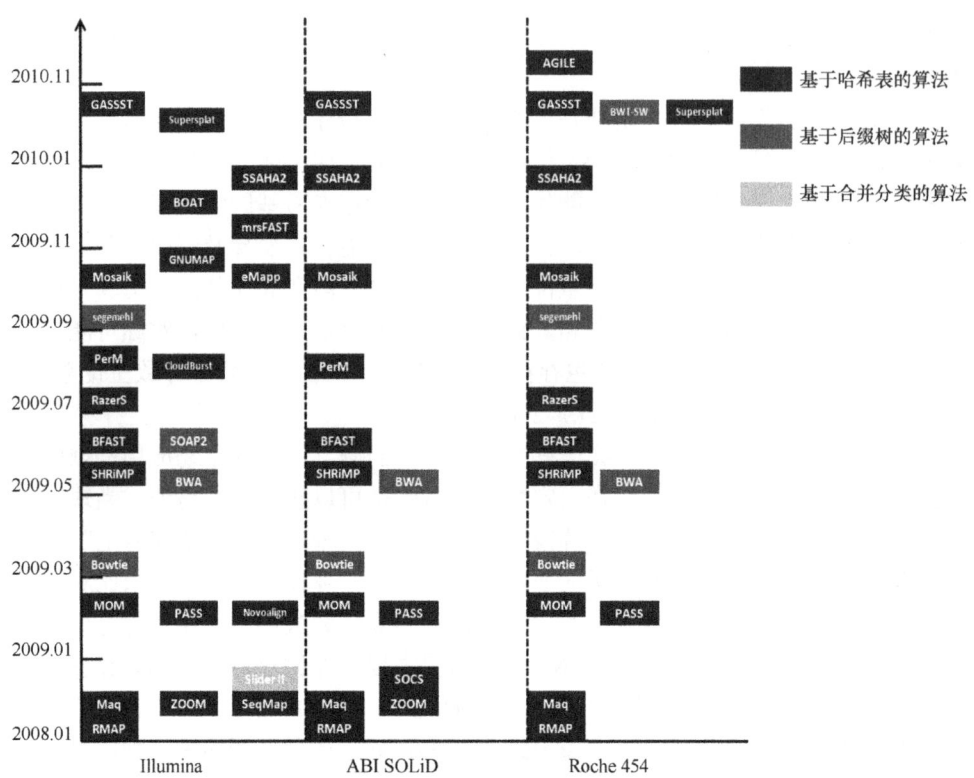

图 4-2　短序列比对软件分类总结

如图所示，已有文章将适用于分析处理 Illumina、ABISOLiD 及 Roche 454 三种不同测序平台数据的短序列比对软件进行比较分析。根据算法的不同总体分为三大类：基于哈希表的算法、基于后缀树的算法以及基于合并分类的算法

本节将系统地比较现有的短序列比对软件。首先，从理论方面分析比较不同类型短序列比对软件的算法；其次，根据不同类型短序列比对软件适用的生物学研究领域的差异，将短序列比对软件的不同特性、应用平台及解决问题的类型等进行归纳总结；最后，采用深度测序片段的实例数据对这些短序列片段比对软件进行评估，从实践角度评估比较深度测序片段比对软件的性能。

4.2.2　深度测序片段比对定位软件算法比较

深度测序技术产生了大规模的基因组数据，它们一般是高通量的短序列片段，这些数据的应用领域较广。有效、高速、精确地将这些短序列片段定位到参考基因组上几乎是所有下一代测序技术应用的基本步骤。迄今为止，多种短序列片段比对软件相继研发，这些软件最核心的功能是能够从全局角度在较短的时间内将短序列片段定位到完整基因组的局部区域上。此外，通过允许存在比对误差的策略提高比对结果的敏感性。

现有的用于处理高通量的短序列片段的比对软件种类很多，相应实现算法也各不相同。不同算法导致不同的比对软件在运行能力、运行结果的灵敏度和精确度上的差异，如图4-3所示。

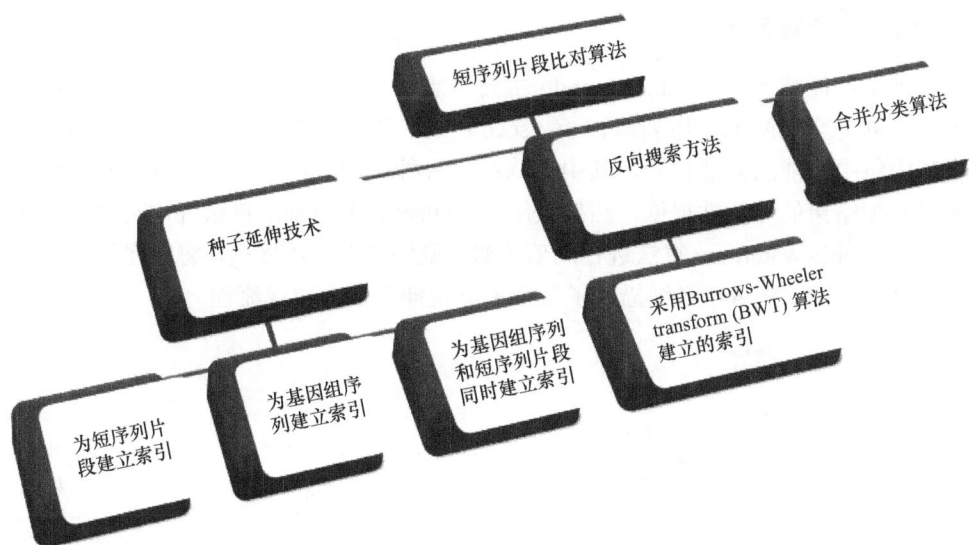

图4-3　为短序列比对软件的不同算法进行分类归纳，采用的主要思想包括种子延伸技术、反向搜索方法及合并分类算法

大多数短序列比对软件一般主要采用种子延伸技术（seed and extend）实现比对目的。种子延伸技术的原理是基于有意义的比对结果主要是两条短序列片段之间含有准确匹配的区域（Jiang and Wong，2008）。例如，50bp长的短序列匹配结果最多存在3个错误匹配，可能包含连续12个完全一致的碱基。因此，采用种子延伸技术，只有含有共同的 $k\text{-}mer$ 的序列（从序列的某个位置开始连续取 k 个字母的短串，称之为 $k\text{-}mer$）可以被看成是可能的匹配结果，通过所有 $k\text{-}mer$ 的序列集中化的索引检测共同的 $k\text{-}mer$ 序列，即种子（seed）实现比对。另外的一种短序列片段比对技术采用反向搜索方法（backward search）搜索基于 BWT（Burrows-Wheeler transform）算法建立的索引（Langmead et al.，2009），以实现比对目的。典型的比对软件主要有Bowtie（Langmead et al.，2009）、SOAP2（Li et al.，2009）和BWA（Antoniou et al.，2010）。原则上，这种算法在进行反向搜索步骤之前可以查找到准确的匹配。尽管这种比对技术运行时间非常短并且内存覆盖区较小，但是一些数据结构可能导致运行效果很差。最后还有一类短序列片段比对算法即合并分类算法（merge sorting），该算法的核心是将组合产生的所有可

能的短序列片段按照字母顺序归类，同时将参考基因组序列和其互补序列的子序列归类建表，然后将短序列片段已归类表与参考基因组序列的已归类表杂交比对。这种方法不需要构建索引结构，可以处理大规模的数据集。这类算法的代表软件有 Slider 及其改进版 SliderII，这里不再详细叙述。

下面将分别比较介绍不同的比对定位算法。

4.2.2.1 种子延伸技术

种子延伸技术（seed and extend）主要思想是首先查找将短序列片段与参考基因组序列完全匹配的子序列即种子（seed）集中化的索引，快速找到短序列片段在基因组中可能的候选位置，其中过滤不含有种子的区域，因为这些区域含有高质量匹配结果的可能性很低，然后采用 Needleman-Wunsch 算法进行全局比对或者采用 Smith-Waterman 算法进行局部比对，延伸共享的子序列，将短序列片段定位到基因组上。图 4-4 详细描述了采用种子延伸算法的实现流程。

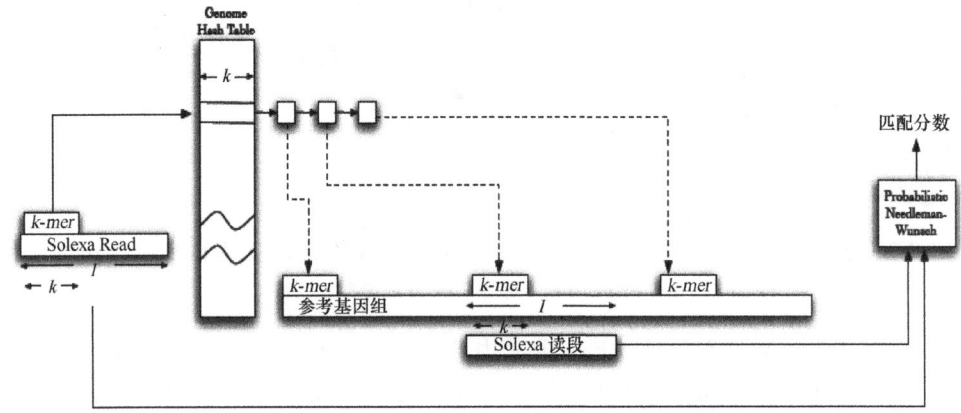

图 4-4　典型的种子延伸算法流程图

首先为基因组序列中所有 k-mer 长的不同子序列建立索引表，以一条长度为 l 的 Solexa 短序列片段为例，从基因组索引表中查找与该短序列中一条 k-mer 长子序列完全匹配的基因组子序列（种子）的候选位置，在这些候选位置上，采用 Needleman-Wunsch 算法将短序列 k-mer 长的子序列与基因组序列延伸比对，如果比对得分达到用户设定阈值，即查找到短序列片段在基因组上的合适位置。

种子延伸技术主要包括两大步骤，种子搜索步骤和比对延伸步骤。其中，种子搜索步骤主要通过建立索引将种子集中化加速搜索速度。最近，不同的短序列比对定位工具采用了几种索引建立方法，代表软件如图 4-5 所示。第一种方法，即 SHRiMP（Rumble et al., 2009）和 MAQ（Li et al., 2008）采用的类型，为短序列片段数据集建立索引，扫描基因组，查找匹配结果。该方法的优势在于运行时具有非常小的内存覆盖区。第二种方法即 PASS（Campagna et al., 2009）、SOAP1 和 GASSST（Rizk and Lavenier, 2010）采用的类型。首先为基因组序列建立索引，然后分别比对每一条短序列片段查找匹配结果。第三种方法是 CloudBurst 采用的，同时为基因组序列和短序列片段数据集建立索引。尽管需要较大的内存，但是由于需要局部存储器的超高速缓存，该方法具有较好的运行能力。而延伸步骤即将短序列片段在候选种子位置进行局部比对或全局比对，将短序列片段定位到基因组上。

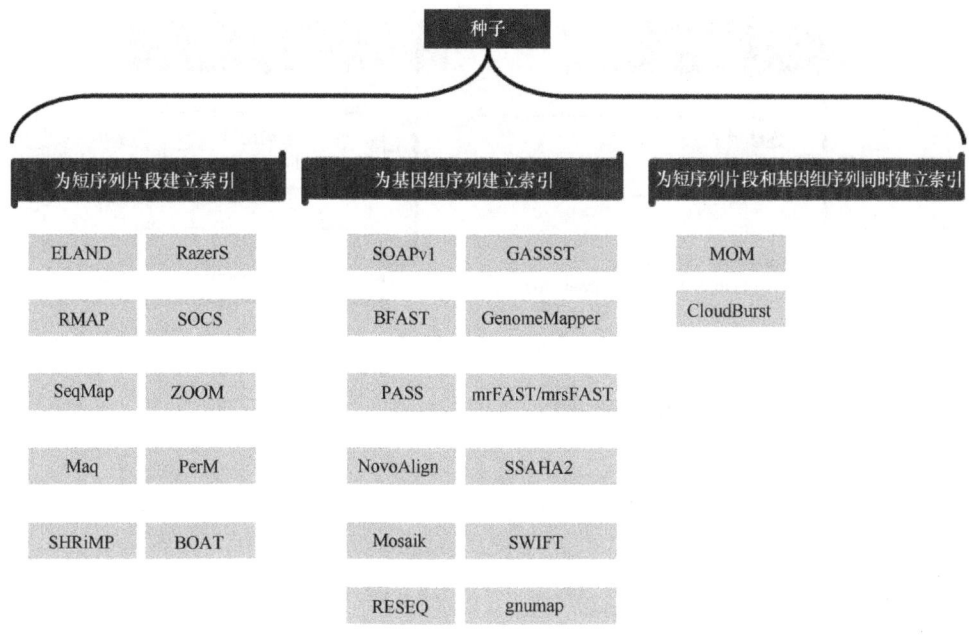

图 4-5 采用种子延伸算法的短序列比对软件基于索引类型分类

采用种子延伸算法的比对软件较多，不同软件之间也存在差异。查找种子过程中，RMAP 查找连续种子（contiguous seed），而 MAQ、SHRiMP 和 ZOOM 查找碱基可能间隔种子（spaced seed）即种子中允许出现错配，间隔种子与相同长度连续种子相比具有较高的灵敏度，但是只能用于多态性相对较低的基因组研究，不能处理具有高多态性的非模式生物基因组。采用间隔种子策略已成为短序列片段比对软件中较为流行的方法。但是，连续种子和间隔种子策略都存在一个潜在问题，即种子中均不能允许空位的存在，通常是在延伸阶段通过动态规划算法或者尝试查找含有较小数目的空位方法查找含有空位的匹配序列（Li et al., 2008；Lin et al., 2008；Rumble et al., 2009）。SHRiMP 和 RazerS 采用 q-gram 过滤方法筛选有效的短序列片段，建立含有空位的索引，查找间隔种子，比对结果具有较高的灵敏度，但是这却以牺牲速度为代价，比对速度相对较慢，在比对过程中计算运行时间与存在的错配数目呈线性关系,而比对过程中存在插入/缺失类型的错误,需要更复杂的算法(Rumble et al.,2009;Weese et al.,2009;Weese et al.,2012)。SSAHA2 采用多重种子加速较长短序列片段的比对过程(Ning et al.,2001)。延伸过程中,不同短序列比对软件的算法差异性较少,一般主要采用两种策略:第一种 Needleman-Wunsch 算法进行全局比对,包括 Novoalign、PASS、GNUMAP(Clement et al.,2010);第二种基于 Smith-Waterman 算法进行局部比对,如 MOM,详见图 4-6。

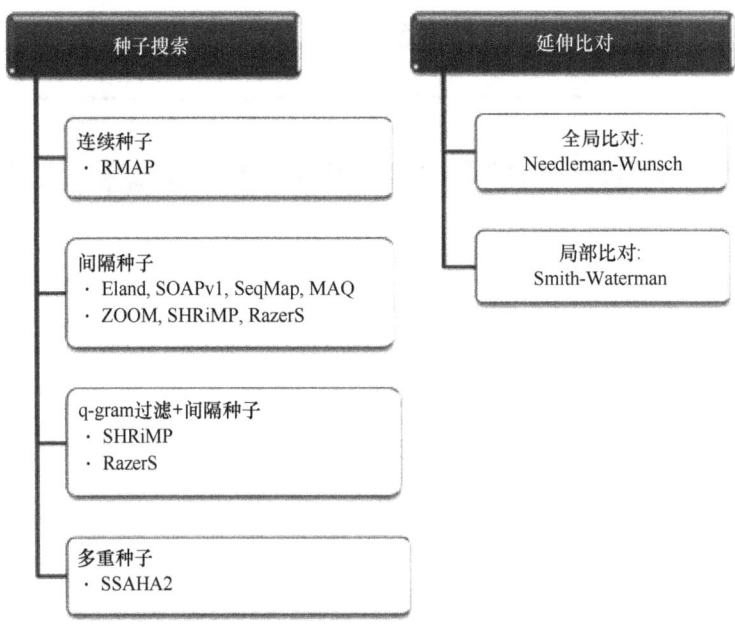

图 4-6　种子延伸技术用于短序列片段比对步骤和不同软件的算法差异

4.2.2.2　反向搜索方法

采用反向搜索方法(backward search)典型的比对软件有 Bowtie、SOAP2 和 BWA,采用反向搜索方法搜索基于 BWT(Burrows-Wheeler transform)算法建立的索引。BWT 算法是先把输入的数据重排列,使得相同的字符尽量排在一起,这样方便压缩。如果只是想把相同的字符放在一起,可以简单地对各个字符统计出现频数,然后放在一起。BWT 算法还可以根据重新排列后的字符串计算原始的字符串,从而进行解压缩,如图 4-7 所示。

BWA、Bowtie、SOAP2 都采用 BWT 算法。其中,Bowtie 结合 BWT 算法和 FM index 算法,对参考基因组建立永久性索引,可以在随后的比对运行中重复使用。这类软件采用反向搜索方法可以有效模拟基因组前缀树(prefix tree)进行自

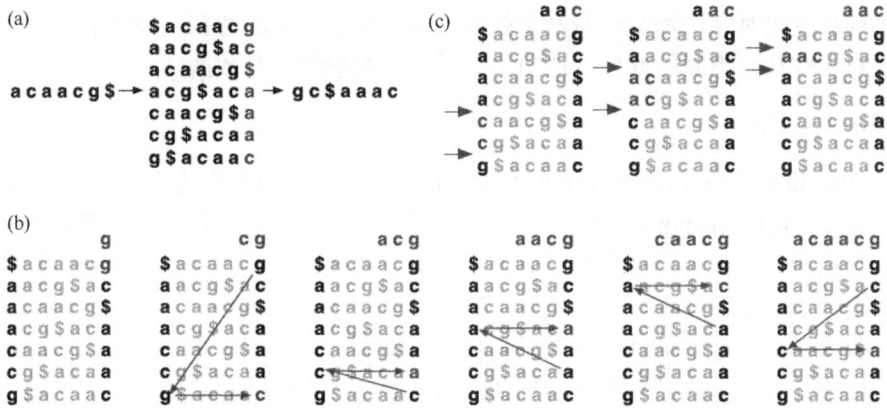

图 4-7　BWT 算法示意图（Langmead et al., 2009）

顶向下遍历，运行时降低了计算机内存覆盖区，并且可以计数长度为 m 的序列的完全匹配结果，时间复杂度为 $O(m)$，计算时间并不随基因组的大小而变化。例如，将短序列片段定位到人类基因组上时，Bowtie 运行时内存覆盖度只有 1.3GB，因此，Bowtie 软件可以在内存为 2GB 的计算机上运行。进行不精确的匹配搜索，运算时将前缀树中少于 k 编辑距离的不同子字符串从短序列片段过滤，因为与重复片段完全匹配的结果在这样的前缀树路径中暴跌，不需要将这些短序列片段与重复区域的每个拷贝都进行比对，这也是 BWT 算法具有较高效率的原因。原则上，这种算法在进行反向搜索步骤之前可以查找到准确的匹配。尽管这种比对技术运行时间非常短并且内存覆盖区较小，但是一些数据结构可能导致较差的运行效果（Langmead et al., 2009；Antoniou et al., 2010）。

4.2.3　比对定位软件性能比较

包括 Roche 454、Illumina、SOLiD 和 Helicos 在内的下一代测序技术，每台仪器每天测序产生的数据集超过 1Gbp，研究者需要迅速进行数据分析。为了与高通量测序技术保持相同步调，最近两年研发了许多新的比对软件，这些比对软件充分利用了下一代测序技术的特异性优势，例如，Illumina、SOLiD 和 Helicos 短序列片段长度、双碱基编码的 SOLiD 短序列片段、Roche 454 和 Illumina 短序列片段 5′端高碱基质量、Illumina 短序列片段低插入缺失错误率、Helicos 短序列片段低错配错误率等。不同类型的短序列比对软件可能适用于不同特性的数据，包括参考基因组和短序列片段的长度、序列与参考序列的相似性（SNP、较少数目的插入或缺失）、短序列片段的数目等（Shendure and Ji, 2008; Hoffmann et al., 2009）。因此，根据具体研究中涉及的深度测序数据特性，选择合适的比对软件处理数据，可以提高研究效率和结果的精确度，对于后续研究具有深远影响。上述短序列片段比对算法都是一些基本技术。基于测序技术的特征及应用领域，不同的比对软件具有不同的性能，适用于处理不同类型的研究数据。

4.2.3.1 空位比对

Illumina 及 SOLID 测序平台产生的短序列片段一般长度为 25bp 左右。通过空位比对（gapped alignment）将这些短序列片段进行比对定位，在计算复杂度方面具有挑战性，因为空位的存在对于不同类型的比对算法而言，都将会显著降低大多数种子算法的效率。幸运的是，随着测序产生的短序列片段长度的增加，尽管空位比对仍然是以牺牲运行效率为代价，但运行过程变得更易处理，因此研究人员关于是否值得研发空位比对算法提出了疑问。空位的比对算法与一般比对算法相比，灵敏度显著增加，但是比对误差并未降低。在这方面，空位的比对算法似乎不能成为一种基本的比对特征。然而，空位比对算法在发现突变体的研究中具有重要的作用。采用一般比对算法时，含有缺失/插入类型的多态性的短序列片段可能依然可以被定位到基因组正确的位置上，尽管在可能的插入/缺失位置上存在连续错误匹配。这些错误匹配可能在定位到相同位置上的多条短序列片段上出现，这种情况可能导致大多数变异体召集工具（variant caller）调入错误的 SNP，因此，一般的比对算法可能会导致预测出更多的错误 SNP，这些 SNP 即使在一些复杂工具（如 GATK realigner）的协助下也不能轻易地被过滤掉。所有高质量的错误 SNP 都在发现的长的插入/缺失附近。此外，对一些算法而言，缺少空位的比对算法可能导致错误的结构变异召集。因此，空位的比对算法对于变异体的发现来说是必需的，但是空位比对算法对于 ChIP-Seq 和 RNA-Seq 的影响目前还是待研究的问题（Marioni et al.，2008；Marguerat and Bahler，2010）。

4.2.3.2 双末端定位

一些测序技术产生的短序列片段对，即两条短序列片段是彼此靠近但相距一定物理的染色体距离，这些短序列片段被称为双末端配对短序列片段（paired-end 或 mate-pair read）。如果短序列片段在与基因组序列进行局部比对的过程中，基因组序列中多个区域匹配结果都产生了相同的比对得分，那么短序列片段将会被公平地定位到所有这些区域上。基因组序列中包含大量的重复片段区域，因此这个问题非常引人注意。而双末端配对短序列片段具有配对信息，如果一条重复片段的配对片段可以被准确定位，那么这条重复片段就可以被可靠地定位到基因组上。当错误的匹配中断了这种配对需求，比对误差可以被检测和修正。双末端短序列片段与单末端短序列片段相比，增加了灵敏度和特异性，在发现 SNP 的研究方面具有显著优势（Ondov et al.，2008；Campagna et al.，2009；Rumble et al.，2009）。

4.2.3.3 考虑碱基质量的比对算法

尽管已经存在很多为处理 Solex Illumina 测序公司测序产生的数据而设计的短序列比对软件，但是这些软件并未充分利用 Solex Illumina 测序公司测序产生的概率文件。利用 prb 文件中的概率数据，可以提高分析效率及结果的准确性。使用 Solex Illumina 测序公司测序产生的概率文件中的概率数据（即碱基的质量分数）可以提高比对的精确度，因为每个碱基已知误差概率，比对软件可以对易出现误差的错配给予较低的罚分。当质量分数精确时，采用质量分数的比对算法可以大大减少比对误差。事实上，来自碱基调用流程的精确的质量分数并非永久可靠。推荐对质量分数重新校准后，使用质量分数进行比对会更加有效（Li et al.，2008；Antoniou et al.，2010；Hamada et al.，2011）。

4.2.3.4 剪接过的短序列片段定位

处理剪接过的短序列片段定位问题，即将成熟的 mRNA 转化为 cDNA 序列后进行深度测序，获得的短序列片段需要定位到基因组 DNA 序列上，处理这种情况需要更加特异的算法。外显子-外显子结点处测序获得的短序列片段的定位问题，与定位来自完整外显子区域内的短序列片段是不同的情况。可以将已知基因的外显子和内含子位置作为参考，将 RNA-Seq 实验研究中来自 cDNA 的短序列片段进行定位。基于这种思想，ERANGE 可以构造跨越外显子-外显子边界的序列，并且将其作为参考序列，然后调用标准的短序列片段比对软件如 Maq 或 Bowtie 定位剪接过的短序列片段。但是这种方法不能完全发现新的剪接点（splice junction），因此可以通过可获得的参考注释建立训练统计模型，采用机器学习方法预测可能存在的剪接点。相反，TopHat 并不依赖于注释信息，它采用 Bowtie 鉴别出属于某一完整外显子区域内的短序列片段，然后将剩余的短序列片段与这些外显子的剪接点进行比对。G-Mo.R-Se 也是通过将 RNA-Seq 数据构建基因模型处理剪接过的短序列片段比对问题（Marioni et al.，2008；Hoffmann et al.，2009；Marguerat and Bahler，2010）。

综上所述，根据研究中涉及的短序列数据类型的特征，选择合适的比对软件对后续的研究具有重要影响。不同比对软件的性能比较如图 4-8 和表 4-1 所示。

4.2.4 比对定位软件评价

不同短序列比对软件采用的算法不同，具有不同的计算复杂度和内存覆盖率，选择最优的比对软件对于提高研究结果的准确度和研究效率都有着重要影响。因此我们从 NCBI 数据库下载来自于 6 个物种（包括病毒、大肠杆菌、线虫、果蝇、

软件	操作系统	编程语言	输入格式?(Fasta or Fastq)	输出格式	并行操作?	空位比对?	是否采用质量分数?	数据结构
AGILE	○	C++	Fasta					Hashtable
Bowtie	★	C++	√	SAM	√		√	BWT
BOAT	○	C	√	*	√	√		Prefix tree
BWA	○	C++	√	SAM	√	√		BWT
BFAST	○	Python	√	*	√	√		Hashtable
BS Seeker	●	Python	√	*			√	BWT
BWT-SW	○	C	Fasta	Tabular, Pairwise	√	√		BWT
CloudBurst	★	Java	Fasta	*				Hashtable
Exonerate	※	C	Fasta	GFF		√		
GASSST	○	C++	Fasta	SAM	√	√		Hashtable
GMAP	※	C	Fasta	SAM				
GSNAP	※	C	√	SAM		√		
GNUMAP	○	C	√(prb)	SAM	√	√	√	Hashtable
GenomeMapper	○	C	√(shore)	BED, shore	√	√		Hashtable
mrFAST	★	C	√	SAM	√			Hashtable
MOM	★	Java	Fasta	eland	√			Hashtable
Mosaik	★	C++	√(srf)	SAM,BAM,BED	√	√		Hashtable
MUMmer	○	C++	Fasta	*		√		suffix trees
MAQ	○	C++	Fasta	map			√	Hashtable
MoveAlign	●	C++	√	*		√		Hashtable
PASS	※	C++	√(sff)	GFF3	√	√		Hashtable
PerM	※	C++	√	SAM	√			Hashtable
RazerS	★	C++	√(prb)	eland, GFF		√		Hashtable
RMAP		C++	√	BED		√	√	Hashtable
Segemehl	○	C	Fasta	map	√	√		enhanced suffix arrays (ESA)
SHRiMP	○	Python	√	SAM	√	√		Hashtable
SOCS	●	C++	Fasta, qual	map	√			Hashtable
SSAHA2	●		√	GFF, SAM, etc.				Hashtable
SeqMap	★	C++	Fasta	eland	√	√		Hashtable
SOAPv2	○	C++	√	*	√	√		BWT
Slider II	★	Java	prb	*	√		√	Merge sorting
Zoom	※		Fasta, qual		√			Hashtable

注释：
1. 输入格式只考虑短序列片段的输入格式
2. ※代表Windows、Linux和Unix操作系统
3. ★代表Windows、Linux、Unix和Max X操作系统
4. ●代表Linux、Unix和Mac X操作系统
5. ○代表Linux和Unix操作系统
6. *代表短序列比对软件自身的输出格式

图 4-8　不同比对软件的性能比较
包括操作系统、编程语言、输入输出格式、并行操作、数据结构以及是否采用质量分数等多个方面

表 4-1 部分短序列比对软件及其特性

软件	网址	是否采用质量分数	短序列片段长度/bp	SNP召集	双末端比对	修剪比对
MAQ	http://maq.sourceforge.net/	YES	128	YES	YES	YES
SeqMap	http://biogibbs.stanford.edu/~jiangh/seqmap/	NO	任意	NO	NO	NO
SOAPv2	http://soap.genomics.org.cn/	NO	1024	YES	YES	YES
RazerS	http://www.seqan.de/downloads/projects.html#c13	NO	任意	NO	YES	YES
Bowtie	http://bowtie-bio.sourceforge.net/index.shtml	YES	1024	YES	YES	YES
BOAT	https://ngslib.i-med.ac.at/node/118	NO	128	YES	NO	YES
RMAP	http://rulai.cshl.edu/rmap/	YES	任意	NO	YES	NO
NovoAlign	http://www.novocraft.com/	YES	—	YES	YES	YES
BWA	http://bio-bwa.sourceforge.net/	NO	—	NO	YES	NO
BWT-SW	http://i.cs.hku.hk/~ckwong3/bwtsw/	NO	256Mb	NO	NO	NO
CloudBurst	http://sourceforge.net/projects/cloudburst-bio/files/cloudburst/	—	—	NO	NO	NO
BFAST	http://sourceforge.net/apps/mediawiki/bfast/index.php?title=Main_Page	—	100	NO	YES	NO
mrsFAST	http://sourceforge.net/projects/mrsfast/files/mrsfast/2.3.0.2/	—	—	NO	NO	NO
PASS	http://pass.cribi.unipd.it/cgi-bin/pass.pl	YES	—	YES	YES	YES
PerM	http://code.google.com/p/perm/	YES	128	NO	YES	YES
GASSST	http://www.irisa.fr/symbiose/projects/gassst/	NO	—	NO	NO	NO
MOM	http://mom.csbc.vcu.edu/	NO	—	NO	YES	NO
Mosaik	http://code.google.com/p/mosaik-aligner/	NO	—	NO	YES	NO
Segemehl	http://www.bioinf.uni-leipzig.de/Software/segemehl/	NO	任意	NO	NO	NO
SHRiMP	http://compbio.cs.toronto.edu/shrimp/	NO	—	NO	YES	NO
MUMmer	http://mummer.sourceforge.net/	NO	—	YES	NO	NO

水稻和人类）的短序列片段数据集，分别定位到对应的基因组上，从实际运行角度客观评价不同短序列片段的运行性能，同时利用模拟短序列片段数据集，评价不同短序列片段比对软件结果的精确度和灵敏度。通过对实际数据集分析比较发现不同的短序列比对软件运行性能存在着显著性的差异，表 4-2 列出了常用比对软件的实际运行效果和问题。由表 4-2 可知，Bowtie 和 GASSST 两款软件无论从运行性能（运行速度和内存覆盖率）还是运行结果的精确度和灵敏度方面，都具有显著优越性。Maq 也是一款较为突出的短序列比对软件，可以获得较高精度的比对结果，运行时间适中，但允许存在的错配数目不能大于 3，否则运行速度会大幅度下降；该比对软件的维护性和实用性较高。

表 4-2　一些比对软件实际运行效果和问题

软件	问题描述
Exonerate	即使内存覆盖率最低,但是运行速度过慢,比对效率太低
Segemehl	比对时建立索引需要的内存使用量过高,为人类基因组序列的 1/2 建立索引,需要 32G 的内存空间
ZOOM	软件不是开源性的
BWA-SW	可以处理误差较多的长的短序列片段,但只能处理单末端的短序列片段
SSAHA2	不能处理一般长度的短序列片段,适合处理长度较长的序列片段
MUMmer	不能将高通量的短序列片段定位到较大的基因组上
Mosaik	运行速度过慢,将短序列片段定位到较大的基因组上时程序容易进入死循环,不能将短序列片段定位到较大的基因组上,如人类基因组

4.3　深度测序片段比对软件实例演示

Maq 运行性能较高,比对结果较为精确,维护性较高,是一款比较流行的短序列片段比对软件,现以其为例,进行实例演示。图 4-9 显示了 Maq 比对过程的流程图。

首先,为了降低硬盘使用量,Maq 将参考基因组序列转变转化为二进制的 fasta 格式（BFA）,将短序列片段转化为二进制的 fastq 格式（BFQ）,具体步骤如下:

（1）进入安装 Maq 的目录,这里是安装路径为: ~/C/First/Maq/maq-0.7.1

（2）将参考基因组 FASTA 文件转化为二进制 FASTA 文件,命令如下:

`$ ./maq fasta2bfa ~/datalist/genome/E.coli/E.coli_ genome.fa E.coli.bfa`

其中,"./maq fasta2bfa"命令的作用是将参考基因组 FASTA 文件转化为二进制 FASTA 文件,具体格式如下:

`./maq fasta2bfa 参考基因组 FASTA 文件地址　生成的二进制 FASTA 文件地址`

（3）将短序列片段转化为二进制的 fastq 格式（BFQ）,命令如下:

`$./maq fastq2bfq ~/datalist/SRR023978.fastq SRR023978.bfq`

其中,"./maq fastq2bfq"命令的作用是将短序列片段 FASTQ 文件转化为二进制 FASTQ 文件,具体格式如下:

`./maq fasta2bfq 短序列片段 FASTQ 文件地址 生成的二进制 FASTQ 文件地址`

（4）将短序列片段定位到参考基因组上,命令如下

`$./maq map align.map E.coli.bfa SRR023978.bfq`

其中,"./maq map"命令的作用是将短序列片段定位到参考基因组上,具体格式如下:

./maq map 比对结果文件地址 参考基因组二进制 FASTA 文件地址 短序列片段二进制文件地址

（5）结果可视化，使用如下命令查看 Maq 的比对结果：
$./maq mapview

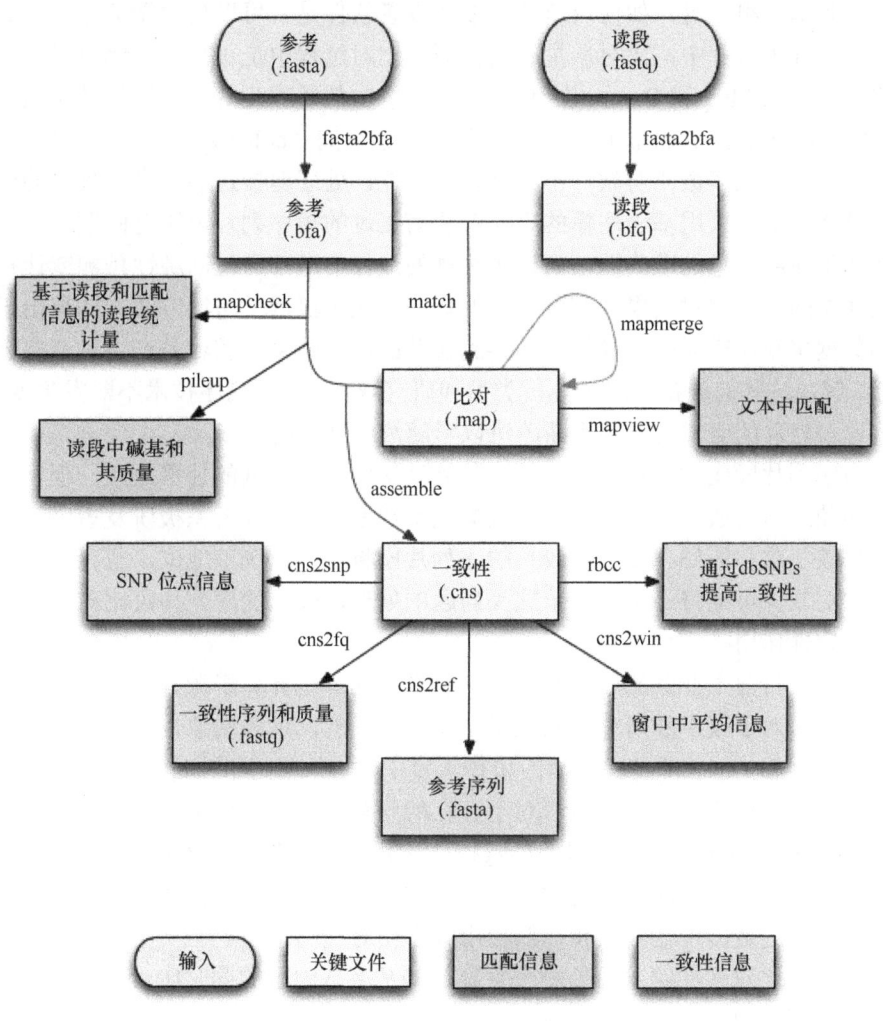

图 4-9　Maq 比对过程的流程图
资料来源：http://maq.sourceforge.net/maq-man.shtml

4.4　展　　望

目前现有的短序列比对软件都具有一定的局限性，其研发工作中还存在许多挑战及尚未解决的问题。随着测序仪产生的短序列片段长度的不断增加，短序列比对软件是否能适应不断增长的片段序列？Maq、Bowtie 及其他的几种短序列比对软件支持处理的短序列片段长度都不超过 100bp。而某些情况下，适用于较长的序列片段比对软件如 BLAT，可能更加适合于下游区的研究分析。此外，如果某物种测序获得的短序列片段与它的参考基因组存在显著分歧，将这些短序列片段定位到基因组上时，如何调节比对参数或者软件是否可以自动调节比对参数？在下游区分析研究中，比对质量有何作用、比对过程中是否需计算比对质量？一些比对软件如 Maq 和 Bowtie 处理含有插入/缺失的短序列片段时运行结果很不理想，SHRiMP 支持 ABI 测序公司产生的以色谱空间（color space）形式呈现的短序列片段，而大多数比对软件不具有这项功能，处理剪接过的短序列片段的软件具有类似问题。采用基于注释的方法解决剪接过的短序列片段比对问题，运行结果依赖于注释信息的准确性，而许多物种的注释信息都通过同源性预测或计算机预测获得的，对比对结果会产生较大的影响。采用机器学习的方法，如果由于训练的数据集存在错误的注释信息而得到较差的运行结果，较容易产生过度拟合的现象。解决这些问题都依赖于分析类型和研究规模。只要测序技术不断发生变革，序列比对软件的研发就需要不断改进以紧随测序技术的脚步。

短序列片段比对分析步骤被认为是处理深度测序数据的计算瓶颈。但幸运的是，即使这些高通量测序仪产生的数据量不断增加，研究者积极研发短序列比对算法打破了这种僵局。今后，较长的序列片段将会占据统治地位，现存的短序列片段比对软件可能将不再适用于这类问题的处理，较长的序列片段比对算法将会起到决定性作用。

另外，目前主要的测序中心虽然具有充分的本地计算资源分析数据，但是这些计算资源对于较小的研究团队来说是无法普及的，这种现象也阻碍了深度测序技术的应用和扩展，即使在大型的协作项目中（如千基因组项目），主要测序中心的数据共享问题仍然存在挑战。对于存在的问题，一种比较可行的解决办法就是云计算（cloud computing），即上传数据，在共享的数据云内分析数据。一些研究者已经尝试了这种方法，但是建立云计算体制需要整个研究群体的努力。此外，云计算涉及的数据传输瓶颈和存储租用成本相对过高。

短序列比对软件研发的另一个发展趋势是多基因组的同时比对。已经发现人类参考基因组中缺失了许多本应存在的新序列，这种缺失现象可能是由于将短序列片段定位到单一的基因组上导致信息丢失引起的。对于大规模的重测序项目如千基因组项目（1000 Genomes Project）、果蝇群体基因组学项目（the *Drosophila* Population Genomics Project）（http://dpgp.org/）及 1001 基因组项目（the 1001 Genomes Project）（http://1001genomes.org/），多基因组的比对将具有举足轻重的作用。已经有一些研究团队开始在此研究方向上进行探索，多基因组比对的统一这个研究方向是十分具有吸引力的，但事实上如何应用给定的基因组范围内的人类数据还是一个尚待解决的问题。

参 考 文 献

Antoniou P, Iliopoulos C S, Mouchard L, et al. 2010. A fast and efficient algorithm for mapping short sequences to a reference genome. Adv Exp Med Biol, 680: 399-403.

Campagna D, Albiero A, Bilardi A, et al. 2009. PASS: a program to align short sequences. Bioinformatics, 25(7): 967-968.

Clement N L, Snell Q, Clement M J, et al. 2010. The GNUMAP algorithm: unbiased probabilistic mapping of oligonucleotides from next-generation sequencing. Bioinformatics, 26(1): 38-45.

Cokus S J, Feng S, Zhang X, et al. 2008. Shotgun bisulphite sequencing of the *Arabidopsis* genome reveals DNA methylation patterning. Nature, 452(7184): 215-219.

Hamada M, Wijaya E, Frith M C, et al. 2011. Probabilistic alignments with quality scores: an application to short-read mapping toward accurate SNP/indel detection. Bioinformatics, 27(22): 3085-3092.

Hoffmann S, Otto C, Kurtz S, et al. 2009. Fast mapping of short sequences with mismatches, insertions and deletions using index structures. PLoS Comput Biol, 5(9): e1000502.

Jiang H, Wong W H. 2008. SeqMap: mapping massive amount of oligonucleotides to the genome. Bioinformatics, 24(20): 2395-2396.

Johnson D S, Mortazavi A, Myers R M, et al. 2007. Genome-wide mapping of in vivo protein-DNA interactions. Science, 316(5830): 1497-1502.

Langmead B, Trapnell C, Pop M, et al. 2009. Ultrafast and memory-efficient alignment of short DNA sequences to the human genome. Genome Biol, 10(3): R25.

Li H, Ruan J, Durbin R. 2008. Mapping short DNA sequencing reads and calling variants using mapping quality scores. Genome Res, 18(11): 1851-1858.

Li R, Yu C, Li Y, et al. 2009. SOAP2: an improved ultrafast tool for short read alignment. Bioinformatics, 25(15): 1966-1967.

Lin H, Zhang Z, Zhang M Q, et al. 2008. ZOOM! Zillions of oligos mapped. Bioinformatics, 24(21): 2431-2437.

Marguerat S, Bahler J. 2010. RNA-seq: from technology to biology. Cell Mol Life Sci, 67(4): 569-579.

Marguerat S, Wilhelm B T, Bahler J. 2008. Next-generation sequencing: applications beyond genomes. Biochem Soc Trans, 36(Pt 5): 1091-1096.

Marioni J C, Mason C E, Mane S M, et al. 2008. RNA-seq: an assessment of technical reproducibility and comparison with gene expression arrays. Genome Res, 18(9): 1509-1517.

Marshall E. 1982. A cloudburst of yellow rain reports. Science, 218(4578): 1202-1203.

Ning Z, Cox A J, Mullikin J C. 2001. SSAHA: a fast search method for large DNA databases. Genome Res, 11(10): 1725-1729.

Ondov B D, Varadarajan A, Passalacqua K D, et al. 2008. Efficient mapping of Applied Biosystems SOLiD sequence data to a reference genome for functional genomic applications. Bioinformatics, 24(23): 2776-2777.

Rizk G, Lavenier D. 2010. GASSST: global alignment short sequence search tool. Bioinformatics, 26(20): 2534-2540.

Rumble S M, Lacroute P, Dalca A V, et al. 2009. SHRiMP: accurate mapping of short color-space reads. PLoS Comput Biol, 5(5): e1000386.

Shang J, Zhu F, Vongsangnak W, et al. 2014. Evaluation and comparison of multiple aligners for next-generation sequencing data analysis. Biomed Res Int, 2014: 309650.

Shendure J, Ji H. 2008. Next-generation DNA sequencing. Nat Biotechnol, 26(10): 1135-1145.

Smith A D, Chung W Y, Hodges E, et al. 2009. Updates to the RMAP short-read mapping software. Bioinformatics, 25(21): 2841-2842.

Weese D, Emde A K, Rausch T, et al. 2009. RazerS—fast read mapping with sensitivity control. Genome Res, 19(9): 1646-1654.

Weese D, Holtgrewe M, Reinert K. 2012. RazerS 3: faster, fully sensitive read mapping. Bioinformatics, 28(20): 2592-2599.

5 小片段序列组装

> **内容提要**：通过深度测序技术（即下一代测序技术）获得的小片段序列，通常难以直接满足后续生物学分析的需求，往往需要通过特定的组装算法将这些小序列片段拼接成较长的核苷酸序列，这个过程称为小片段序列的组装。本章将较详细阐述小片段组装的基本原理和当前技术瓶颈，随后根据不同的组装范畴，细致地列举当前的主要算法及相应的实现软件，并将对上述的组装软件进行性能评价，以期能为相关科研人员提供指导信息。最后，本章选择几款具有代表性的组装软件，通过组装实例，逐步演示小片段序列的组装过程。

5.1 问题阐述：小片段序列组装

20 世纪末，美国 Celera 公司创始人克雷格·文特尔提出了"鸟枪法"对全基因组进行测序，该技术的中心思想是先将 DNA 序列随机打断成小片段，然后对这些小片段进行测序，最后通过计算机将这些小片段组装成目标 DNA 序列（图 5-1）。鸟枪法测序为人类基因组计划做出了巨大贡献，使得 Celera 公司几乎和六国联合组织同时宣布人类基因组图谱的完成。

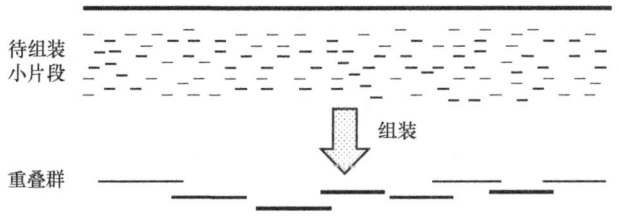

图 5-1 小片段序列组装示意图

由于独特的设计思路，该测序方法避免了遗传图谱和物理图谱绘制等繁重又耗时的工作过程，但是却带来了后续小序列片段的组装问题这一巨大的挑战。围绕这个问题，科研人员开发了一系列组装算法。然而，由于组装形式的多样性及组装过程自身的复杂性，小片段组装的问题尚未得到彻底解决。

5.1.1 小片段组装类型

基因组蕴含了生物体所有的遗传信息，因此，解读生命现象的一个重要手段就是通过测序获得基因组的序列信息；此外，转录组中包含了特定时空下生命活动在分子层次上的相关信息。因而，目前的测序主要分为两种形式：①对基因组DNA序列的测序；②对转录组的RNA经反转录获得cDNA，然后进行测序。根据待组装小片段数据的不同来源，组装过程可分为基因组序列的组装和转录组序列的组装。

从另一个分类范畴，对于一些模式生物，如人和小鼠，我们已经获得其相应的基因组草图及表达蛋白信息。因此，在对这些模式生物及与之亲缘关系较近的物种的测序小片段进行组装时，这些相关信息可以作为组装的参照，从而保证更加高效、准确地拼接出目标片段。然而对于无参照信息的组装情况，我们只能采用从头组装策略。

5.1.2 当前组装过程的挑战

序列片段的组装一直是测序数据后续分析的一个难点。下一代测序技术的到来，尽管对基因组学、转录组学的生物学领域的发展起到极大推动作用，但也使后续的数据分析问题变得更加复杂。下一代测序技术为小片段组装问题带来的挑战主要分为以下三个方面：①输出数据的高通量；②序列片段的长度短；③测序错误类型各异。

此外，不同的组装类型又有各自的瓶颈。对于转录组序列的组装，如图5-2所示，不同丰度的基因表达及外显子的可变剪接形式等都会导致组装结果的不确定性，从而增加组装过程的难度；相比而言，基因组的序列组装更加复杂，除了更高的数据通量外，基因组重复区域（尤其是对于复杂的高等真核生物）会使组装的序列不连续，出现很多空缺，这也是目前基因组组装过程中未能彻底解决的问题。从另一个角度，我们可以形象地把小片段序列的组装看成一个拼图问题，序列片段对应于待组装元件，而用于组装的参照序列则被看成是拼图时的参照模板（图5-3）。显然，有参照模板的情况下更容易获得准确的组装结果，而从头组装的情况则相对复杂，是一个亟待解决的难题。

5.1.3 小片段组装过程的意义

下一代测序技术获得的原始图像数据通常要经过几个初级处理步骤才能进行后续的分析研究。这些步骤主要包括将图像数据转化为序列信息、对序列信息进行校正处理、对小片段序列的基因组定位和组装。其中，小片段的组装过程是进行基因组图谱绘制、宏基因组的研究等生物学研究过程的必经途径。

全基因组重测序是研究个体基因组多态性或突变发现的重要策略，同时也是绘制基因组精细图谱的数据来源。华大基因利用自行开发的小片段组装软件

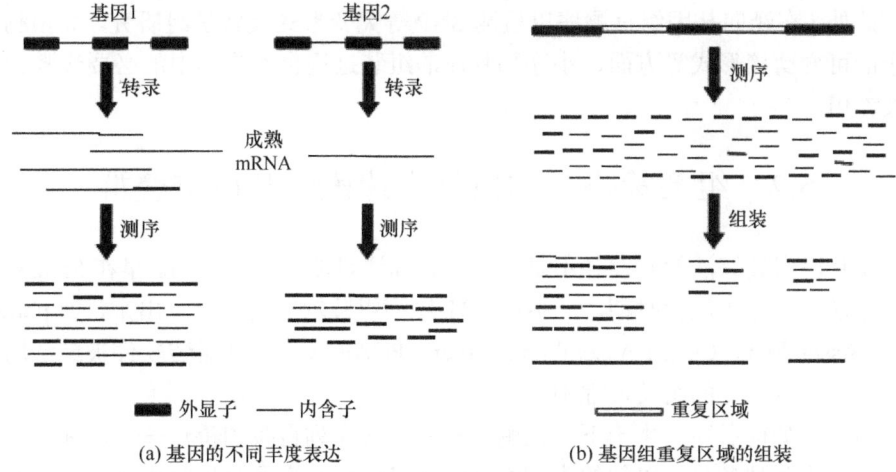

(a) 基因的不同丰度表达　　　　(b) 基因组重复区域的组装

图 5-2　转录组与基因组序列片段组装

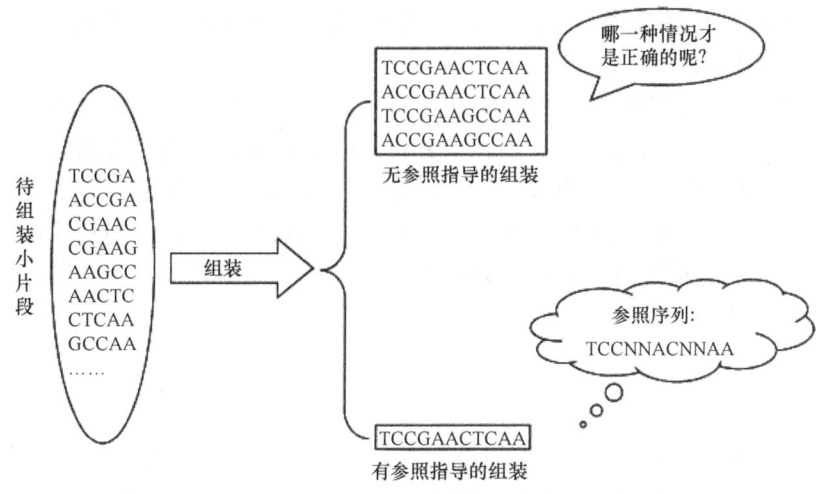

图 5-3　参照序列用于指导序列片段组装

SOAPdenovo（Li et al.，2010），成功实现了对通过下一代测序平台测得的人类基因组小片段数据的从头组装。随后又利用同样的解决方案实现了对珍稀物种（如大熊猫、阿拉伯骆驼）的基因组测序和组装过程（Li et al.，2010）。

宏基因组又称微生物环境基因组，是指某一个环境中全部微小生物遗传物质的总和。其研究的一个重要思路就是对宏基因组中所有核酸序列进行测序，然后通过将小片段组装获得较长序列，并与已知微生物核酸数据库进行比对，从而获得该基因组中的物种组成信息，继而为后续的功能研究奠定基础。一些组装软件，如基于贪心算法的 SSAKE（Warren et al.，2007），就是以应用在宏基因组研究为目的而提出的。

此外，在靶向基因组重测序以检测 SNP 等突变形式及转录组研究，如预测外显子的可变剪接形式等方面，小序列片段的组装过程也作为其中的必要步骤起着重要作用。

5.2 组装策略：如何将小片段组装成重叠群

小片段组装算法的开发并不是由下一代高通量测序所带来的。早在 Sanger 测序为主的一代测序风行时期，一系列 EST 序列组装软件就被开发出来，如 phrap、TIGR Assembler、Celera Assembler、Euler、PCAP 等。这些组装软件被广泛用于基因组、转录产物的组装过程中。

然而，如前所述，由于下一代测序技术测得序列自身的特点——高通量、小片段、错误类型各异，以往的序列组装算法已经很难满足这种类型序列片段的组装需求。另一方面，下一代测序平台正源源不断地产生高通量的数据，以期用于后续大规模的分子生物学研究。因此，对以往组装算法的改进或者新组装算法的开发就显得尤为迫切了。

新型组装算法的开发，拟要解决如下问题：①如何将序列数据以特定的数据结构形式存储，以利于后续的搜索分析；②如何确定序列片段的延伸规则；③如何处理测序过程产生的碱基错误现象；④如何解决待组装序列的重复片段问题；⑤如何尽可能地加快组装速度。这里，我们将分别根据小片段序列的不同组装形式——基因组组装和转录组组装，详细阐述当前的主要组装策略及相应的软件工具。

5.2.1 基因组序列的组装

对于很多模式生物，其基因组草图或者部分蛋白序列已知，因而可以用作序列片段组装时的参照信息，这种组装情况相对较为容易，相应的组装软件相对较少，如 Seqcons。这里，我们重点讨论没有参照序列作为指导的组装情况，即从头组装。目前用于基因组序列从头组装的策略主要有三种（Miller et al.，2010）：基于前缀树的贪心-延伸（greedy-extension）组装算法、基于重叠图（overlap graph）的组装和基于德布鲁意图（De Bruijn graph）的组装。

5.2.1.1 基于前缀树的贪心-延伸组装算法

该算法的基本思想是：以前缀树的数据结构形式对小片段数据进行压缩存储，然后对于其中的一条给定序列，在其末端不断延伸新的序列。图 5-4 详尽描绘了该算法的具体步骤，首先对已进行标准化的序列数据以前缀树的数据结构存储在哈希表中，然后对其中的小片段序列按照丰度大小进行排序，选择丰度最大的序列片段作为起始待组装序列,根据已预先设定的序列最少重复碱基数目,从哈希表中搜索符合条件的序列片段前后交错排列在一起,在待延伸的位点处根据碱基出现总数目,确定是否可以进行延伸,然后根据某种最可能的目标碱基出现频率是否达到设定阈值来确定此位点处以该碱基作为延伸碱基,延伸后得到的重叠群序列被用作新一轮延伸的起始序列,不断重复这个过程,直至不符合延伸条件而终止,已使用过的序列片段从哈希表中移除。初始的序列片段被最大程度延伸后,换用另一个较低丰度的序列片段重新开始上述过程,直至哈希表中所有的小片段序列使用殆尽。

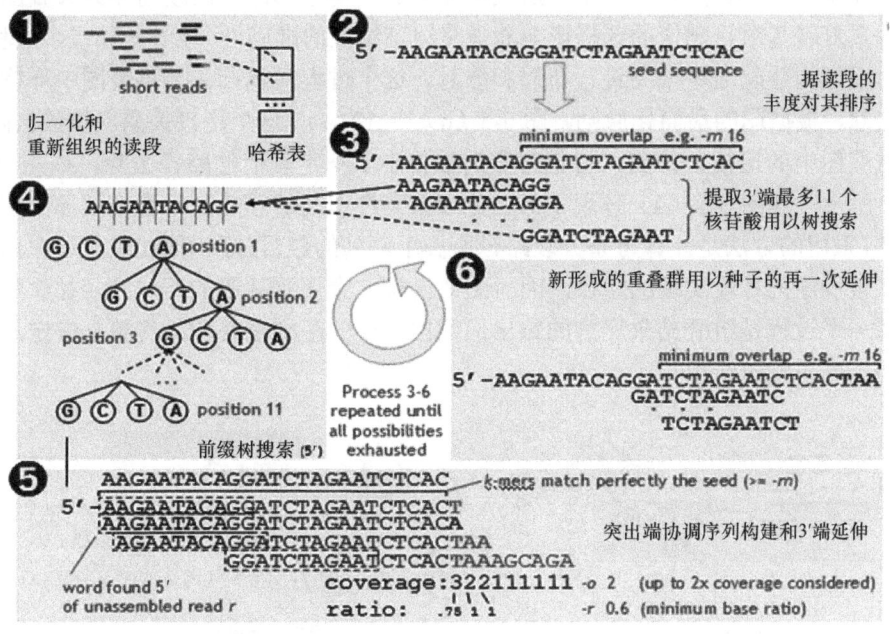

图 5-4　前缀树贪心-延伸算法示意图（Warren et al.，2007）

基于前缀树的贪心-延伸算法是最早被开发应用于下一代测序小片段组装的算法。早在 2006 年,Rene L. Warren 等基于该算法用 perl 编写了依靠 k-mer 循环搜索和序列 3′端延伸的 SSAKE 程序（Warren et al.，2007）用于对模拟的无测序错误的下一代测序小片段进行组装,并被证明可用于宏基因组研究中微生物基因组序列的组装。随着程序的不断改进,目前版本的程序已能够处理序列中的碱基错误问题,并可以在组装过程中掺入双末端序列信息,实现对双末端测序片段数据的组装过程。不久之后另一个组装软件——VCAKE（Jeck et al.，2007）,基于最初的 SSAKE 程序的思路,通过利用更高的测序深度,解决了组装过程中小序列片段中的碱基错误问题。序列碱基质量评分文件是测序过程中产生的用于评定测序片段可靠性大小的一个较大文件,一些组装软件如 SHARCGS（Dohm et al.，

2007）和 QSRA（Bryant et al., 2009），通过采用上述文件中的碱基质量信息，去除数据集中可信度较低的一些小片段序列，从而保证了组装过程能够得到更加精确的目标序列。

5.2.1.2 基于重叠图的组装算法

该算法全称为重叠-布局-输出（overlap-layout-consensus，OLC），顾名思义，其实现过程包括三个步骤：①重叠图的构建；②重叠图的布局与修剪；③符合条件组装结果序列的输出。首先，重叠图的构建如图 5-5（a）所示，将小片段序列通过其首尾的重叠关系，利用启发式延伸算法，构建起图示的双向序列重叠图。最少重复碱基数目阈值的选择影响着最终组装结果的准确性。接着是第二个过程，即对已经构建起的重叠图进行布局和修剪。这个过程又包括：①重叠图中环绕边的去除，根据图的最简化原则，图 5-5（b）中 r2→r3 这个连接关系应该被去除；②重叠图中的短枝节修剪，将包含序列数目小于一定阈值的路径去除，如图 5-5（c）所示；③图 5-5（d）体现了对由位点多态性引起的重叠图中囊泡现象的解决方法，采用的方法是计算每条分歧路径所占用序列的数目（序列的冗余统计在内），去除较少序列片段实现的路径，因而图中仅有 5 个序列片段的组成路径被删除。最后一个过程是组装结果序列的输出，根据最终的序列重叠图，将符合设定条件的组装结果输出给用户。

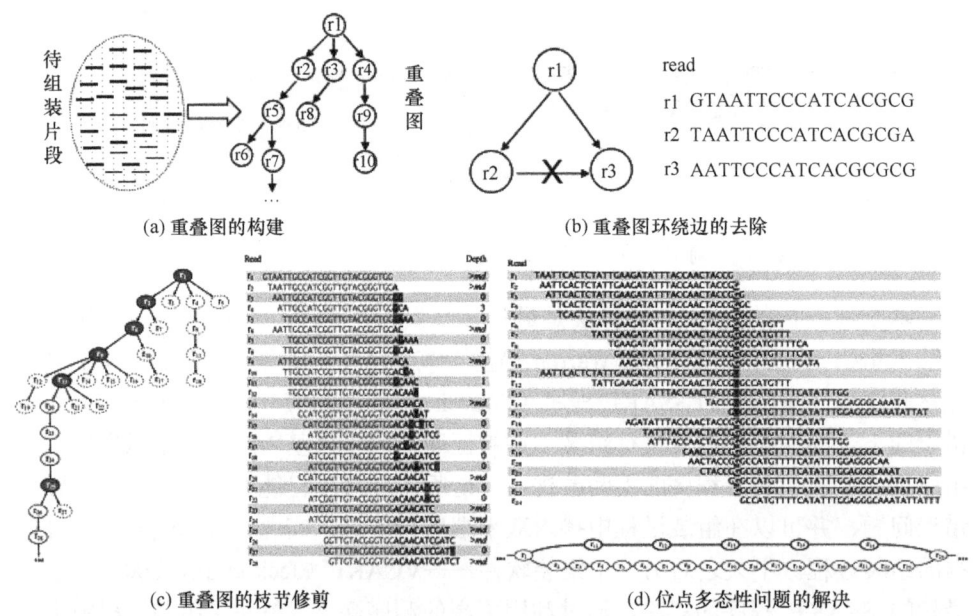

图 5-5　基于重叠图组装算法示意图（Hernandez et al., 2008）

OLC 组装算法是典型的 Sanger 测序序列的组装策略，一些常用的一代测序软件，如 Celera Assembler、CAP 及 PCAP，都是基于此原理开发出来的。目前，在下一代测序小片段数据的组装问题上，该算法也得到了广泛应用。

Newbler 是随 Roche 454 测序仪一起分发的适合于该平台测序数据的商业组装软件（Margulies et al., 2005）。该软件两次实现了 OLC 算法：第一次是将原始小序列片段拼接成较长的序列片段；第二次是将第一个过程的拼接结果作为初始数据，组装获得更长的重叠群序列。另外，特别值得一提的是，该组装程序通过采用测序仪器测序时产生的相关信息解决 Roche 454 测序仪在同源多聚体区域容易发生测序错误的问题。

CABOG 是另外一款适用于 Roche 454 测序数据的组装软件（Miller et al., 2008），通过对传统的 Sanger 序列组装软件 Celera Assembler 改进而来。执行组装过程之前，该软件先实现一个碱基纠错过程，尽可能提高待组装数据的准确性。另外，双末端测序信息可以被掺入组装过程，从而使之能够获得片段更长、更加准确的组装结果。

Edena 小片段软件是特别针对 Solexa 测序平台产生的序列数据组装开发的（Hernandez et al., 2008），其要求输入的数据为长度一致的单末端测序片段。实现 OLC 过程之前，该软件有对数据集去冗余的过程，从而一定程度上降低了组装的难度。另外一个组装软件即 Shorty（Hossain et al., 2009），是为数不多的针对 SOLID 测序平台产生序列数据的组装工具。其主要思想是选择输入数据集中较长的序列作为种子序列，通过实现 OLC 算法，从而完成后续组装过程。该软件的当前版本可以支持来自 Solexa、SOLID、Helicos 三个测序平台的输出数据。

5.2.1.3 基于德布鲁意图的组装算法

该算法的核心是将序列组装的问题转化为 K-mer（德布鲁意）图的构建。如图 5-6（a）示，对于长度均为 K 的序列片段，按照首尾重合序列长度为 $K-1$ 的连接关系，以小序列片段为结点、重叠部分序列为边构建 K-mer 图。这里 K 值应该小于实际测序的序列长度，通过对测序片段采用步移法（步长为1），分割为长度为 K 的待组装序列片段，去除其中的冗余片段，按照上述方式构建 K-mer 图。为了防止由于出现回文序列而导致序列自身拼接的问题，K 值应取奇数。如图 5-6（b）所示，K 取偶数时，可能出现序列和其反向互补序列重合的情况，即回文序列，从而引起组装时序列自身组装的问题；而当 K 值取奇数时，这种情况则可以避免。通过上述规则完成德布鲁意图的构建后，图的布局和修剪过程大致和基于重叠图的组装算法类似，如图 5-6（c）所示，主要包括对路径的简化及低可信度路径的去除等。组装过程的最终步骤则是输出达到设定阈值的重叠群序列。

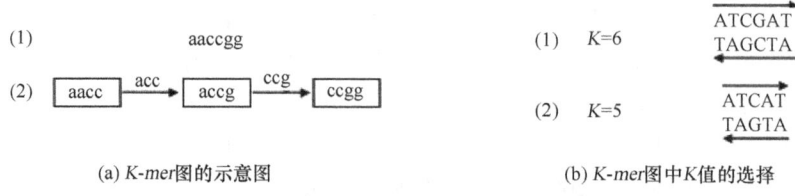

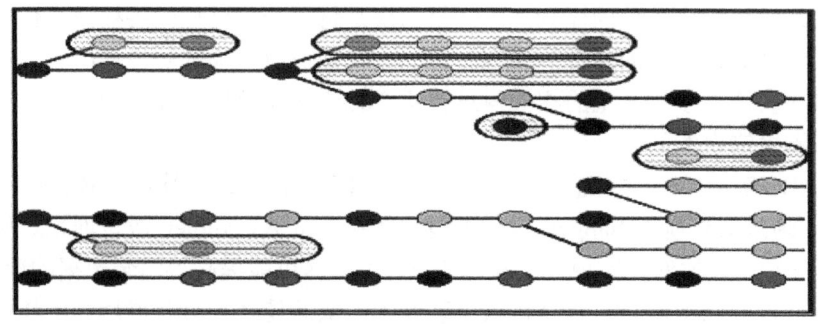

(c) 德布鲁意图算法组装过程示意图

图 5-6 基于德布鲁意图组装算法示意图（Simpson et al., 2009）

基于德布鲁意图的组装算法最初被用于 Sanger 测序平台数据的组装，而经过改进的组装算法则主要适用于来自 Solexa 和 SOLID 测序平台产生的小序列片段数据的组装。目前较多的组装软件，如 Euler-SR、Velvet、ABySS、ALLPaths 及 SOAPdenovo，都是基于上述组装算法而实现的。

Euler 组装软件最早用于 Sanger 序列数据的组装过程，随后其改进版本 Euler-SR 实现了对来自 Roche 454 测序平台（Chaisson and Pevzner, 2008）、Solexa 测序平台小片段序列的组装。其主要特点是在构建 K-mer 图之前，有一个通过去除低出现频率的 k-mer 序列片段而实现提高组装准确度的过程。

Velvet 是另一个典型的基于德布鲁意图组装算法的实现软件（Zerbino and Birney, 2008）。与 Euler 不同的是，它没有序列纠错的预处理过程。在降低构建 k-mer 图的复杂度过程中，其采用了一系列的启发式算法，这些启发式算法主要通过利用图形的拓扑结构、序列片段的冗余度、序列一致性及双末端测序信息来实现。目前，由于机器内存的限制，其在大基因组组装过程中的应用受到一定程度的阻碍。

与 Velvet 不同的是，ABySS 则是针对较大基因组装过程而设计的组装软件（Simpson et al., 2009）。大基因组的序列组装过程通常需要较大的机器内存和运行时间，该软件通过采用二进制形式存储序列数据，集群运行来降低组装的内存使用和扩展可利用内存，此外，软件引入并行算法用以减少组装过程的时间消耗。

ALLPaths 是针对来源于 Solexa 测序平台的较大基因组双末端测序数据组装

的软件（Butler et al., 2008）。其通过采用序列质量评定文件实现序列数据的预处理，从而获得较高准确度的组装结果。经过改进的 ALLPaths-LG（Gnerre et al., 2011），被广泛用于较长序列片段（约 100bp）的组装。值得一提的是，该组装软件可实现以图形化的形式显示组装过程。

SOAPdenovo 是另一款针对大基因组（尤其是哺乳动物基因组）测序序列的组装软件（Li et al., 2010）。其组装过程的序列预处理阶段和 Euler 类似，同样是过滤低出现频率的 *k-mer* 片段以获得高质量的待组装序列。与 ABySS 不同的是，其并行化算法仅能在单台机器上实现，而不能在集群上运行。

5.2.2 转录组序列的组装

下一代测序技术的另一个重要应用领域是转录组（即 RNA）测序。对于 mRNA 的转录本，其序列长度远远超出当前的测序能力。因此，在对转录组测序数据进行后续分析前，同样需要小序列片段的组装过程。

如前所述，与基因组的测序数据相比，转录组的测序小序列片段除了具有高通量、短序列长度及错误类型各异的特点外，还具有不同表达丰度的特点。整体而言，由于其通量相对较小，而且其相应的 DNA 序列一般位于基因组中的低重复区域，因而组装难度相对小于基因组的组装情况。

同样，转录组序列的组装分为两种形式，即从头组装和有参照信息指导的组装。对于从头组装形式，主要有基于重叠图、基于德布鲁意图的两种组装策略，这里不再赘述。相应的实现软件主要有 Oases（Velvet 用于转录组组装的版本）、Trans-ABySS（ABySS 用于转录组组装版本）、CAP3、Newbler 等。

基于上述组装策略，两种优化组装思路相继产生（Surget-Groba and Montoya-Burgos, 2010）。其中第一种组装策略的核心思想是通过选取不同的 K 值对不同表达程度的转录本进行组装，因而被称为多 K 值组装流程。另外一种对组装过程的优化是通过引入参照信息进行组装，即基于蛋白序列指导的 STM(scaffolding using translation mapping) 组装方法。这种组装思路的基本思想是，在短序列片段进行从头组装的基础上，对所得的组装结果重叠群序列通过 Blastx 程序与参照蛋白组序列进行比对，并以此为模板，对符合条件的序列片段进行再组装，从而获得更长的超重叠群序列。根据是否舍弃初始组装过程中未进行组装的小序列片段，该方法可细分为 STM- 和 STM+ 两种不同的组装形式。

5.3 算法评价：如何选取一个合适的组装软件

当前，用于下一代测序数据组装的算法和相应的实现软件种类繁多，其适用性及组装性能也有较大差别。对于要对实际测序数据进行组装的科学研究人员来说,如何从中选择一个最佳的组装软件就显得尤为重要了。

一般来讲,我们对一个组装软件进行评价,主要从其适用性及组装性能两个方面来考虑。其中,对于适用性,主要是从其适用的数据大小及类型、适用的计算机操作平台、对机器的硬件要求、软件的可操作性及组装的速度等方面来衡量。而组装性能方面则主要以组装结果的完整度和准确度为评判标准。这里,通过整合已有文献信息以及我们的调研结果,对当前的主流组装算法和软件进行详细的评价,以期能够为相关研究者在选用组装软件时提供一定的指导。

5.3.1 基因组组装软件的选择

本章第一节中已经提到,目前的下一代测序平台的测序过程输出数据在序列长度、通量大小、碱基错误类型等方面都有较大差别。因而,在针对不同测序平台的测序数据进行组装时,往往需要选用不同的组装软件。表 5-1 列举了当前可用于基

表 5-1 常用基因组组装软件的适用性比较

组装软件	数据类型	下载地址
SSAKE	Solexa	http://www.bcgsc.ca/bioinfo/software/ssake
VCAKE	Solexa	http://sourceforge.net/projects/vcake/
QSRA	Solexa	http://qsra.cgrb.oregonstate.edu
SHARCGS	Solexa	http://sharcgs.molgen.mpg.de
Newbler	454	http://454.com/contact-us/software-request.asp
Edena	Solexa	http://www.genomic.ch/edena
CABOG	454	http://wgs-assemblers.sf.net
Shorty	Solexa, SOLID	http://www.cs.sunysb.edu/~skiena/shorty
Euler-SR	454, Solexa	http://euler-assembler.ucsd.edu/portal/
ALLPATHS	Solexa	ftp: //ftp.broad.mit.edu/pub/crd/ALLPATHS/Release-3-0
ALLPATHS-LG	Solexa	ftp: //ftp.broadinstitute.org/pub/crd/ALLPATHS/Release-LG/
Velvet	Solexa	http://www.ebi.ac.uk/~zerbino/velvet
Euler-USR	454, Solexa	http://euler-assembler.ucsd.edu/portal/
AbySS	Solexa	http://www.bcgsc.ca/downloads/abyss/abyss-1.1.2.tar.gz
SOAPdenovo	Solexa	http://soap.genomics.org.cn/soapdenovo.html
Taipan	Solexa	http://taipan.sourceforge.net
PCAP long-read assembler	454	http://seq.cs.iastate.edu/pcap.html
MIRA3	454, Solexa	http://sourceforge.net/projects/mira-assembler/files/
Seqcons	454, Solexa	http://www.seqan.de/uploads/media/MicroRazerS.zip
Forge	454, Solexa	http://sourceforge.net/projects/forge
SR-ASM	454	https://ngslib.genome.tugraz.at/node/13
LOCAS	Solexa	www-ab.informatik.uni-tuebingen.de/software/locas
Contrail	Solexa	http://sourceforge.net/apps/mediawiki/contrail-bio/index.php?title=Contrail
Ray	454, Solexa	http://sourceforge.net/projects/denovoassembler/files/

因组测序数据分析的组装软件，同时给出了相应的适用数据类型及下载地址。

目前已有一些科研小组运行组装软件评价其性能。通过对模拟测序数据进行实际组装并对组装结果进行评价，我们的研究结果（Zhang et al., 2011）表明，基于前缀树贪心-延伸算法的组装软件即 SSAKE、VCAKE、SHARCGS 及 QSRA，仅适用于 Solexa 测序平台最初测序模式输出数据（测序长度约 36bp）的组装，而当待组装数据序列长度超过约 50bp 时，这种类型的组装软件已不再适用。

软件的可操纵性方面，基于前缀树贪心-延伸算法的组装软件一般用脚本语言编写，运行过程无需编译，因而较容易操作；而其他基于图（如重叠图和德布鲁意图）的组装软件，软件执行过程一般需要进行预编译，同时要配置相关的运行文件，运行过程相对比较复杂。

通过比较数据集大小不同的模拟测序数据的组装结果，我们发现基于前缀树贪心-延伸算法的组装软件在对较小基因组（如病毒和细菌基因组）进行组装时，运行时间较短，而且能获得很好的组装结果，但在对大基因组进行组装时，对机器内存占用过大，同时运行时间过长。

另外一种综合线性模型和图论模型的组装软件 Taipan（Schmidt et al., 2009），同样适合于较小数据集的组装，其突出特点是运行速度快，但是却以牺牲内存空间为代价。与之相反的是基于德布鲁意图的组装软件，如 SOAPdenovo，更加适用于较大基因组（如真核生物基因组）的组装，由于其并行算法及以图作为数据存储结构，因而能够以较小的时间和内存代价完成组装过程。最后基于重叠图的组装软件，以 Edena 为例，对不同大小的数据集都有相对较好的组装结果，适用性较广（表 5-2）。

表 5-2 针对不同组装情况的软件推荐

	序列长度	机器内存	推荐软件
较小基因组	很短（36bp）	较大（>16G）	Hybrid assembler: Taipan
（如微生物）		较小（<16G）	SSAKE, QSRA, Edena
	较短（75bp）	较大（>16G）	Hybrid assembler: Taipan
		较小（<16G）	OLC assembler: Edena
较大基因组	很短（36bp）	较大（>16G）	De Bruijn assembler: SOAPdenovo
（真核生物）		较小（<16G）	—
	较短（75bp）	较大（>16G）	De Bruijn assembler: ALLPATHS-LG
		较小（<16G）	—

类似地，另一个科研小组通过对不同类型（如单/双末端序列、不同测序错误率等）的实际测序数据，选用常用的序列组装工具进行组装，并对组装效率、组

装结果优劣进行分析，从而对每种组装软件进行了组装性能评价，给出了用于不同类型测序数据组装的推荐软件（Lin et al., 2011）。表 5-3 为该实验小组针对不同组装环境给出的推荐软件列表。

表 5-3 针对不同组装环境的软件推荐

序列类型	GC含量	序列长度	较小基因组			较大基因组		
			高 N50 值	高覆盖度	低错误率	高 N50 值	高覆盖度	低错误率
单末端序列	低	较短	Eu, SS	SS	Ed, AB, Ve	Eu, SO, Ed	SO, Ed	Ed, AB, Ve
		较长	SS, SO		AB, Ve	SO	AB, Ve	AB, Ve
	高	较短	Eu, SO	SS, SO	AB, Ve, Ed	SO, Eu	SO	AB, Ve, Ed
		较长	SO, Ed, AB, Ve		AB, Ve	SO, Ed		AB, Ve
双末端序列	低	较短	SO, SS, AB, Ve	AB, SS, Ve, SO	AB, Ve, SO	SO, AB, Ve	AB, SO, Ve	AB, Ve, SO
		较长	SO, SS	AB, SS, SO, Ve				
	高	较短	SO	AB		SO	AB	
		较长	SO, AB, Ve			SO, AB, Ve		

修改于 Lin 等（2011）中的表 7。
注：Eu, Euler-sr；SS, SSAKE；Ed, Edena；AB, ABySS；Ve, Velvet；SO, SOAPdenovo。

5.3.2 转录组组装软件的选择

转录组测序数据的组装情况与基因组类似，但由于数据通量较小，而且避免了重复区域的组装问题，因而组装难度相对后者要小一些。如前所述，当前可用于转录组测序数据组装的策略主要基于重叠图和德布鲁意图。表 5-4 列举了目前主要的转录组组装软件，并给出相应的适用性信息及下载链接。

表 5-4 常用转录组组装软件的适用性比较

组装软件	组装策略	适用数据类型	下载链接
Oases	De Bruijn Graph	Solexa, SOLID, 454	http://www.ebi.ac.uk/~zerbino/oases
Trans-ABySS	De Bruijn Graph	Solexa	http://www.bcgsc.ca/platform/bioinfo/software/trans-abyss
SOAPdenovo	De Bruijn Graph	Solexa	http://soap.genomics.org.cn/soapdenovo.html
CLC Assembly Cell	De Bruijn Graph	Solexa, SOLID, 454	http://www.clcbio.com/
CAP3	OLC	454	http://seq.cs.iastate.edu/cap3.htm
MIRA 3.0	OLC	454, Solexa	http://sourceforge.net/projects/mira-assembler/
Newbler	OLC	454	http://454.com/products-solutions/analysis-tools/gs-de-novo-assembler.asp
SeqMan Ngen 2.1	OLC	454	http://www.dnastar.com/t-products-seqman-ngen.aspx

目前，对于非模式生物的转录组测序，最常用的是 Roche 454 测序平台。这主要是由于该测序平台能够产生更长的序列（大约 400bp），同时又能满足测序通量的要求，因而更有利于后续的序列组装和注释。

最近，有关转录组 454 型测序数据的实际组装研究表明（Kumar and Blaxter, 2010），Newbler 2.5 对于给定测序数据的组装结果最佳，SeqMan 能够得到较多的组装重叠群，但序列平均长度较短。其他组装软件如 CAP3（Huang and Madan, 1999）和 CLC Assembly Cell（http://www.clcbio.com/index.php?id=1393），在该研究中组装性能稍差，但优于目前使用较为普遍的组装软件 Newbler 2.3。同时有结果表明，几款组装软件的结合使用往往能够得到更佳的组装结果，这也为组装过程的优化提供了很好的思路。此外，如前一节中第二部分所述，多 K 值组装流程和以蛋白序列作为指导的基于 STM 的组装策略同样能优化转录组组装过程。

5.4 程序示例：如何执行一个片段组装过程

前面的章节已经讲述了当前下一代测序小片段组装的基本过程及主要的组装策略，并针对不同类型小片段数据的组装工具进行了比较和总结。本节我们将通过小序列片段组装实例，详细展示组装过程的操作步骤，以期为读者在具体运行相关组装软件时提供帮助。

5.4.1 基因组测序数据的组装

这里我们下载经 Solexa/Illumina 测序平台对 Staphylococcus aureus strain MW2 的基因组进行测序的数据（http://www.genomic.ch/edena/mw2Reads.seq.gz），选用代表不同组装算法的三种组装软件即 SSAKE、Edena 和 SOAPdenovo，分别对上述小序列片段数据进行组装。以下为具体操作步骤：

序列数据的解压缩：
（1）Linux 操作系统下终端输入：`$gunzip ./ mw2Reads.seq.gz`
（2）数据格式显示：`$ more ./mw2Reads.seq`

5.4.1.1 SSAKE 组装过程

（1）软件下载：http://www.bcgsc.ca/bioinfo/software/ssake
（2）软件解压缩：`$tar -xvf ./ssake_v3-7-tar.gz`
（3）进入文件目录：`$cd ./ ssake_v3-7`
（4）查看软件使用帮助：`$ ./SSAKE -help`
（5）建立组装工程目录：`$ mkdir ./new-assembly`，然后通过 mv 命令

将解压后的待组装数据文件转移到所建目录中。

（6）组装命令：这里待组装数据为单末端测序片段，序列长度为35bp，因而命令行中输入：$ ./SSAKE -f ./new-assembly/mw2Reads.seq -m 25 -o 8 -r 0.7，其他参数选择默认值。

（7）组装完成：组装工程目录中得到4个文件。①.contigs 文件：组装最终结果重叠群序列的 fasta 格式文件；②.log 文件：组装过程记录日志文件；③.short 文件：用于存储待组装序列中长度小于 m 的部分，这些序列无法用于后续的组装过程；④.singlets 文件：用于存储进入组装过程但没有用于序列延伸的序列。

5.4.1.2　Edena 组装过程

（1）软件下载：http://www.genomic.ch/edena/edena2.1.1_linux64.tar.gz

（2）软件解压缩：
$tar -xvf ./edena2.1.1_linux64.tar.gz

（3）进入文件目录：
$cd edena2.1.1_linux64

（4）查看软件使用帮助：命令行中输入：#
$./edena

（5）建立组装工程目录：当前目录下输入$mkdir ./new-assembly，然后通过 mv 命令将解压后的待组装数据文件转移到所建目录中。

（6）组装命令：Edena 的组装分两个过程：重叠模式和组装模式。重叠模式建立重叠图，而组装模式是对图进行修剪并输出最终组装结果。

（7）重叠模式命令：
$./edena -r ./new-assembly/mw2Reads.seq -M 20 -p out_20 -t 1
产生中间过程文件 out_20.ovl，用于后续组装模式。

（8）组装模式命令：
$./edena -e ./ out_20.ovl -p strict_20 -c 100 -s 1
其他参数选择默认值。

（9）组装完成：组装结果所得3个文件：①.info 文件：组装过程记录日志文件；②.fasta 文件：用于存储符合设定条件并被输出的重叠群序列；③.cov 文件：用于存储组装结果重叠群序列的每个碱基位置的覆盖度信息。

5.4.1.3　SOAPdenovo 组装过程

（1）软件下载：http://soap.genomics.org.cn/soapdenovo.html

（2）软件解压缩：$ tar -xvf ./ SOAPdenovo-v1.04.tgz

（3）进入文件目录：$ cd SOAPdenovo_Release1.04

（4）查看软件使用帮助：$./SOAPdenovo

（5）建立组装工程目录：当前目录下输入 `$ mkdir ./new-assembly`，然后通过 mv 命令将解压后的待组装数据文件转移到所建目录中。

（6）组装过程 configFile 文件配置：这里我们选择 –all 组装模式，故需配置 configFile。

以下为 configFile 文件内容：

```
$ maximal read length
  max_rd_len = 35
  asm_flags = 1
  f = ./mw2Reads.seq
```

（7）组装命令：
`$ ./SOAPdenovo all -s ./configFile -K 25 -o graph_prefix -p 8`
其他参数选择默认值。

（8）组装完成：组装结果有一系列的文件，其中 .contig 文件为组装重叠群的存储文件。

5.4.2 转录组测序数据的组装

这里我们选用大肠杆菌（*E.coli*）转录组经过 Roche 454 测序仪测序后得到的待组装的数据（http://www.clcbio.com/index.php?id=1290）。组装软件选择 Oases（基于 Velvet 的转录组版本），以下为具体组装过程步骤。

序列数据的解压缩：

（1）Linux 系统下通过 gunzip 命令解压缩数据包得到 3 个文件：

Ecoli.FLX.fna：序列数据存储文件；

Ecoli.FLX.qual：测序序列质量评分文件；

NC_010473.gbk：大肠杆菌的基因组数据。

（2）序列片段格式显示：`$more ./Ecoli.FLX.fna`

5.4.2.1 Oases 组装过程

（1）软件下载

Velvet：http://www.ebi.ac.uk/~zerbino/velvet/velvet_1.0.18.tgz

Oases：http://www.ebi.ac.uk/~zerbino/oases/oases_latest.tgz

（2）软件解压缩

Velvet：`$tar -xvf ./velvet_1.0.18.tgz`

Oases：`$tar -xvf ./oases_latest.tgz`

（3）Velvet 和 Oases 的编译

进入 Velvet 目录，编译可执行文件

```
$ cd velvet_1.0.18/
$ make
```
进入 Oases 目录，Oases 的编译
```
$ cd oases_0.1.18/
$ make 'VELVET_DIR= ./velvet_1.0.18'
```
（4）运行 Velvet 和 Oases 软件
```
$ cd velvet_1.0.18/    //进入 Velvet 目录
$ mkdir ./new_directory    //创建新的工作目录
$ ./velveth new_directory 50 -fasta -short ./Ecoli.FLX.fna    //执行 Velveh 命令
$ ./velvetg new_directory -read_trkg yes    //执行 Velvet 命令
$ cd Oases_1.0.18/    //进入 Oases 目录
$ ./oases -help    //查看帮助文档
$ ./oases ./new_directory -scaffolding yes    //运行软件
```
（5）组装完成：new_directory 中产生一系列结果文件，其中 transcripts.fa 为目标组装结果文件。

5.5　总结和展望：组装算法何去何从

下一代测序技术的出现对现代生物学的发展起到了极大的推动作用，但随之而来的海量测序数据为后续的分析带来了巨大挑战。序列组装目前仍然是测序数据下游分析的瓶颈问题。

本章就下一代测序数据组装问题进行了详细阐述，首先介绍了相关的生物学问题，并分析了在高通量测序平台下所面临的新的挑战；然后，分别针对基因组组装和转录组组装的不同形式，详细列举了当前主要的组装策略；接下来，对上述提出的组装算法的实现软件进行了总结和评价，列出了不同组装软件的适用性和组装性能；最后，选用具体的组装实例，详细演示了组装过程的执行。

无论是基因组数据还是转录组数据的组装，虽然都开发了相应的组装软件，然而直到目前仍然没有一款组装软件能够彻底解决这一难题。对一些较小基因组数据的组装，如原核生物，目前的组装算法已经能够较好地解决（Farrer et al.，2009；Kingsford et al.，2010）。然而对于较大基因组，尤其是哺乳动物基因组，由于其对计算机硬件及相应算法的要求较高，目前用于这种类型数据的组装软件很缺乏。对于现有软件，主要的思路是尽可能压缩数据存储占据空间，同时，通过一些并行化的算法加快组装速度，并以计算机集群形式扩展可用的计算资源。所以，较大基因组数据的组装，是组装算法未来要攻克的主要问题。

另外，一系列的组装过程优化策略也被提出，如双末端测序信息的引入、参照序列的指导组装及多种测序数据和组装软件的结合使用等（Diguistini et al., 2009; Reinhardt et al., 2009），这些优化方案都在一定程度上提高了组装结果的精度。

随着测序水平的不断提高，如第三代测序技术的初见端倪，测序序列的长度和精确度都在不断增加，当前的组装软件中有些也已不再适用，因而适用于新的测序数据的组装算法亟待开发。我们相信，在生物学家、生物信息学家和计算机学家的共同努力下，高通量测序数据组装问题一定能够彻底解决。

参 考 文 献

Bryant D W, Jr., Wong W K, Mockler T C. 2009. QSRA: a quality-value guided de novo short read assembler. BMC Bioinformatics, 10: 69.

Butler J, MacCallum I, Kleber M, et al. 2008. ALLPATHS: de novo assembly of whole-genome shotgun microreads. Genome Res, 18(5): 810-820.

Chaisson M J, Pevzner P A. 2008. Short read fragment assembly of bacterial genomes. Genome Res, 18(2): 324-330.

Diguistini S, Liao N Y, Platt D, et al. 2009. De novo genome sequence assembly of a filamentous fungus using Sanger, 454 and Illumina sequence data. Genome Biol, 10(9): R94.

Dohm J C, Lottaz C, Borodina T, et al. 2007. SHARCGS, a fast and highly accurate short-read assembly algorithm for de novo genomic sequencing. Genome Res, 17(11): 1697-1706.

Farrer R A, Kemen E, Jones J D, et al. 2009. De novo assembly of the Pseudomonas syringae pv. syringae B728a genome using Illumina/Solexa short sequence reads. FEMS Microbiol Lett, 291(1): 103-111.

Gnerre S, Maccallum I, Przybylski D, et al. 2011. High-quality draft assemblies of mammalian genomes from massively parallel sequence data. Proc Natl Acad Sci USA, 108(4): 1513-1518.

Hernandez D, Francois P, Farinelli L, et al. 2008. De novo bacterial genome sequencing: millions of very short reads assembled on a desktop computer. Genome Res, 18(5): 802-809.

Hossain M S, Azimi N, Skiena S. 2009. Crystallizing short-read assemblies around seeds. BMC Bioinformatics, 10 Suppl 1: S16.

Huang X, Madan A. 1999. CAP3: a DNA sequence assembly program. Genome Res, 9(9): 868-877.

Jeck W R, Reinhardt J A, Baltrus D A, et al. 2007. Extending assembly of short DNA sequences to handle error. Bioinformatics, 23(21): 2942-2944.

Kingsford C, Schatz M C, Pop M. 2010. Assembly complexity of prokaryotic genomes using short reads. BMC Bioinformatics, 11: 21.

Kumar S, Blaxter M L. 2010. Comparing de novo assemblers for 454 transcriptome data. BMC Genomics, 11: 571.

Li R, Fan W, Tian G, et al. 2010. The sequence and de novo assembly of the giant panda genome. Nature, 463(7279): 311-317.

Li R, Zhu H, Ruan J, et al. 2010. De novo assembly of human genomes with massively parallel short read sequencing. Genome Res, 20(2): 265-272.

Lin Y, Li J, Shen H, et al. 2011. Comparative studies of de novo assembly tools for next-generation sequencing technologies. Bioinformatics, 27(15): 2031-2037.

Margulies M, Egholm M, Altman W E, et al. 2005. Genome sequencing in microfabricated high-density picolitre reactors. Nature, 437(7057): 376-380.

Miller J R, Delcher A L, Koren S, et al. 2008. Aggressive assembly of pyrosequencing reads with mates. Bioinformatics, 24(24): 2818-2824.

Miller J R, Koren S, Sutton G. 2010. Assembly algorithms for next-generation sequencing data. Genomics, 95(6): 315-327.

Reinhardt J A, Baltrus D A, Nishimura M T, et al. 2009. De novo assembly using low-coverage short read sequence data from the rice pathogen *Pseudomonas syringae* pv. oryzae. Genome Res, 19(2): 294-305.

Schmidt B, Sinha R, Beresford-Smith B, et al. 2009. A fast hybrid short read fragment assembly algorithm. Bioinformatics, 25(17): 2279-2280.

Simpson J T, Wong K, Jackman S D, et al. 2009. ABySS: a parallel assembler for short read sequence data. Genome Res, 19(6): 1117-1123.

Surget-Groba Y, Montoya-Burgos J I. 2010. Optimization of de novo transcriptome assembly from next-generation sequencing data. Genome Res, 20(10): 1432-1440.

Warren R L, Sutton G G, Jones S J, et al. 2007. Assembling millions of short DNA sequences using SSAKE. Bioinformatics, 23(4): 500-501.

Zerbino D R, Birney E. 2008. Velvet: algorithms for de novo short read assembly using de Bruijn graphs. Genome Res, 18(5): 821-829.

Zhang W, Chen J, Yang Y, et al. 2011. A practical comparison of de novo genome assembly software tools for next-generation sequencing technologies. PLoS One, 6(3): e17915.

6 染色质免疫共沉淀测序数据分析

> **内容提要**：染色质免疫共沉淀测序（ChIP-Seq）是一项结合染色质免疫共沉淀和深度测序的新技术。该技术从分子水平上为活细胞内基因组层次研究蛋白质和 DNA 结合提供了巨大帮助。随着技术的发展与进步，ChIP-Seq 已经成为许多实验室重要的日常研究技术。本章将首先介绍 ChIP-Seq 实验流程，接着介绍 ChIP-Seq 数据分析的基本算法和软件，最后是数据分析实例。

6.1 ChIP-Seq 简介

6.1.1 ChIP-Seq 的出现

基因表达是结构基因在生物体内的转录、翻译及加工的过程。基因表达的产物除了最常见的蛋白质，通常还包括一些非蛋白编码基因的产物，如核糖体 RNA、转运 RNA 等功能 RNA。基因表达是细胞在结构和功能上的控制，是细胞生长和分化的基础。而大量转录因子和其他染色质蛋白与基因组的作用能够影响基因表达，继而影响细胞的繁殖分化和功能。因此，系统地鉴定转录因子的结合位点是揭示基因转录调控网络的关键。

当前，基于染色质免疫共沉淀（ChIP）的技术已经成为细胞内转录因子及其转录调控机制研究的前沿技术。ChIP 技术由 Orlando 等于 1997 年发明（Orlando et al.，1997）。其基本原理是将活细胞与甲醛交联，然后将细胞裂解，染色体即被分离并利用超声波等技术将染色体打碎成一定大小的片段，然后利用特定蛋白质特异的抗体与该蛋白质和 DNA 结合的复合物作用，沉淀出该复合物，即可对与该蛋白质结合的 DNA 片段进行富集纯化。然后再对其进行反交联，溶解 DNA 片段，再通过对目标片段纯化检测即可得到与特定蛋白质结合的 DNA 序列信息。在深度测序技术出现之前，为了减少测序量，人们提出基于 SAGE（serial analysis of gene expression）技术的测序方法，如 GMAT（genome-wide mapping technique）、SACO（serial analysis of chromatin occupancy）、STAGE（sequence tag analysis of genomic enrichment）、SABE（serial analysis of binding elements）。这些方法基本原理类似，都是将获得的免疫沉淀片段的末端切割并相互连接形成一条相对较长的片段进行 Sanger 测序，用部分片段的信息代替整条片段，降低了测序量，但费用依然较高，并且无法对蛋白质的结合位点进行精确定位（李敏俐，2010）。

ChIP-PET（paired-end diatag）首次应用深度测序技术——454 焦测序（pyrosequencing）技术进行片段分析。但是，其免疫沉淀片段的处理方法依然是基于 SAGE 的原理，与上述 4 种方法的区别在于将免疫沉淀片段的两个末端同时切割获得"双标签"并连接测序。比起"单标签"（即只切割一个末端测序），"双标签"的方法在整条片段具有更强的定位能力，并解决了以往全长测序的高花费、低效率问题。基于 SAGE 获得的标签被定位到基因组上，并根据其分布和丰度来估计蛋白质的结合位点。

随着深度测序的迅速发展，染色质免疫沉淀与 DNA 测序直接结合已越来越多地应用到全基因组范围内 DNA 与蛋白质相互作用的分析。与此前同样将 DNA 和蛋白质相互作用定位到基因组上的 ChIP-chip 技术相比，ChIP-Seq 的出现则给细胞内基因组范围上研究 DNA 与蛋白质的相互作用带来了一场变革并取代了 ChIP-chip 的地位。结合了深度测序的 ChIP-Seq 技术让我们可以对给定的转录因子结合位点进行无偏好的鉴定，而且克服了 ChIP-chip 技术中几个内在瓶颈（Johnson et al.，2007）。因为高等真核生物基因组的规模庞大并且具有多重复片段的特性，这对其设计微阵列芯片是个很大的挑战。大多数的重复序列区域结果常遭人质疑，而与此对应的是直接测序能够直接反映出坐落在重复序列范围内的结合情况。另外，对于每一种模式生物，ChIP-chip 都需要预先设计物种特异性的微阵列芯片，而 ChIP-Seq 不需要事先获取研究对象的序列信息（Schmidt et al.，2009）。

总的来说，比起 ChIP-chip 技术，ChIP-Seq 表现出了以下的优势：①灵活度高，任何物种、任何序列都可以进行实验，且不需要已知的基因组序列信息，而 ChIP-chip 需要对研究对象在基因组上对应的序列完全知道，并设计出合适的探针，显然这对于那些非模式生物或者不知道基因组序列信息的物种来说是个巨大的挑战；②检测范围广，可以真正地覆盖到整个基因组范围，包括 ChIP-chip 无法检测的重复序列区域，并且 ChIP-chip 的检测范围还受到探针序列库的影响；③定位精确度高，可以在实际结合位点的 50 个碱基范围内精确定位，尽管 ChIP-chip 也可以通过使用大量的探针提高精度，但对于大基因组的哺乳动物来说成本太高；④信噪比高，ChIP-Seq 得到的背景噪声比 ChIP-chip 结果要低，例如，ChIP-chip 实验中需要利用到核苷酸的配对杂交，核苷酸的配对杂交比较复杂，且依赖于很多因素，如靶序列和探针序列的 GC 含量、长度、二级结构等，不完美匹配的杂交都会带来噪音，而 ChIP-Seq 实验则不存在这些影响；⑤灵敏度高，每个 ChIP 样本可以获取数百万个有效的序列标签。

ChIP-Seq 技术已广泛应用于检测组蛋白各种共价修饰、CTCF、RNA polymerase II 及各种转录因子等 DNA 结合蛋白在基因组上的精确定位（Park，2009）。ChIP-Seq 最早的应用包括在人体 T 细胞（Barski et al.，2007）和小鼠胚胎干细胞（Mikkelsen et al.，2007）中组蛋白修饰的定位、绝缘子结合蛋白 CTCF 及

RNA 聚合酶 2（Barski et al.，2007）的定位、转录因子 STAT1（Robertson et al.，2007）及 NRSF（Johnson et al.，2007）的定位等。

6.1.2 ChIP-Seq 的基本实验流程

ChIP-Seq 实验技术主要分为两大块，即染色质免疫共沉淀和深度测序技术，其基本实验流程包括：

（1）甲醛交联整个细胞系（组织），即将目标蛋白与染色质连接起来；

（2）分离基因组 DNA，并用超声波将其打断成一定长度的小片段；

（3）添加与目标蛋白特异的抗体，该抗体与目标蛋白形成免疫沉淀免疫结合复合体；

（4）去交联，纯化 DNA 即得到染色质免疫沉淀的 DNA 样本，准备测序；

（5）将准备好的样本进行深度测序；

（6）得到深度测序的结果，匹配到参照基因组上。

图 6-1 大致描述了该过程。Schmidt 等基于 Illumina 深度测序平台将该过程分成 86 步并进行了详细描述（Schmidt et al.，2009）。

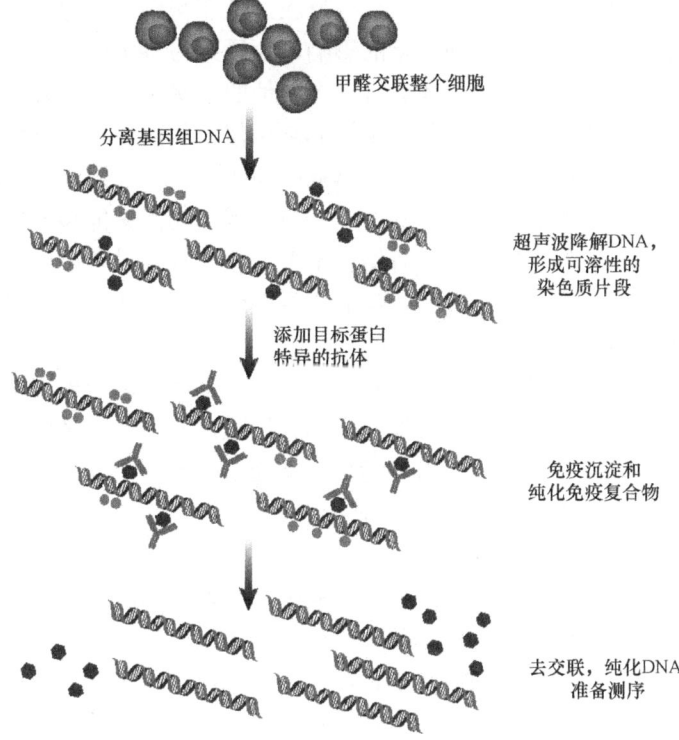

图 6-1　ChIP-Seq 的基本流程图（Mardis，2007）

由于染色质免疫沉淀实验中可能会出现一些干扰影响实验结果，如染色质被打断成的片段不均匀，导致测得的序列在基因组上的分布不平均，因此，常常需要额外做一个对照组实验以去除这些因素的干扰。常用的对照组实验样本来源有3个，分别是：①样本DNA，即从免疫沉淀之前的DNA样本中提取的一部分DNA，这也是目前使用最广泛的一种；②伪免疫沉淀DNA，指那些免疫沉淀中没有与抗体结合沉淀的那部分DNA；③非特异性沉淀的DNA，利用IgG等与不涉及DNA结合或染色质修饰的蛋白免疫沉淀得到的DNA。这三类对照组都已对不同类型的干扰进行了测试，但是目前还没有定论哪种对照组是最合适的（Park，2009）。

6.1.3 影响ChIP-Seq实验成功的因素

ChIP-Seq是一项用来研究蛋白质和DNA相互作用的技术，通过ChIP-Seq实验我们需要达到的目标是找到目标蛋白与DNA结合位点的位置。然而由于实验的固有限制和当前技术不能克服的瓶颈等因素，实验结果总与真实情况有所误差，甚至与真实情况出现很大的差距。其中，影响ChIP-Seq最重要的因素就是选定的目标蛋白特异性抗体的好坏，即抗体的灵敏度和特异性。最完美的抗体就是只与某一种特定的蛋白质结合发生强烈的免疫反应，从而得到对于背景而言高水平富集的结果。然而，由于许多其他因素的影响，会导致与特定抗体结合的蛋白质中除了我们希望出现的目标蛋白，还会有许多其他的干扰蛋白或者大分子，例如，靶蛋白的同一家族的蛋白质可能与其结构非常相似，从而导致竞争性结合出现。当然，还有一个很糟糕的情况就是该抗体能够与靶蛋白完美结合（当然这种情况一般不存在），但是在细胞内还存在另外一些分子或影响因素能够改变抗体或者靶蛋白的结构，使得它们不能结合或者结合不多，这些都会导致最后得到的免疫沉淀复合体（真实的结合区域片段）富集的程度不够理想，从而不能顺利地找出细胞内所有靶蛋白与DNA的真实结合位点。

另外，靶蛋白与特异抗体结合的稳定性也是一个重要的考虑因素。假如靶蛋白与特异抗体结合后形成的免疫沉淀复合体并不稳定，那么在之后的实验中可能会导致DNA与靶蛋白结合的复合物遗失，从而造成实验的假阴性出现。除此之外，细胞当前所处的状态也会影响ChIP-Seq的实验结果。如果细胞处于不同的状态，那么细胞内的基因表达也会不一样，蛋白质与DNA序列的结合情况会随着细胞的状态变化而有所不同，但是往往实验中细胞所处的状态很难确定，而且可能包含处于各种状态的细胞，这些都会对最后的实验结果造成很大的影响。当然我们可以期盼随着实验技术的进步创新，未来我们可以在单细胞的水平上进行染色质免疫沉淀实验，那么这些影响也就会随之消失。

6.2 ChIP-Seq 数据计算分析

研究 DNA 与蛋白质的相互作用对于理解基因调控具有重要的意义。ChIP-Seq 技术已被广泛应用于基因组范围转录因子、染色质修饰、组蛋白修饰等研究中。而对 ChIP-Seq 实验产生的高通量数据进行合理有效的计算分析，对于寻找发现新的生物学机制至关重要。我们知道，ChIP-Seq 实验产生的结果只是一系列的原始图片文件，而对其的理解严重依赖于后期的数据处理。如图 6-2 所示，Park 等概括了 ChIP-Seq 数据处理的一般流程（Park，2009）。而随着下一代测序技术及 ChIP-Seq 技术的成熟，研究中的限制因素也从实验转移到了后期的数据分析中。

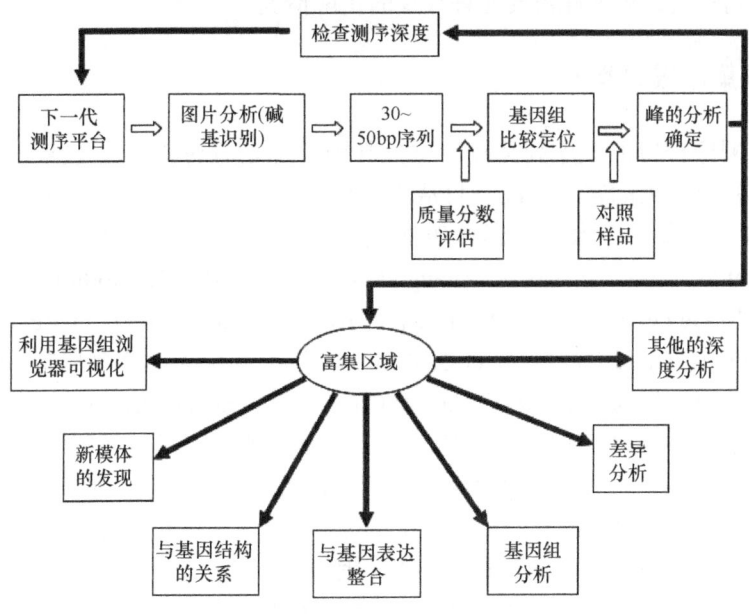

图 6-2　ChIP-Seq 数据分析总览

6.2.1　碱基识别

ChIP-Seq 数据分析流程中的第一步就是从深度测序平台得到的图片文件中确定对应位置的碱基信息（base calling）。通常这个任务都是由测序平台自带的一些软件完成的，但是，仍然有一些其他的算法工具可以完成这个功能，如 Erlich 等 （2008）、Rougemont 等（2008）。据报道，这些算法可以减少测序错误从而增加了有意义的原始数据，但是，由于计算的密集性，它们也增加了 CPU 的消耗。

不过，对于 ChIP-Seq 数据分析来说，更重要的是选择一个更合适的策略将测序得到的结果序列定位到基因组上，因为后续的所有分析都是基于定位到基因组上的序列信息进行的。

6.2.2 定位到基因组

深度测序产生的海量数据可能需要几百乃至上千个小时以定位到基因组上，因而新一代的比对软件也随着深度测序的发展诞生了。每一个比对软件都在准确度、速度、内存占用及适用性等方面相互平衡，例如，某软件速度非常快，这可能带来的代价就是内存占用很大，也可能牺牲准确度等。由于 ChIP-Seq 实验中存在一些测序错误，以及样本序列中可能存在的单核苷酸多态性（SNP）、插入或者缺失，抑或是样本基因组与参照基因组之间的差异等因素，从而要求 ChIP-Seq 产生的短序列片段比对软件需要允许较少的错配情况。

6.2.3 富集区域的鉴定

深度测序获得的短序列片段定位到基因组上之后的任务就是找出这些短序列片段在基因组上的富集情况。自从 ChIP-Seq 技术诞生之后，能够完成富集区域鉴定的算法和软件像雨后春笋般涌现，其中较有代表性的包括 PeakFinder（Johnson et al., 2007）、MACS（Zhang et al., 2008）、SISSRs（Jothi et al., 2008）、QuEST（Valouev et al., 2008）、PeakSeq（Rozowsky et al., 2009）、FindPeaks（Fejes et al., 2008）、CisGenome（Ji et al., 2008）等，其中大部分都是在 2008~2009 年发表的，也有发表于 2010 年底的 W-ChIPeaks（Lan et al., 2011）。这些软件或者算法的基本原理是扫描整个基因组，在给定的基因组区间范围内统计富集的短序列片段数，然后根据对照组或者给定的最低富集标准，最终得出富集峰。图 6-3 详细描述了 DNA 链上蛋白质结合位点区域，从链特异性的短片段富集到最终获得一个完整富集峰的过程。首先，围绕着靶蛋白结合位点周围的 DNA 被随即打断成小片段而蛋白质结合的部分序列区域不被打断，免疫共沉淀提纯之后得到许多在蛋白质靶定位点周围富集的 DNA 片段。深度测序只测定 DNA 链 5′端起始的一段序列（一般为 25~35bp），我们将测序的这些小片段称为标签序列（tags），用以表示整个原来的 DNA 片段。因此，确定富集区的第一步就是找到这样的标签序列的富集区，根据这些标签序列所在的正负链信息可以得到两个不同的分布谱，两个谱峰之间有一个固定的距离，根据这两个分布谱确定富集峰有几种代表性的方法，其中包括将两个谱分别向单链延伸的方向移动一定距离（Zhang et al., 2008），重合形成一个新的分布从而确定富集峰；还有一个典型的方法是根据这些富集的标签序列还原出它们所指代的那些 DNA 片段，从而模拟出免疫沉淀后 DNA 片段围绕蛋白质结合位点的真实富集情况，最终可得到单一的富集峰。当然它们都遵循了同一个原理，就是所有的 DNA 片段的长度一致。早期的软件只会给出一个富集区域而不会给出真实的结合位点结果（Johnson et al.，2007，Robertson et al.，2007），后期出现的软件基本上都使用自己的方法从富集区域中找出真实的结合位点。例如，QuEST（Valouev et al.，2008）和 MACS（Zhang et al.，2008）都是使用了分别将在正负链上富集的标签序列峰向链延伸的方向移动 1/2 的 DNA 片段长度的方法以得到一个更小的富集区来代表真实的结合位点。

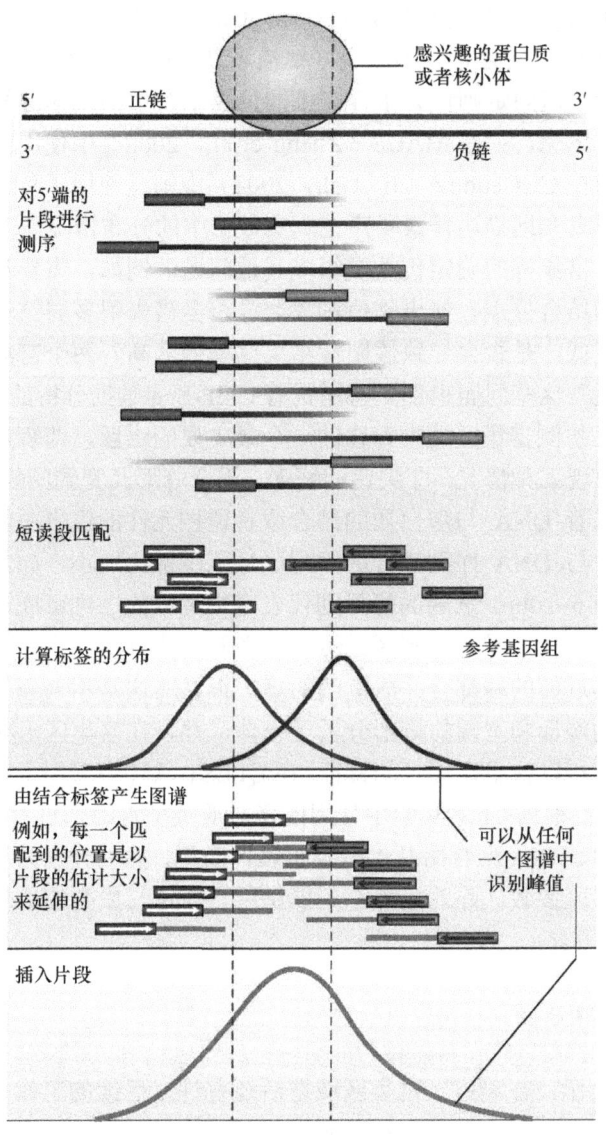

图 6-3　链特异的富集位点分布谱（Park，2009）

关于富集峰的确定，除了上述找到标签序列的富集区域后如何确定真实的蛋白质结合位点外，还涉及几个重要的问题，其中区分真实的结合位点和随机的背景噪声，在实验中设定一个背景模型是非常重要的一点。如果有对照组实验，我们只需要根据对照组实验的实际数据来评估筛选结果就可以了；而如果没有对照组实验，就需要一个计算模型来模拟背景数据的分布情况。其中最早期的版本是假定在整个基因组上背景噪声数据都随机分布并且使用了泊松分布模型来表示在特定区域的富集情况出现的概率（Robertson et al., 2007）。而有研究表明（Ji et al., 2008），给定 λ 值的泊松分布并不能很好地描述真实情况中背景数据的变化。因为在泊松分布中，λ 值固定则认为事件在不同位点上发生的概率都相等。后期一些软件改进了这个思想，如在 MACS（Zhang et al., 2008）中使用的是一个动态泊松分布模型；而在 CisGenome（Ji et al., 2008）中则是使用了负二项分布模型，这些模型都能更真实地描述背景噪声在真实数据中的分布情况。

除此之外，富集峰的确定仍涉及很多其他问题。例如，需要设定何种富集阈值以筛选真实的结合位点？如果阈值过大，是否会错失很多弱结合位点造成假阳性？如果阈值太低，是否会导致假阳性结果比率的升高？两个富集区域之间的空位应设多大合适？这些问题也都一直困扰着 ChIP-Seq 数据分析的研究者。

Park 概括了检测富集区域中存在的一个最主要的难题，即短片段形成的富集区的形状可能出现三种情况，即尖锐的峰形、混合峰形及宽阔的峰形。一般来说，尖锐的峰形意味着 DNA 与蛋白质的结合或者调控元件的组蛋白修饰，因为转录因子等调控元件与 DNA 序列结合的序列区域范围都比较小，如转录因子结合位点的长度一般为 6~20bp。宽阔的峰形则代表富集区域的序列可能来源于组蛋白修饰标记的区域，如转录或者抑制区。然而，当前一些算法都设计了尖锐的峰形处理，并且对于其近邻的峰都合并成宽阔的峰，很显然这是不合理的。一个好的算法应该集尖锐的峰形和宽阔的峰形分析于一体，并且在富集区形状未知的情况下有一个预处理过程以找出富集区的特征。在 QuEST 软件中采用了数据处理前的筛选过滤过程，他们根据 ChIP 实验中使用的蛋白质类型将筛选过程分为 3 类，分别为转录因子类型、RNA 聚合酶 II 类型及组蛋白类型，然后分别为这几种类型定义不同的鉴定富集区参数。除此之外，还提供用户自定义参数的选项以满足用户特定的 ChIP 实验需求。

6.2.4 其他下游分析

如图 6-2 所示，在确定了富集区域之后还有许多后续的工作需要进行以使得我们对寻找到的结果区域有更多的了解。例如，我们可以在找到的富集区域范围内或周围寻找基因、启动子等特殊 DNA 序列区域，我们也可以查看富集区域坐落在 DNA 序列的内含子、外显子还是基因间区域中，了解和掌握这些结构特征对我们理解该区域，即靶蛋白与 DNA 的结合位点区域在基因表达中的作用有着重要意义，对于我们掌握靶蛋白对基因表达的影响、细胞功能的理解都有重要作用。我们也可以在 UCSC 和 Ensembl 等基因组浏览器中可视化中找到富集峰，这样可以使我们更直观地了解蛋白质与 DNA 的结合位点在基因组上的分布情况，也可以更清楚方便地将这些信息与基因组上已知的其他结构信息结合起来分析该蛋白质的调控作用。Visel 和 Blow 等利用与增强子相关的 p300 蛋白的 ChIP-Seq 实验成功地预测了小鼠中具有组织特异性的增强子的活性（Visel et al., 2009）。而 Boeva 等（2010）结合模体寻找与匹配到基因组上的序列信息，提高了预测转录因子结合位点的精确性。在确定了富集峰之后的模体发现却可以帮助我们找到新的蛋白质与 DNA 的结合位点。

6.3　Peak Calling 算法比较

继 ChIP-Seq 技术出现后，使用于 ChIP-Seq 高通量数据的富集峰寻找软件（peak caller）也越来越多。而选择合适的富集峰查找软件是整个 ChIP-Seq 数据分析中最重要的环节。本节我们将对这些软件进行详细的阐述比较，以让读者了解当前各种算法在富集峰寻找的方法和技术原理，使读者在处理数据时能够选择相对较适合的软件。

当前，关于 ChIP-Seq 的 peak-calling 算法已经有大约 40 余种，所有的 peak caller 都是以比对的结果为输入文件，输出文件为预测出的结合位点区域的标签序列集。我们知道，ChIP-Seq 实验数据的后期数据分析严重依赖于从比对到基因组上的序列中找出富集区域，即推定的结合位点区。然而，对于一般的生物学家而言，选取什么样的软件或者算法是一个非常大的难题，而深入学习每个算法的异同或者优缺点往往是非常耗时且效率低下的。因此，很有必要对当前的一些较流行的算法软件进行无差别比较。根据常识我们可以知道一些优秀软件所必须具备的特征，例如，它们必须要利用标签序列的正负链信息，因为标签序列是来自于某一条单链的 5′端，只有利用这些短片段的正负链信息才能更精确地预测真实的结合位点。目前，已有的几个 ChIP-Seq 算法研究中将现在流行的大部分软件划为以下三种类型（Laajala et al., 2009；Pepke et al., 2009；Wilbanks and Facciotti, 2010）：第一种是基于窗口扫描的（window-base scan）方法，该方法首先定义一定大小的窗口，即定义好候选区域的起始和终止位点，然后计算这段候选区域中的短序列数目，超过阈值的区域即为候选富集区域。例如，像 MACS、SISSRs、CisGenome 都属于这类方法。第二种是标签聚集（tag clustering, tag aggregation）的方法，也叫做基于重叠区域的方法（Laajala et al., 2009），该方法是首先确定最大的序列片段重叠区，然后再确定候选富集区域的起始和终止位点，如 FindPeaks。第三种是高斯核密度评估（Gaussian kernel density estimate），由于第一种方法依据窗口的大小会产生一定的边缘影响，所以其他有些算法采用了一种连续覆盖范围评估的方法，即核密度估计的方法，如 QuEST、F-Seq、CSDeconv（Lun et al.，2009）都属于这类。如表 6-1 所示，这几种分类主要是根据不同算法确定富集标签序列区域方法的不同，确定最小的富集程度标准和最小的富集区域间的空位标准。如果两个达到最低富集标准的富集区之间的距离小于最小空位标准，那么它们将会被看成是更宽的单个富集区。而确定结合位点的方法则有三种较具代表性的方法：第一种是将正链和负链上得到的富集峰分别向各自链的延伸方向移动 DNA 打碎片段长度的一半，然后两个富集峰即合并成了一个更强的富集峰，以这个峰来代表结合区域，MACS 软件采用的就是这种方法。第二种方法是确定了正负链上标签序列的富集之后在各自的富集区进行打分，在正链区的正链上的标签序列得正分，在正链区的负链标签序列得负分，负链也照此计算，然后将整个富集区范围内的个位点得分分布描绘出来，最终在两者之间会得到一个 0 分的点，即在这个位点正链和负链上的标签序列富集相等，然后用这个点来代表预测结合位点。第三种方法就是根据标签序列还原出原始的 DNA 片段信息，然后将两个分布峰融合成一个更大的峰，并将重叠程度最大的区域定义为蛋白质与 DNA 的结合位点。

表 6-1　三种 Peak Calling 思想方法的比较

方法	初始处理	候补富集区标准	判定结合位点	代表软件
基于窗口扫描法	选定固定大小的窗口区域，计算区域中标签序列数	超过设定富集程度阈值的即为候补富集区，两者间距离小于设定值则合并为一个富集区		MACS，SISSRs，CisGenome，spp
标签富集法	计算序列片段之间的重叠区大小	确定最大的重叠区，确定为富集区域	（1）移动富集分布峰 （2）正负链富集标签打分 （3）还原 DNA 片段富集峰	PeakFinder，PeakSeq，FindPeaks，GLITR
核密度估计法	不设定窗口，直接对富集密度进行评估	超过设定富集程度阈值的即为候补富集区，两者间距离小于设定值则合并为一个富集区		QuEST，F-Seq，CSDeconv

　　Laajala（Laajala et al.，2009）和 Wilbanks（Wilbanks and Facciotti，2010）等选取了当前较流行的一些软件算法进行了详细比较。他们选取了 4 种不同的 ChIP-Seq 数据在各种不同的实际场合中从三个方面比较了 9 种软件的表现。首先，他们比较了当使用不同的算法时可能导致在生物结论上的改变；然后比较了 NRSF 数据中得出生物学结论的可重复性；最后，他们将每种软件预测出的结合位点与高可信度的结合模体及 qPCR 实验结果进行验证比较。而 Wilbanks 则列举

了 31 种软件算法并选取了其中的 11 种软件，依据早期发表的研究较多的 3 组 ChIP-Seq 数据的预测结果进行了比较。他们根据平常经验和转录因子数据集，比较了这些软件的灵敏度、特异性、精确性及可用性等。在特异性方面，他们也利用了当前已知的 qPCR 数据、蛋白质结合模体信息及一些高可信的预测结合模体信息对预测的结果进行验证检验。

但是，他们都没有得出一个整体性的结论，根据目前的评测手段，最后还是只能根据不同的数据选择不同的软件。我们可以利用的结论只有一些零散的推断或者软件自身介绍，现将它们总结如下。①某些特定的软件适合于结合位点区域比较小的数据，即尖锐富集峰特征的数据，如转录因子结合蛋白的数据。常见的软件包括 MACS、SISSRs、spp 等，其中 SISSR 和 spp 被称为根据序列方向打分的方法更适合于处理那些特定的结合位点（即转录因子）的数据，它们预测的富集区域相对更小，Wilbanks 的评价性文章中有关精确性方面的评价也验证了这点，并指出这类软件较适合用在多模体的从头发现上，因为这类软件给出的区域范围最小，有利于减少寻找模体的搜索范围。②一些软件适合于结合位点区域比较大的数据，如与 DNA 结合的组蛋白上的修饰数据、RNA 聚合酶 II 的数据（也被称为无转录因子染色质免疫共沉淀的数据）。CCAT、SICER 等软件属于这一类，它们预测出的结合区域相对更大，更符合这类无转录因子的结合特征。③还有一些软件适合于小基因组的 ChIP-Seq 数据处理，如 CSDeconv 是为了处理细菌基因组数据开发的，尤其适合于那些基因组较小、结合位点数不多、序列覆盖率大的 ChIP-Seq 数据处理。根据目前的结论，选择一个合适的软件相当于在灵敏度和特异性之间选择一个平衡点，如果需要更高的灵敏度，即可以预测出更多的结合位点，那么势必会导致特异性的降低，也就是假阳性比例的增高；如果需要更高的特异性，那么得到的预测结果数会相对减少，而且可能会导致一些假阴性结果。这两种结果的数目增减可以通过调节软件的参数设置实现。而一般生物学家只能根据不同的生物学问题选择合适的平衡点。

软件的可用性也是需要考虑的问题。上述大部分软件都是在命令行完成的，只有少数几款软件有自己的图形用户界面，包括本地版和基于网页的。其中，本地版的包括 Sole-search 和 CisGenome，前者是基于 java 开发的跨平台的图形用户界面，适用于所有支持 java 虚拟机的系统平台使用；而后者目前只限于在 Windows 系统下使用，在其他平台 CisGenome 也是用命令行进行工作的。CisGenome 可以满足所有基本的染色质免疫共沉淀数据分析（ChIP-Seq 和 ChIP-chip）需求，包括可视化、数据归一化、检测富集峰、错误发现率（FDR）的计算、基因和峰的关联，以及序列和模体分析。除了本地软件，还有一些基于网页开发的工具，如瑞士生物信息学中心开发的 ChIP-Peak（http://ccg.vital-it.ch/chipseq/chip_peak.html），以及近几年发表的 W-ChIPeaks（Lan et al.，2011）(http://motif.bmi.ohio-state.edu/W-ChIPeaks/)。

其中，后者是一个可以处理 ChIP-Seq 和 ChIP-chip 数据的在线工具。其他的如 CSDeconv 需要利用 MATLAB，在 MATLAB 中使用命令行完成工作；spp 是用 R 语言编写的，需要在 R 的命令行下进行工作；其余的则基本在终端下进行工作。

除上述几个方面，比对文件的结果格式、是否有对照组及数据集的大小都是实际应用中需要考虑的。常见的比对结果格式，文件包括 BAM、align、SAM、bowtie、ELAND、MAQ 等，而 peak caller 支持的输入文件格式除了这些比对结果格式，也包括像最常见的 BED 格式及一些表示序列富集情况的 wig、GFF 格式等。其中，支持 BED 格式的软件较多，其他格式有特定的软件支持，也可以通过一些发表的格式转换软件或者自己编写的格式转换程序转换到 peak caller 支持的格式。值得一提的是，很多软件都支持比对结果文件格式，如 QuEST；支持也只支持比对结果格式文件，包括 Solexa、Eland、Eland extended、SAM、Maq、QuEST 等，但是，它们往往并没有利用文件中的序列信息和质量评分信息，而其中最重要的只包括序列染色体号、起始位点和终止位点、正负链等信息，我们可以利用这点将 BED 等格式转换为其支持的格式后进行结合位点的预测。

通常情况下，一个完美的 ChIP-Seq 实验应该包含一个额外的对照组。当前的软件中除了 GeneTrack 外，其他都支持含对照组的数据处理。其中，QuEST 和 PeakSeq 必须有对照组存在，其余的软件则两种情况都可以处理。

6.4　ChIP-Seq 数据分析应用实例

本节主要介绍 ChIP-Seq 数据分析的基本步骤及软件，包括峰的寻找、基因关联、motif 发现、注释分析和可视化，主要软件工具分别为 FindPeaks、PeakAnalyzer、MEME、DAVID 和 UCSC genome browser。其中，重点介绍 ChIP-Seq 数据处理中的最关键的步骤，即峰的寻找。

6.4.1　峰的寻找

ChIP-seq 数据处理最关键的步骤是峰的寻找（peak calling），目前用于 peak calling 的软件和工具很多，这里主要介绍一种叫做 FindPeaks 的软件。FindPeaks 被包含在一个简称为 Vancouvershortr 的软件包里，目前的版本是 4.0.16，要求 java 版本 1.6 或 1.6 以上，这个包可以从 sourceforge 网站下载，网址为 http://sourceforge.net/projects/vancouvershortr/。该软件支持多种输入格式，包括 BED、Bowtie、Eland、Eland Export、GFF、MapView、Map 和 BAM/SAM。

以 BED 格式的输入文件为例概述操作流程（在 linux 系统环境下）。该例中输入的数据是转录因子 FoxA1 的 ChIP-Seq 数据，包括 Input_tags.bed 和对照组数据

Treatment_tags.bed。首先解压 VancouverShortR-4.0.16.tar.gz 包，在命令行窗口中找到解压后的文件夹并定位其中名为 fp4 的文件夹。

FindPeaks 处理 BED 格式的文件分为三步：

1）把一个完整的 BED 文件按染色体号分成数个文件。

（1）处理 Input_tags.bed 的命令行：

```
$java -Xmx2G -jar SeparateReads.jar bed /home/ starlet/FoxA1/Input_tags.bed /home/starlet/FoxA1/input/
```

其中，-Xmx2G 表示设定的 java 运行的虚拟机内存为 2G；

bed 表示输入文件的格式；/home/starlet/FoxA1/Input_tags.bed 为输入文件所在的路径/home/starlet/FoxA1/input/表示输出文件放在该路径下名为 input 的文件夹中。

（2）处理 Treatment_tags.bed 的命令行：

```
$java -Xmx2G -jar SeparateReads.jar bed /home/starlet/FoxA1/Treatment_tags.bed /home/starlet/FoxA1/treatment/
```

2）把第 1 步中分好的文件中的小片段 reads 按照基因组中的位置排序。

（1）处理 Input_tags.bed 的命令行：

```
$java -Xmx2G -jar SortFiles.jar bed /home/starlet/FoxA1/input/ /home/starlet/FoxA1/input/*.part.bed.gz
```

其中，/home/starlet/FoxA1/input/表示输出文件存放的路径；

/home/starlet/FoxA1/input/*.part.bed.gz 表示输入文件所在的路径，*号代表所有染色体号，即代表了上述第一步所生成的结果文件。

（2）处理 Treatment_tags.bed 的命令行：

```
$java -Xmx2G -jar SortFiles.jar bed /home/ starlet/ FoxA1/treatment/ /home/starlet/FoxA1/treatment/*.part.bed.gz
```

3）寻找 peaks 的步骤，可输入如下命令行：

```
$java -Xmx2G -jar FindPeaks.jar -input /home/starlet/FoxA1/input/*.part.bed.gz -control /home/starlet/FoxA1/ treatment/*.part.bed.gz -alpha 0.05 -control_type 0 -aligner bed -output /home/starlet/FoxA1/ -dist_type 1 -name sample -one_per
```

其中，- input /home/starlet/FoxA1/input/*.part.bed.gz 表示输入文件所在路径，即步骤 1、3 所得到的结果文件；

- control /home/starlet/FoxA1/treatment/*.part.bed.gz 表示输入的对照组文件所在路径，即步骤 2、4 所得到的结果文件；

- alpha 0.05 是关于置信区间的参数，取值在 0~1 之间，默认值为 0.05，在程序运算中的预测置信区间等于（1-alpha）*100；

- control_type 0 是在 4.0.9.1 版本才出现的新参数，它提供两种选择，参数值为 0 和 1，0 代表"comparison"基本方法，1 代表"hyperbolic section"方法，默认值为 0；-aligner bed 表示处理的文件格式为 BED；

-output /home/starlet/FoxA1/表示该步骤输出文件的路径；

-dist_type 1 表示该软件算法中采用的片段长度分布模型，1 表示 triangle distribution，参数值还可以选 0、2、3，分别表示 fixed width model、Adaptive (sampled)distribution、Native mode。其中，2 所代表的 Adaptive(sampled)distribution 目前不支持，程序默认和推荐的参数为 1；

-name sample 用来给该过程命名，即过程名为 sample；-one_per 表示输出的结果文件也根据染色体号分为多个文件。如果不加这个参数，所有染色体上对应的结果会被放在一个文件内。

如果没有对照组文件，在命令行中去掉-control，-alpha，-control_type 三个参数即可运行。

上述操作步骤后所有找到的 peaks 都被存在第三步中输出文件路径下的名为 sample_triangle_standard.peaks 的文件内，以参数过程名和所选的算法模型类型命名；结果文件还包括每个染色体对应的 wig.gz 文件及其他多项信息文件；除此之外，还有 sample.log 文件及以过程名命名的包含程序运行信息的文件。关于其他格式数据的处理及更多参数设置等内容可以参考 http://sourceforge.net/apps/mediawiki/vancouvershortr/index.php?title=FindPeaks4。

6.4.2 基因关联

得到 peaks 后，为了在生物学上研究这些 peaks，我们需要了解这些 peaks 在基因组序列中的位置及其附近区域所包含的基因或者其他诸如启动子等生物学元件，即基因关联（gene associate），而 PeakAnalyzer 正是用于这类分析的软件。它是基于 java 技术，下载地址为 http://www.bioinformatics.org/peakanalyzer/wiki/Main/Download。由于有可视化的用户界面，所以下载解压后找到文件夹中的 PeakAnalyzer.jar 文件双击即可运行（注意要联网），或者在命令行中输入：java -jar PeakAnalyzer.jar，运行界面如图 6-4 所示。

首先，出现"Peak Annotation"和"Split Peaks"选择窗口，然后选择前者点击"Next"。之后会出现选项"NDG-Nearest Downstream Genes"、"TSS-Nearest Transcription Start Site"和"ODS-Overlapping Data Sets（peak files）"，为了寻找峰最近的下游基因和与峰区域重合的基因，我们选择第一项 NDG 后，点击"Next"。在接下来的窗口中，可以导入之前软件找到的峰的文件，注意去除文件中包含"chrom   start end"等的列名信息；然后选择合适的注释文件"Annotations file"，选择"Coding genes only"或"Coding and non-coding genes"，设置"symbol file"

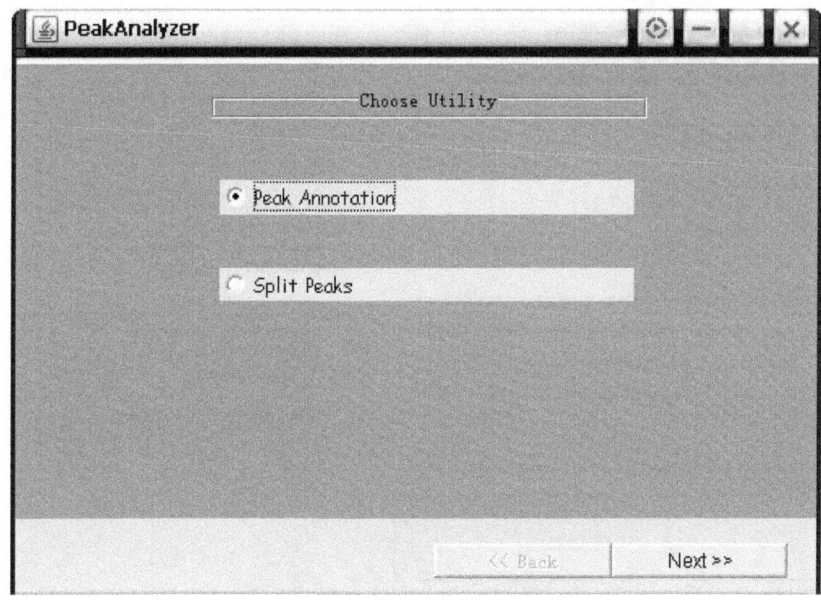

图 6-4　PeakAnalyzer 的运行界面

（当注释文件为 GTF 格式时不需要）、输出文件路径和"Prefix"（这里指输出文件名）。设置完成好后点击"Next"程序运行软件。运行结果还包括了含有下游或重合基因信息的 BED 格式文件。

6.4.3　Motif 发现

打开浏览器，输入 MEME 的网址 http://meme.sdsc.edu/meme4_5_0/cgi-bin/meme.cgi，如图 6-5 所示。按照页面上的要求输入邮箱地址、得到的 peaks 序列 fasta 文件，设置 motif 的宽度和数量等信息，完成后点击"Start Search"。等待一段时间后，会找出 motif，并把结果链接发到上述指定的邮箱。可以使用 TOMTOM 了解 MEME 找出的 motif 是否与已知的 motif 相似。在 MEME 结果网页上 motif 图案的下方会有"TOMTOM"按钮，点击就会将该 motif 和已知数据库中的 motif 进行比对。TOMTOM 的 motif 数据库包括 JASPAR、TRANSFAC 和 UNIPROBE，其网址为 http://meme.sdsc.edu/meme4_5_0/cgi-bin/tomtom.cgi，可直接在该页面上输入 motif 进行分析。

6.4.4　注释分析

在线生物学分析工具 DAVID，可以完成 GO 和 KEGG 通路富集分析。打开 DAVID 网址 http://david.abcc.ncifcrf.gov/，点击菜单栏的"Start Analysis"按钮，

图 6-5 MEME 提交数据的页面

进入分析界面。第一步，在提交窗口中导入之前所得到的峰附近的基因列表，选择"gene list"单选框，单击"upload"按钮；第二步，选择物种，在上传完成的窗口中选择"human"作为分析物种，单击"use species"按钮；第三步，在服务器自动选择人类所有基因作为背景的前提下，选择需要富集的层次，点击富集按钮后，将弹出所选择层次上的富集结果。同时，可以单击列表右上方的"download"超链接下载结果文件。

6.4.5 可视化

UCSC 的 genome browser 是比较常用的序列可视化的工具，其网址为 http://genome.ucsc.edu/。进入主页后点击窗口左侧竖列的第一项"Genome

Browser",就会进入 Genome Browser Gateway。选择合适的物种基因组后点击页面中间的"add custom tracks"按钮即可进入数据上传页面,如图 6-6 所示。用户可以直接粘贴数据或者数据的链接地址,也可以点击"选择文件"按钮以导入之前的 ChIP-Seq 数据,选择完成后点击"submit"按钮提交。数据上传成功后,在相应页面上点击"go to genome browser"按钮即可进入结果页面。具体序列的可视化软件可查看第 11 章。

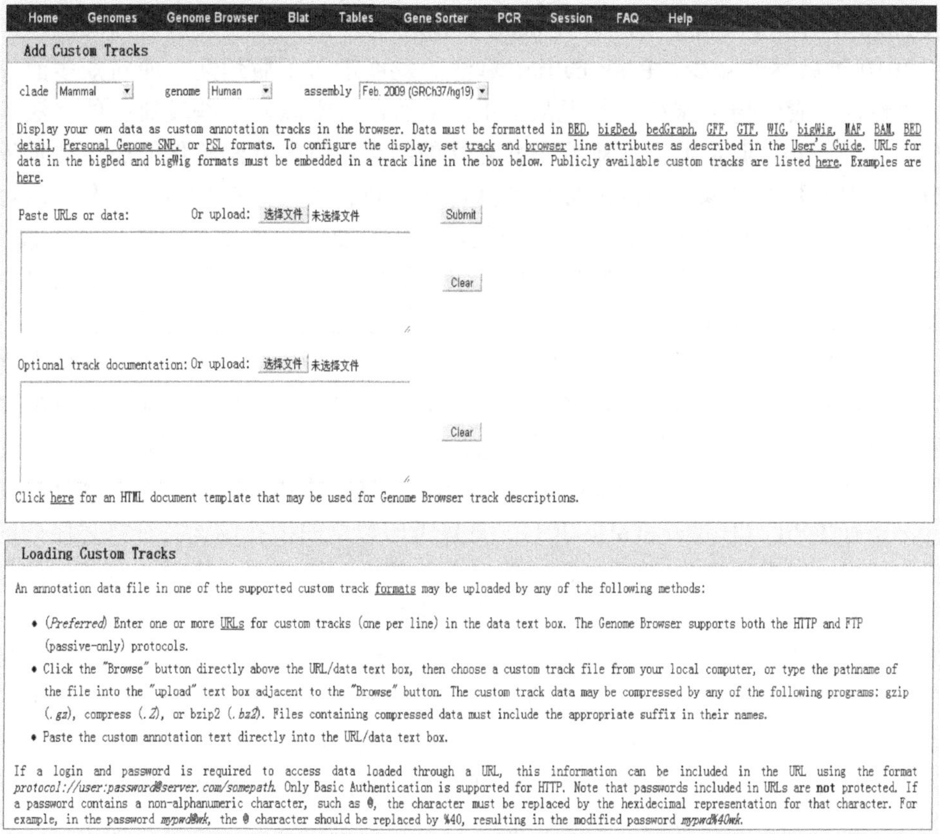

图 6-6 UCSC 上提交数据的页面

6.5　ChIP-Seq 软件的改进和发展方向

对于 ChIP-Seq 预测结合位点的结果可以有两种方法验证,一种方法是直接用 qPCR 实验验证各个结合位点,另一种方法为根据先验的蛋白质结合模体信息验证结果。由于高通量数据的庞大的样本量与实验单个验证位点的巨大比例差距,导致不可能通过实验去验证所有的预测位点,一般在实际应用中只选取其中极少数具有代表性的位点进行验证。而后者则受限制于蛋白质与 DNA 序列结合模体的先验知识，蛋白质与 DNA 序列结合并不是唯一的，其中存在一定的可变结合序列和一些可变结合结构，这些都可能导致出现与先验知识不一样的结合模体，从而错失许多阳性位点，最终与新发现失之交臂。无疑，ChIP-Seq 技术的快速革新已经远远超过了与之对应的验证评判方法的发展（Szalkowski and Schmid, 2011）。

ChIP-Seq 自 2007 年出现以后，其 peak calling 算法逐渐进入快速发展期，从 2008 年开始到 2009 年，有关 peak calling 算法的论文发表进入高峰期，但在 2010 年后逐渐减少，Peak calling 算法的发展进入了瓶颈期。面对众多的算法软件，一般生物学家往往都无从下手。虽然已有文献对一些较流行的算法软件进行了评测，但是他们很难给出普遍性的结论，诸多算法软件的表现严重依赖于处理的数据对象，不同的处理数据可能导致预测结果产生较大差异，这对后期的生物学分析造成极大影响。因此，我们需要了解通用型的软件和参数，无论处理什么样的数据，软件都能自适应到最佳的参数从而得出最优的预测结果（Prill et al., 2010）。

众多科学研究者正努力地克服这些挑战，而 ChIP-Seq 中 peak caller 的发展趋势也正好反映了 peak calling 算法的发展过程。从最开始的算法未考虑标签序列的正负链信息，到后期将正负链信息添加到结合位点预测中提高结合位点的预测精度，以及 MISCA（Boeva et al., 2010）软件将模体信息与预测软件相结合，还有 T-PIC（Hower et al., 2011）直接考虑数据的拓扑结构特征描述序列的富集情况。以上研究均表明 peak calling 算法正在不断完善，当前遇到的一些技术瓶颈将会被克服。可以预见，将来软件的发展趋势将主要集中在几个方面。第一，尽可能地利用先验知识减少假阳性预测结果。例如，结合已知的结合蛋白模体信息预测结合位点，提高预测的准确性和效率。第二，对于匿名数据的处理会越来越科学合理，以更接近真实值的模型预测结合位点。对于那些距离较近的富集区域并不是简单合并，通过更加成熟的模型反映实际结合情况，增加预测的准确性和特异性。第三，软件自身设计上将会更加友好，图形用户界面程序将会更受欢迎，而本地化处理高通量数据会更流行，以及集成多种功能于一体综合性的软件将会更受青睐。之前的 CisGenome 就是这类软件的杰出代表，CisGenome 集成了 ChIP-Seq 和 ChIP-chip 数据分析所需要的所有基本功能，满足了绝大多数用户在数据处理时的基本要求。而最近发表的基于网页的工具 W-ChIPeaks 也是集成 ChIP-chip 与 ChIP-Seq 于一体的软件，同时，其界面非常简洁、易理解、使用方便。可见，软件的集成化、可用性、易用性、友好性将是一个大的发展趋势。

参 考 文 献

李敏俐. 2010. ChIP 技术及其在基因组水平上分析 DNA 与蛋白质相互作用. 遗传, 32(3): 219-228.
Barski A, Cuddapah S, Cui K, et al. 2007. High-resolution profiling of histone methylations in the human genome. Cell, 129(4): 823-837.
Boeva V, Surdez D, Guillon N, et al. 2010. De novo motif identification improves the accuracy of predicting transcription factor binding sites in ChIP-Seq data analysis. Nucleic Acids Res, 38(11): e126.
Erlich Y, Mitra P P, delaBastide M, et al. 2008. Alta-Cyclic: a self-optimizing base caller for next-generation sequencing. Nat Methods, 5(8): 679-682.
Fejes A P, Robertson G, Bilenky M, et al. 2008. FindPeaks 3.1: a tool for identifying areas of enrichment from massively parallel short-read sequencing technology. Bioinformatics, 24(15): 1729-1730.
Hower V, Evans S N, Pachter L. 2011. Shape-based peak identification for ChIP-Seq. BMC Bioinformatics, 12: 15.
Ji H, Jiang H, Ma W, et al. 2008. An integrated software system for analyzing ChIP-chip and ChIP-seq data. Nat Biotechnol, 26(11): 1293-1300.
Johnson D S, Mortazavi A, Myers R M, et al. 2007. Genome-wide mapping of in vivo protein-DNA interactions. Science, 316(5830): 1497-1502.
Jothi R, Cuddapah S, Barski A, et al. 2008. Genome-wide identification of in vivo protein-DNA binding sites from ChIP-Seq data. Nucleic Acids Res, 36(16): 5221-5231.
Laajala T D, Raghav S, Tuomela S, et al. 2009. A practical comparison of methods for detecting transcription factor binding sites in ChIP-seq experiments. BMC Genomics, 10: 618.
Lan X, Bonneville R, Apostolos J, et al. 2011. W-ChIPeaks: a comprehensive web application tool for processing ChIP-chip and ChIP-seq data. Bioinformatics, 27(3): 428-430.
Lun D S, Sherrid A, Weiner B, et al. 2009. A blind deconvolution approach to high-resolution mapping of transcription factor binding sites from ChIP-seq data. Genome Biol, 10(12): R142.
Mardis E R. 2007. ChIP-seq: welcome to the new frontier. Nat Methods, 4(8): 613-614.
Mikkelsen T S, Ku M, Jaffe D B, et al. 2007. Genome-wide maps of chromatin state in pluripotent and lineage-committed cells. Nature, 448(7153): 553-560.
Orlando V, Strutt H, Paro R. 1997. Analysis of chromatin structure by in vivo formaldehyde cross-linking. Methods, 11(2): 205-214.
Park P J. 2009. ChIP-seq: advantages and challenges of a maturing technology. Nat Rev Genet, 10(10): 669-680.
Pepke S, Wold B, Mortazavi A. 2009. Computation for ChIP-seq and RNA-seq studies. Nat Methods, 6(11 Suppl): S22-32.
Prill R J, Marbach D, Saez-Rodriguez J, et al. 2010. Towards a rigorous assessment of systems biology models: the DREAM3 challenges. PLoS One, 5(2): e9202.
Robertson G, Hirst M, Bainbridge M, et al. 2007. Genome-wide profiles of STAT1 DNA association using chromatin immunoprecipitation and massively parallel sequencing. Nat Methods, 4(8): 651-657.
Rougemont J, Amzallag A, Iseli C, et al. 2008. Probabilistic base calling of Solexa sequencing data. BMC Bioinformatics, 9: 431.

Rozowsky J, Euskirchen G, Auerbach R K, et al. 2009. PeakSeq enables systematic scoring of ChIP-seq experiments relative to controls. Nat Biotechnol, 27(1): 66-75.

Schmidt D, Wilson M D, Spyrou C, et al. 2009. ChIP-seq: using high-throughput sequencing to discover protein-DNA interactions. Methods, 48(3): 240-248.

Szalkowski A M, Schmid C D. 2011. Rapid innovation in ChIP-seq peak-calling algorithms is outdistancing benchmarking efforts. Brief Bioinform, 12(6): 626-633.

Valouev A, Johnson D S, Sundquist A, et al. 2008. Genome-wide analysis of transcription factor binding sites based on ChIP-Seq data. Nat Methods, 5(9): 829-834.

Visel A, Blow M J, Li Z, et al. 2009. ChIP-seq accurately predicts tissue-specific activity of enhancers. Nature, 457(7231): 854-858.

Wilbanks E G, Facciotti M T. 2010. Evaluation of algorithm performance in ChIP-seq peak detection. PLoS One, 5(7): e11471.

Zhang Y, Liu T, Meyer C A, et al. 2008. Model-based analysis of ChIP-Seq(MACS). Genome Biol, 9(9): R137.

7 转录组测序数据分析

> **内容提要**：转录组测序（RNA-Seq）属于下一代测序技术，具有通量高、灵敏度好、应用范围广等诸多优势。本章将简要介绍 RNA-Seq 技术及其应用，并重点阐述 RNA-Seq 数据的生物信息学分析方法和步骤。对于关键步骤的常用软件，详细地演示了其安装和使用过程。

7.1 RNA-Seq 简介

RNA-Seq 即转录组测序技术，又称为全转录组鸟枪法测序（whole transcriptome shotgun sequencing，WTSS）。它利用新发展起来的高通量测序技术来测定一个样本组织细胞中的全部 RNA 组成。RNA-Seq 作为一种新的转录组研究手段，对人们认识转录组起到很大推动作用。利用高通量测序技术，对组织细胞中所有 RNA 反转录生成的 cDNA 文库进行测序，通过统计相关读段数，计算出不同 RNA 的表达量进而实现后续分析。与之前的测序技术相比，这种技术可不基于已有的参考基因组信息，能够在基因组范围内以单碱基分辨率检测和量化转录产物，它的发展被人们认为对真核生物转录组的研究方式具有革命性的意义。

一个典型的 RNA-Seq 实验流程一般可以分为两大部分：

（1）测序样本及 cDNA 文库的制备。首先，培养测序样本组织细胞，用适当的实验手段提取细胞中的全部 RNA。然后，根据实验目的使用相应手段对 RNA 进行处理。接下来，制备双链 cDNA 文库，这是测序流程中的重要步骤和难点。目前常用的方法有打碎双链 cDNA，以及水解或打碎 RNA。

（2）测序、图像识别及碱基判定（base calling）。不同测序仪器使用不同的方法对双链 cDNA 文库进行测序并抓取图像。然后，通过使用适当的图像识别技术，得到相应的短序列及其质量数据。最后，基于一定的碱基判定算法，获得数百万的短片段碱基序列。上述实验流程可以用图 7-1 简要描述。

实验结束后，更为重要的就是对实验得到的序列数据进行后期的生物信息学分析。通常，序列数据的处理都以无参考基因组的从头组装或基于参考基因组的序列比对开始。前者主要针对目前仍无参考基因组的原核生物（如大多数的细菌）以构建粗糙的转录组；而后者将测序得到的大量短序列片段定位到参考基因组上，可以进一步检测真核生物内广泛存在的可变剪接（alternative splicing）事件。同时，也有利于实现 RNA 剪接异构体的识别、已知转录组信息的重新注释、低表

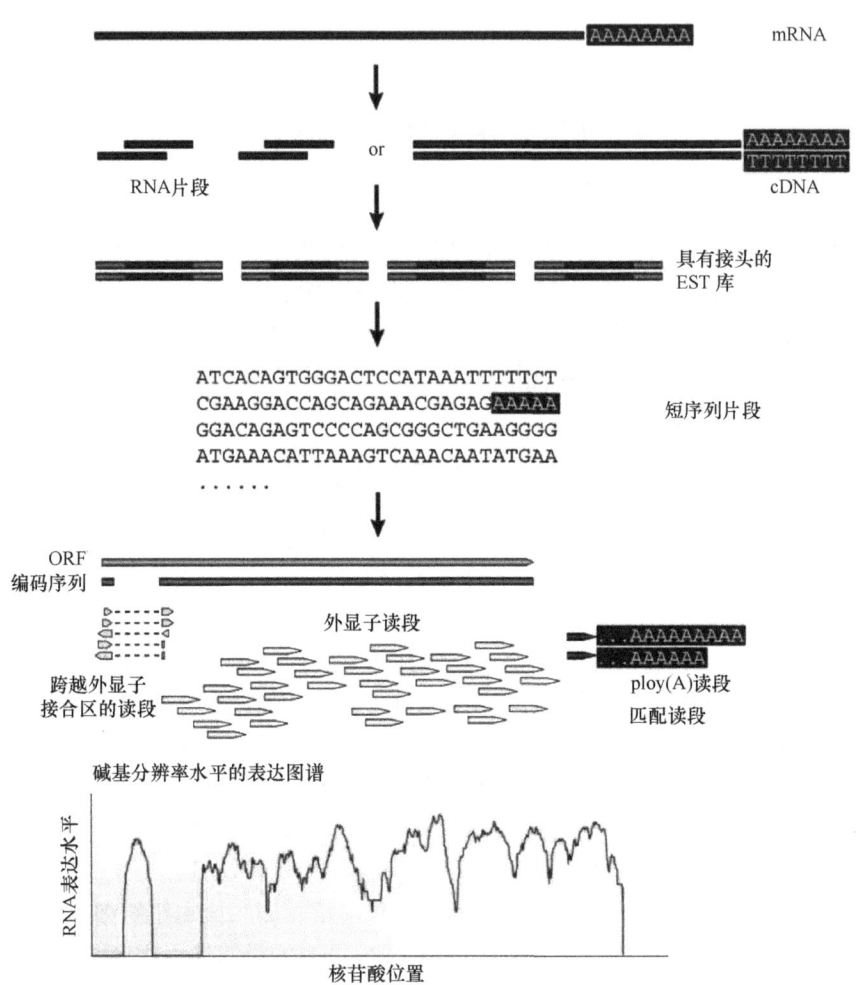

图 7-1　典型的 RNA-Seq 实验流程（Wang et al.，2009）

达 RNA 的检测及基因表达水平的定量分析等。

RNA-Seq 属于下一代高通量测序技术。与基因芯片技术相比，RNA-Seq 无需设计探针，能够应用于基因图谱尚未完成的物种，能够实现不依赖于已知参考基因组的转录物的探测。例如，RNA-Seq 技术曾被用于研究衣原体的基因结构（Vera et al.，2008），这使得 RNA-Seq 在那些非模式生物的研究中体现的优势尤为突出。其次，利用它能够在转录水平上得到比较完整的表达谱。由于 RNA-Seq 是用同一基因区域上定位的短序列片段的数目估计该基因的表达量，所以能探测少到几个、多到上万的表达值。实验证实，RNA-Seq 与芯片技术对于检测基因的表达量具有很强的一致性，但 RNA-Seq 比芯片灵敏度更高（Mortazavi et al.，2008），这对于发现新的转录本或基因也有着重要作用。同时，它具有信噪比高、分辨率高、应用范围广等诸多优势，并且数字化的信号能够直接测定每个转录本片段序列，不存在传统微阵列杂交的荧光模拟信号带来的交叉反应和背景噪声等问题。虽然RNA-Seq在技术上具有很多优势，但是目前应用RNA-Seq分析生物学问题仍然存在如下几个问题。

（1）cDNA文库的建立。由于RNA-Seq技术是对一个细胞中所有类型的RNA测序，分子大小不一，如很短的microRNA、piRNA（piwi-interacting RNA）、siRNA（short interfering RNA）等，还有很长的mRNA分子。所以，使用下一代测序技术进行测序前需要先将这些分子切割成小片段（一般为200~500bp）。目前常用的打碎手段主要有双链cDNA的片段化和RNA的水解或片段化。前者能够得到RNA的全长cDNA。首先，用反转录PCR（RT-PCR）将RNA转换成单链cDNA，然后根据第一条链复制成双链cDNA；接下来使用DNA水解酶（DNase I）将双链cDNA片段化；最后连接测序接头（Wilhelm et al.，2010）。其中，PCR的过程可以使用的引物有寡聚核苷酸（oligo primer）和随机六聚体引物（random hexamer primer）。使用寡聚核苷酸产生的大多是有多聚腺苷酸尾的mRNA，所以大部分序列是有编码信息的；但同时这种方法产生的序列对3'端具有偏好性（Wang et al.，2009），这样对于相对较长的mRNA两端的测序结果不平衡，对结果的理解存在一定问题。这里，使用随机六聚体引物就能避免这个问题，使得mRNA两端测序相对平衡。第二种使用RNA的水解或片段化的方法构建cDNA文库，主要的优点是减弱RNA的二级结构对结果的影响，特别是转运RNA（transfer RNA, tRNA）和小RNA。主要实验步骤为使用温度控制或化学水解作用将RNA样本片段化，加上测序连接头，最后使用互补引物反转录成cDNA（Costa et al.，2010）。

（2）生物信息学挑战。RNA-Seq技术与传统研究转录组技术最大的差别就在于其产生的巨大数据量及数据的处理依赖于生物信息学工具的开发与扩展。RNA-Seq产生的大量数据首先要与参考基因组比对，目前已经有很多软件能够实现这个过程，如MAQ（Li et al.，2008）、ELAND、RMAP（Smith et al.，2008）、SOAP（Li et al.，2008）等。但是对于较为复杂的转录组，由于选择性剪接事件的存在，使得这个过程难以准确实现。一些短序列在基因组上的定位跨越了外显子之间的剪接位点，这种匹配方式是普通的比对软件无法实现的，而新发展的比对软件如Bowtie（Langmead et al.，2009），在普通比对软件的基础上将端序列片段分割，独立地与参考基因组比对，以期得到可变剪接的比对结果。另外，对于大的转录组，一条短序列片段被定位到基因组的不同位置成为普遍现象，这就给短序列片段定位的准确性带来了巨大挑战。将重复匹配的短序列片段按比例加以权重（Cloonan et al.，2008；Mortazavi et al.，2008）或者使用454技术测定双末端序列可以大体上解决这个问题。

（3）序列的覆盖度问题。理论上说，更高的测序深度可以获得更好的序列覆盖度，但同时消耗的费用就更多。对于酵母这样简单的转录组，目前没有可变剪接现象发现，测定 3000 万条 35bp 长度的序列就足够观察到细胞中大多数（>90%）基因（Nagalakshmi et al.，2008）。但也存在足够高的测序深度仍发现不了的基因，或者该基因在此特定细胞中不表达。通常来说，基因组越大，转录组就越复杂，需要的测序深度就越高。有研究工作使用唯一的转录起始位点来估计对小鼠胚胎细胞测序所得到的覆盖度，经分析证实，当测序数目到 8000 万条时，发现的转录起始位点数目达到峰值（Cloonan et al.，2008）。

7.2 RNA-Seq 技术的应用

下一代测序技术在转录组研究中的应用首先是针对小 RNA 的研究。这主要是因为这些小 RNA 序列较短，难以在芯片中被充分杂交，但可以被下一代测序的长度所覆盖。随着测序技术的成熟和后期分析方法的完善，RNA-Seq 逐渐被用于全转录组的研究。目前，已经使用 RNA-Seq 测定转录组的有人类、小鼠、酵母、果蝇等常见物种，以及衣原体等非模式生物。

RNA-Seq 技术的一个基础应用就是对于转录物的注释。通过与基因组的比对，可以将测序得到的短序列片段定位到参考基因组上，得到转录开始与结束的位点等结构信息。而这些信息可以使用不同的工具可视化，如 UCSC GenomeBrowser（Kent et al.，2002）、MochiView（Homann and Johnson，2010）、CisGenome Browser（Ji et al.，2008）、IGV（Integrative Genomics Viewer）（Robinson et al.，2011）等。分析转录物结构对复杂疾病（如癌症等）的研究具有重要意义。基因组重排或者突变可能导致非正常融合转录的发生，当这种转录稳定下来则会促使病变。

如前文所述，RNA-Seq 技术较芯片技术有更高的灵敏度，这使得对低丰度转录物的检测成为可能，使人们可以对特定细胞基因表达模式有更好的了解。与芯片技术一样，RNA-Seq 也能用来对基因的表达差异进行分析。由于 RNA-Seq 技术直接使用检测到的短序列片段的条目数（copy number）来估计表达量，因此比芯片技术精确度更高，且归一化操作更容易。在这个过程中，RPKM（reads per kilobase per million of mapped reads）常被人们用做归一化的标准量。RNA-Seq 技术对转录后水平调控上的研究具有重要价值，其中包括选择性剪接、多聚腺苷酸化、RNA 编辑及 RNA 的降解等。

选择性剪接是指在 RNA 拼接时，由一个基因转录而来的 RNA 外显子片段以不同的组合方式拼接在一起的过程。由此产生的不同信使 RNA 可以翻译成不同的蛋白质异形体。所以，同一个基因可以编码多个蛋白质。这一过程在真核生物中十分常见，它的存在大大增加了转录组的复杂度。为了研究这一现象，人们使用 RNA-Seq 技术，用不同的技术手段通过短序列片段与参考基因组的比对来预测基因组中广泛存在的剪接位点。目前，常用的预测软件有 TopHat（Trapnell et al., 2009）、MapSplice（Wang et al., 2010）、Qpalma（De Bona et al., 2008）、SpliceMap（Au et al., 2010）、Supersplat（Bryant et al., 2010）等，这些软件的具体内容将在下一节进行介绍。据研究报道，95%左右的人类外显子基因存在可变剪接的现象（Pan et al., 2008; Wang et al., 2008），RNA-Seq 使得人们对真核生物的基因组结构有了更好、更深入的了解。

信使 RNA 转录物的编辑同样能增加转录组的复杂度。RNA 编辑指的是 RNA 在碱基组成上通过化学变化使 RNA 分子信息发生变化的过程。这一现象目前主要在真核生物中发现，可分为由插入缺失导致的编辑和碱基置换导致的编辑，而后者主要有 C-U 编辑和 A-I 编辑两种。但是，这种精细的分析一直以来比较难以实现。下一代测序技术的出现和发展为精细的序列分析带来了希望，其单碱基分辨率下的高通量数据为基因组分析带来了足够的精确度和准确度。目前，已经有相关的研究实现并发表了类似的分析成果（Li et al., 2009）。

最后是 RNA 与蛋白质之间的相互作用。这一信息对生物分子调控网络的构建和理解具有十分重要的意义。通过对与蛋白质结合的 RNA 分子进行测序，可以得到特定蛋白质和 RNA 之间的特异结合信息。这种方法目前主要有两种实现方式：RNA 结合蛋白与相应的靶定转录物的免疫共沉淀（RIP）（Gerber et al., 2004）; 或者 RNA 结合蛋白与相应的靶定转录物通过交联和 RNA 酶的水解再免疫共沉淀（CLIP）（Ule et al., 2005）。这两种方式实现后的测序已经被用于研究人类等物种的 RNA 诱导沉默复合体（RNA-induced silencing complex, RISC），其目的在于揭示生物体内小 RNA 与其靶基因之间的结合关系（Chi et al., 2009）。

7.3 RNA-Seq 数据处理与软件

7.3.1 概述

RNA-Seq 数据的基本处理主要包括读段定位、基因表达水平估计、选择性剪接事件识别和剪接异构体表达水平推断、新基因检测、读段的可视化和注释等。对于多样本 RNA-Seq 数据间的比较分析，目前着重于进行差异表达基因的识别、差异表达剪接异构体的识别，以及对样本进行分类分析。在所有的分析步骤中，最为重要的就是进行读段定位，这是所有后续处理和分析的前提与基础。

目前，分析和处理 RNA-Seq 数据的软件种类繁多且各有侧重。当获得 RNA-Seq 的原始数据以后，首先需要做的是将所有测序片段匹配（mapping）到参考基因组上。为了得到良好的定位效果，满足高通量测序的海量数据对计算机算法运行时间提出的要求，研究人员开发了一系列短序列定位算法。这些算法大多采用空位种子索引法或 Burrows-Wheeler 转换技术实现，能够在一定程度上解决读段定位的问题。目前基于这类思想开发出的、能够实现读段定位的软件主要有 MAQ、Bowtie、BWA、SOAP 等。

当测序的片段匹配到基因组上后，可以将后续分析粗略地概括为对转录子及转录组表达水平的分析。接下来我们将基于两个方面，对相应的数据分析软件进行介绍。值得一提的是，对于软件选择，我们可以从以下几个方面考虑：

第一，数据分析的目的。各种 RNA-Seq 数据分析软件的功能是不尽相同的，根据数据分析的目的选择合适的软件至关重要。例如，TopHat 主要用于剪接位点的预测，Cufflinks 主要用于推测转录子的丰度和寻找差异表达的基因；

第二，序列的长度。在选择软件之前，我们应该明确数据的基本信息。目前，针对不同的测序平台，通过 RNA-Seq 技术测得的序列长度不尽相同。因此，在选择软件对其分析时，应充分考虑软件是否对序列长度有特殊的要求。例如，SplitSeek 只适合于分析 ABI/SOLiD 产生的序列片段；

第三，软件的偏好性。很多软件虽然功能总体上是一致的，但由于不同软件采用的算法不同，故仍具有各自的偏好性。例如，SuperSplat 偏好于识别常规的剪接位点。

第四，软件的编写语言和适用平台。实现同一功能的软件可能有多种，那么选择自己熟悉的编程语言编写的软件在算法的理解、软件的应用和改进等方面都会带来帮助。

7.3.2 剪接位点预测软件

剪接位点的分析是 RNA-Seq 数据分析中非常关键的一部分。RNA-Seq 读段（reads）根据匹配到基因组的情况主要可以分为两种类型：匹配到基因组上的读段和跨越两个外显子结合区的读段。一种常用的剪接位点识别方法是将读段直接匹配到已知的、由外显子数据库注释的转录组序列上。这种方法以可以用来寻找已知的剪接位点，同时，外显子数据库的完整程度决定了剪接位点预测水平。然而，由于外显子数据库的不完善导致采用这种方法无法找到新的剪接位点。

对于剪接位点的预测，最早的 QPALMA（De Bona et al., 2008）是利用支持向量机（support vector machine，SVM）的方法训练已知的剪接位点进行的。而这里我们要介绍的 TopHat 软件则是基于聚类的方法（Trapnell et al., 2009）：通过将匹配到基因组上序列分成不同的簇，使得每个簇中的短序列片段可以通过重叠区域连接起来，这样每个簇就定义为候选外显子区域，通过搜索候选横跨外显子区域的片段来确定剪接位点。另外，HMMSplicer（Dimon et al., 2010）则是基于隐马尔可夫算法（HMM）来预测剪接位点的。下面，我们以 TopHat 和 HMMSplicer

的算法为例，介绍剪接位点的预测方法。

TopHat 是目前最为常用的识别剪接位点的软件之一，其算法流程图见图 7-2。TopHat 的算法中以两个阶段的匹配来实现剪接位点的识别。第一个阶段是利用 Bowtie 将所有的读段匹配到基因组上，未匹配到基因组上的片段记为初始未匹配读段集（initially unmapped reads 或 IUM 读段集）。接着，TopHat 应用 Maq 中的组装模块将匹配到基因组上的片段组装起来，提取稀疏且不相连的匹配读段中共同的序列，构成片段簇，记为初始的候选外显子群。为了将读段匹配到剪接位点上，TopHat 首先枚举所有片段簇中常规的供体和受体的位点，然后考察在相邻片段簇间所有这些供体和受体对可以形成常规（GT-AG）的内含子。这样，相邻的外显子群中的序列边界部分联合起来形成潜在剪接位点。同时，从 IUM 读段集建立种子索引表格，通过种子-延伸的策略逐一检查上述内含子，最终识别剪接位点。

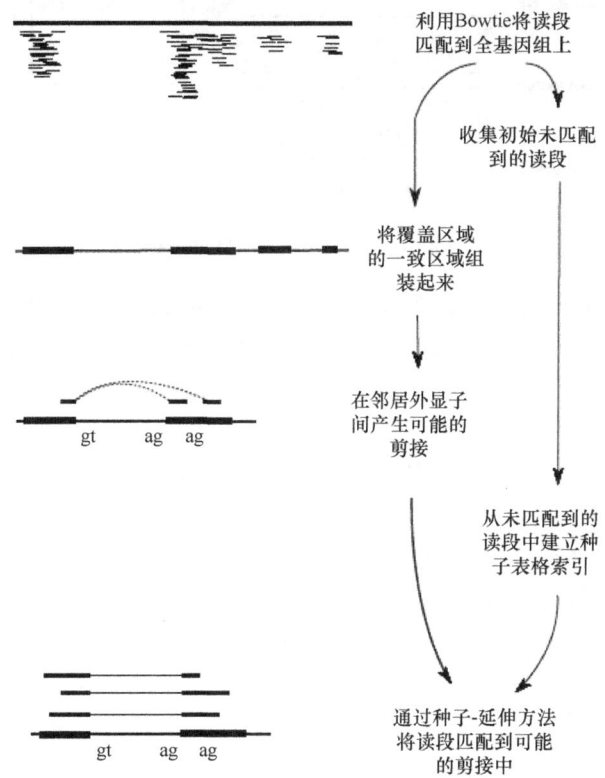

图 7-2　TopHat 运行流程图（Trapnell et al., 2009）

HMMSplicer 是一款较为精确和高效的软件，它可以用来预测常规的剪接位点（如 GT-AG 和 GC-AG），也可以用来预测非常规的剪接位点。其运行流程图如图 7-3 所示。

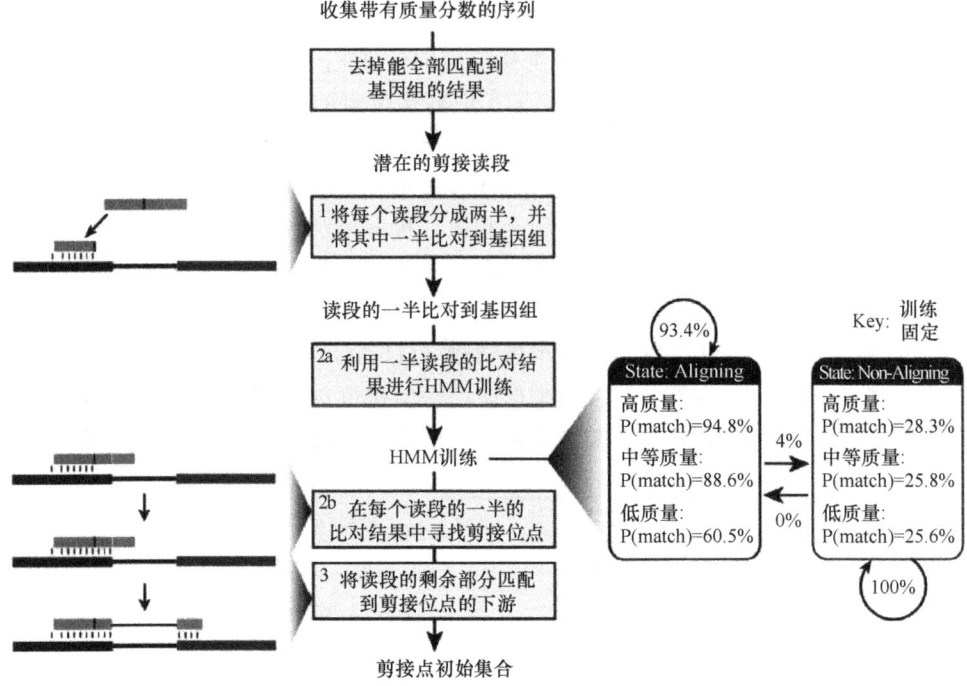

图 7-3　HMMSplicer 运行流程图（Dimon et al.，2010）

在 HMMSplicer 处理数据之前，需要先使用 Bowtie 找到全部匹配到基因组上的读段，即那些整个序列都匹配到外显子上的读段。然后，将它们从数据集中删除，从而得到候选读段的集合。然后再经过以下几步：

（1）将候选片段平均分为两半，并将其中一半匹配到基因组上；

（2）用 HMM 从匹配到基因组上的片段的子集来预测全片段中的剪接位点（内含子的一端）；

（3）将剩下的另一半片段匹配到步骤（2）中片段的下游，找到内含子的另一端，得到初始的剪接位点；

（4）对初始剪接位点进行重组和评分得到最终预测的结果。根据不同的分类方法，我们可以将目前的主流软件分成不同的种类。例如，按照是否需要依赖现有的匹配软件来划分，则 TopHat 需要依赖于 Bowtie 软件匹配后得到的结果继续分析；SpliceMap 需要 ELAND 或 Bowtie；而 SplitSeek 则依赖于 SOLiD 的全转录组分析流程，因此也只能适用于 SOLiD 类型的数据集。另外一部分较为新颖的软件是无需依赖于先前的匹配软件，如 ABMapper，它可以从头匹配 RNA-Seq 序列，特别是那些跨越剪接位点的读段或者是对应于基因组上多个位点的读段。如果按照预测的剪接位点的类型划分，可以将这些软件分为识别常规剪接位点和识别非常规的剪接位点这两类。前者是指偏好于识别如 GT-AG、GC-AG 和 AT-AC 这三类中的一种或几种常规的剪接位点，这样的软件有 TopHat 和 SpliceMap 等；后者是指可以预测上述三种常规剪接位点之外的位点，如 HMMSplicer 等。目前，常用的剪接位点预测软件归纳如表 7-1 所示。

表 7-1 常见的剪接位点预测软件及其功能

软件名称	描述	依赖匹配软件	预测剪接位点类型	序列长度	编写语言	运行环境	下载网址	备注
TopHat	Identifies splice sites ab initio by large-scale mapping of RNA-Seq reads	Bowtie Maq SeqAn library	常规型	25~36nt	C++ Python	Linux Mac OS X	http://tophat.cbcb.umd.edu/	需要较多的数据量，偏好于丰度较高的 reads
SpliceMap	Detection of splice junctions from paired-end RNA-Seq data	SeqMap ELAND	常规型	50~100nt	Python	Linux	http://biogibbs.stanford.edu/~kinfai/SpliceMap/	不依赖于已知的基因结构注释；基于双末端测序
HMMSplicer	A tool for efficient and sensitive discovery of known and Novel splice Junctions in RNA-Seq data	Numpy Bowtie	非常规，常规	最佳 45nt 或更长；	Python	Mac OS X Linux	http://derisilab.ucsf.edu/software/hmmsplicer	基于 HMM 算法
SuperSplat	A method for unbiased splice-junction discovery through empirical RNA-Seq data	ELAND	非常规，常规	无	C++	Linux	http://mocklerlabtools.cgrb.oregonstate.edu	不允许有错配
SplitSeek	de novo prediction of splice junctions in short-read RNA-Seq data	SOLiD 的全转录组分析流程	无	约 50nt	perl	Linux	http://www.ncbi.nlm.nih.gov/pmc/articles/PMC2864574/?tool=pubmed	只适合 ABI SOLiD reads
MapSplice	Accurate mapping of RNA-Seq reads for splice junction discovery	Bowtie, BWA SOAP2, BFAST MAQ	非常规，常规	<75nt 或>75nt 均可	Python	Linux	http://www.netlab.uky.edu/p/bioinfo/MapSplice	不依赖于剪接位点的特征和内含子的长度；同时支持双末端测序和单末端测序
ABMapper	A suffix array-based tool for multi-location searching and splice-junction mapping	无	常规	默认为 10nt，可据实际情况设定	C++ PERL	Wins Mac OS X Linux.	http://abmapper.sourceforge.net/index.html	适合常规剪接位点的预测

7.3.3 基因表达水平分析软件

由于 RNA-Seq 的高通量特性，使得全转录组的丰度分析成为可能，它能够在一个很大的动态范围内准确地反映基因的表达水平。与基因芯片数据相比，RNA-Seq 技术得到的是数字化的表达信号，具有灵敏度高、分辨率高、无饱和区等优势。它可以用来研究芯片不可能完成的任务，如特定的、等位基因的表达量分析等。

目前，随着 RNA-Seq 技术的发展，基于 RNA-Seq 数据分析转录子丰度的软件也逐渐多了起来。如 Cufflinks（Roberts et al., 2011）、rQuant.web（Bohnert and Ratsch, 2010）等。虽然上述这些软件都是用于预测转录子丰度的，但是在功能上各有侧重、各有所长。例如，Trapnell 小组开发的 Cufflinks 根据 RNA 片段的测序结果直接重建出所有的同工型转录子，然后再根据这些同工型转录子的出处将所有的配对读段进行分类。Trapnell 小组用这种方法能够非常准确地判断出每一个基因的每一个同工型转录子的表达水平，寻找差异基因。除此之外，他们还发现，将每一个 RNA 读段正确地组装入转录子，能够极大地影响同一基因其他已知同工型转录子的预计表达水平，软件的使用方法详见 7.4.2 节。而 Regina Bohnert 等开发的 rQuant.web 除了可以定量分析转录子丰度外，还考虑到偏差所产生的影响，如 cDNA 文库制备、序列匹配等过程中都会产生一定的偏差。此外，rQuant.web 是目前为数不多的、基于网络的工具，无需本地安装，操作简单，对计算机配置要求不高，具体的使用方法请参看 7.4.3 节。

RNA-Seq 测序数据是对提取出的 RNA 转录本中随机进行的短片段测序，如果一个转录本的丰度高，则测序后定位到其对应的基因组区域的短片段也就多，可以通过对定位到基因外显子区的短片段计数来估计基因表达水平（王曦等，2010；祁云霞等，2011）。显然，片段数不仅与基因真实表达水平成正比，还与基因长度成正比，同时也与测序深度即测序实验中得到的总片段数呈正相关。为了保持对不同基因和不同实验间估计的基因表达值的可比性，人们提出了 RPKM（Reads Per Kilobases Per Million）和 FPKM（Fregments Per Kilobase per Million）的概念（Mortazavi et al., 2008）。它们不仅对测序深度作了归一化，而且对基因长度也作了归一化，使得不同长度的基因在不同测序深度下得到的基因表达水平估计值具有了可比性，是目前最常用的基因表达估计方法。软件 rSeq、DEGseq 软件包、Cufflinks 和 rQuant.web 等都提供了用上述方法进行基因表达水平计算的功能。表 7-2 对常见且能够用于基因表达水平分析的软件进行了归纳。

7.3.4 综合性分析软件

随着 RNA-Seq 技术的发展，出现了越来越多的方法和软件从不同角度实现了 RNA-Seq 数据的分析。但是，如何将这些方法较好地整合在一起是具有一定挑战的。目前，rQuant.web 软件就很好地整合了不同数据分析工具的功能。rQuant.web 内嵌在 Galaxy 框架中，Galaxy 框架可以方便、简单地整合工具，促进工具间的交互，存储用户的查询和运行结果，工作流程方便地完成反复提交的任务。例如，用户可以利用它进行质量控制、数据格式转换、读段定位、基因表达水平分析、转录本丰度分析等。

表 7-2 常用的基因表达水平分析软件归纳

软件名称	描述	依赖的软件	执行语言	运行环境	转录子度量标准	下载网址	备注
ArrayExpressHTS	Pre-processing, expression estimation and data quality assessment of RNA-Seq datasets	Bioconductor packages、SAMtools、BWA、Bowtie、TopHat、Cufflinks、MMSEQ	R	Linux R cloud EBI	RPKM	http://www.ebi.ac.uk/tools/rcloud	可利用云计算提高效率
Cufflinks	Assembles aligned RNA-Seq reads into transcripts, estimates their abundances, and tests for differential expression and regulation transcriptome-wide	SAM tools Boost C++ libraries	C++	Linux/OS X	RPKM	http://cufflinks.cbcb.umd.edu/	可仅凭参考基因组来估计转录子,不需要参考基因组注释;Galaxy 框架,无需本地安装
DEGseq	An R package for Identifying Differentially Expressed Genes from RNA-Seq data	依赖的 R 软件包:qvalue、ShortRead、samr、methods	R	Linux/OS X/Windows	RPKM	http://bioinfo.au.tsinghua.edu.cn/software/degseq/	除得到基因表达水平外,还要进行差异基因的分析
rQuant.web	A novel web service, allowing convenient access to tools for quantitative analysis of RNA sequencing data	Galaxy 框架	无	web 服务	ARC/RPKM	http://galaxy.fml.mpg.de	需使用 Galaxy 框架中的其他工具
RSEQtools	Calculate gene expression values, generating signal tracks of mapped reads, and segmenting that signal into actively transcribed regions	Bowtie/GNU Scientific Library/BlatSuite	C	UNIX/Mac OS	RPKM	http://rseqtools.gersteinlab.org/	数据需要转化成 MRF(Mapped Read Format)格式

如 7.3.3 节所述,rQuant.web 可以定量分析转录子丰度,并且考虑到各种可能存在偏差的情况,所以,rQuant.web 也是一款很好的用于基因表达水平分析的软件。目前,rQuant.web 基于转录本丰度分析主要由三部分组成:数据的预处理、丰度的定量分析及偏差估计,如图 7-4 所示。

(1)数据的预处理:提交的数据为 FASTA 格式的参考基因组数据、GFF3 格式的转录子及 BAM 格式的匹配序列。在数据预处理的过程中,可以分别借助 Galaxy 框架中的工具 GenomeTool、GFF2Anno 和 SAM Tools 将参考基因组、注释及匹配序列转换成高效的数据结构。

(2)丰度的定量分析:分析每个已有注释处的转录本的丰度。rQuant.web 能

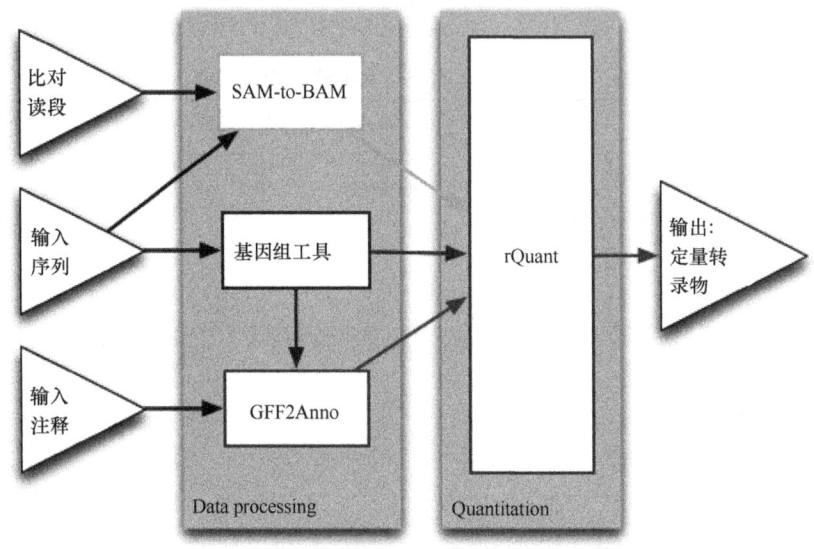

图 7-4　rQuant.web 工作流程图

够计算两种形式的丰度估计，一个是每个转录本的读段平均覆盖（ARC：estimated average read coverage），另一个则是 RPKM。

（3）偏差估计：为了提高丰度估计的准确度，rQuant.web 以迭代的方式推断目标转录子的读段密度。

在对 RNA-Seq 数据进行分析的过程中，选择不同的软件会对下游的分析产生不同的影响。此外，RNA-Seq 会产生数以千万计的原始序列片段。这些繁重的计算任务，在没有合理的数据分析工具和超强计算能力的计算机的条件下几乎是无法完成的。鉴于此，Angela Goncalves 等开发了另一个综合性分析软件——ArrayExpressHTS（Goncalves et al.，2011）。这是一个自主的、基于 R/Bioconductor 的流程软件，其主要功能就是对 RNA-Seq 数据进行预处理、表达量估计和数据质量评估。软件输入是最原始的读段文件，输出则是 R 标准的、包含基因表达水平对象及反映数据质量的 HTML 格式的报告。数据分析流程参见图 7-5 所示，具体的使用方法见 7.4.3 节。这款软件把分析 RNA-Seq 数据过程中的各种软件方法综合在一起，如匹配过程中使用的是 Bowtie、TopHat 或 BWA；而获得基因表达量水平信息时则是用统计的方法 Cufflinks（Roberts et al.，2011）或 MMSEQ（Turro et al.，2011）。

此外，ArrayExpressHTS 还支持在 EBI（the European Bioinformatics Institute）的云服务器上运行，可以充分使用 EBI 结点的运算能力，大大提高了分析效率。在使用 ArrayExpressHTS 云服务时，只需要 R 的工作交互界面。具体使用方法参见 http://www.ebi.ac.uk/Tools/rcloud/。

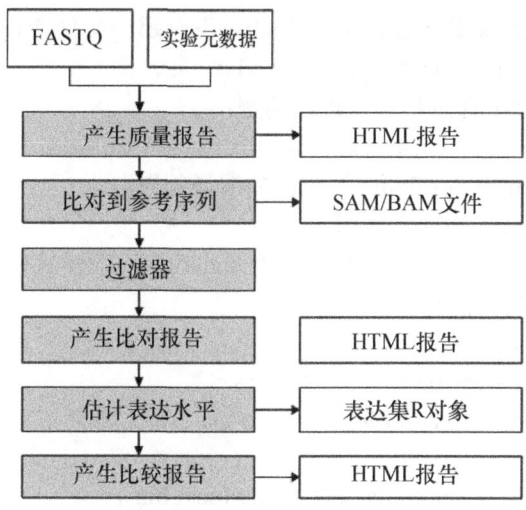

图 7-5 ArrayExpressHTS 数据分析流程图

7.4 软件安装与使用

7.4.1 选择性剪接软件

7.4.1.1 TopHat

TopHat 是最常用的分析选择性剪接的工具，这里选择的版本为 2.0.9，Linux 版。操作系统选择 Ubuntu（v10.04）。在安装 TopHat 之前，首先需要在系统中安装 samtools 工具和 Boost C++库。这里，samtools 选择的版本是 0.1.19（下载地址：http://samtools.sourceforge.net/），Boost 选择的版本是 1.54.0（下载地址：http://www.boost.org/users/download/）。

在 TopHat 的官方网站中，提供了各种版本的 TopHat 软件，其中包括已编译完成和未编译过的文件。用户可以从 http://tophat.cbcb.umd.edu/downloads/选择下载。这里，我们将介绍 TopHat 编译和安装的过程。为了简单起见，默认的安装路径均为/usr/local（这里要求用户具有 root 权限），用户可以根据实际情况在 Linux 环境中通过--prefix 命令选择合适的安装路径。相应的方法也可以参考 TopHat 网站中的内容（网站地址：http://tophat.cbcb.umd.edu/tutorial.shtml）。

需要注意的是，在安装 samtools、Boost 和 TopHat 过程中，首先需要保证系统中存在必要的依赖文件，这些文件可以通过以下命令下载安装：

（1）安装 samtools 需要 ncurses：

```
$ sudo apt-get install libncurses5-dev
```

（2）解决 samtools 安装过程中"zlib.h：没有那个文件或目录"的问题：
```
$ sudo apt-get install zlib1g-dev
```
（3）解决 boost 编译过程中出现的问题：
```
$ sudo apt-get install python-dev gccxml
```
（4）解决 tophat 中 configure 过程中的编译问题：
```
$ sudo apt-get install g++
```
确保上述依赖文件存在后，首先编译 samtools。下载软件并转到软件所在目录，根据以下命令进行编译：
```
$ bunzip2 samtools-0.1.19.tar.bz2
$ tar xvf samtools-0.1.19.tar
$ cd samtools-0.1.19
$ make
```
编译完成后，复制 samtools 文件到/usr/local/bin 目录下：
```
$ cp -a samtools /usr/local/bin
```
根据 TopHat 说明文件要求，需要在/usr/local/include/下建立一个 bam 目录：
```
$ mkdir /usr/local/include/bam
```
切换到 samtools 目录下，将 samtools 目录下的所有.h 文件拷贝至/usr/local/include/bam/下：
```
$ cp -a *.h /usr/local/include/bam
```
将 libbam.a 文件拷贝至/usr/local/lib/目录下：
```
$ cp -a libbam.a /usr/local/lib
```
这样就完成了 samtools 的编译和安装。

接下来对 Boost 进行编译：

第一步，解压并编译 bjam：
```
$ tar zxvf boost_1_54_0.tar.bz2
$ cd boost_1_54_0
$ ./bootstrap.sh
```
第二步，编译 Boost：
```
$ ./bjam link=static \runtime-link=static stage install
```
第三步，更新动态链接库：
```
$ sudo ldconfig
```
正确编译及安装 samtools 和 Boost 后就可以进入 TopHat 的编译安装过程了：
```
$ tar zxvf tophat-2.0.9.tar.gz
$ cd tophat-2.0.9
$./configure -with-boost=/usr/local \--with-bam=/usr/local
$ make
$ make install
```

这样就完成了 TopHat 的编译和安装过程，其可执行文件在"/user/local/bin/"目录中。需要注意的是，由于 TopHat 功能的实现依赖于软件 Bowtie，所以必须将 Bowtie、Bowtie-build 和 Bowtie-inspect 这三个可执行文件复制到"/user/local/bin/"目录中。

```
$ cp -a bowtie bowtie-build bowtie-inspect /usr/local/bin
```

接下来，我们可以使用 TopHat 来实现其基本的功能。首先，可以从地址 http://tophat.cbcb.umd.edu/downloads/test_data.tar.gz 中下载用于测试软件安装结果的文件 test_data.tar.gz，转到该文件所在目录，解压文件并使用 tophat 命令测试安装结果：

```
$ tar zxvf test_data.tar.gz
$ cd test_data
$ tophat -r 20 test_ref reads_1.fq reads_2.fq
```

输出文件位于当前目录的"tophat_output"文件夹下，其中有两个文件"accepted_hits.bam"和"junctions.bed"以及一个名为"logs"的文件夹，该文件夹下存储了命令行、参数设置等运行内容，这里不加以叙述。"accepted_hits.bam"为 bam 格式的二进制比对结果文件，无法使用普通的文本编辑工具打开，可以使用已经安装的 samtools 工具转换成 sam 格式的文件后查看内容，命令行为：

```
$ cd tophat_output/
$ samtools view -o accepted_hits.sam accepted_hits.bam
```

转换后就可以用普通的文本剪辑工具打开文件了。如果要使用命令行，可以输入"more accepted_hits.sam"或"gedit accepted_hits.sam"。这里，每一条记录为一条序列片段与参考基因组的比对结果，如图 7-6 所示。具体参考格式说明可以参考 http://genome.ucsc.edu/FAQ/FAQformat.html，另一个文件"junctions.bed"为用 bed 格式存储的预测到的可变剪接位点信息，如图 7-7 所示。

```
test_mRNA_3_187_51  99  test_chromosome  53  255  75M  =  163  0
TACTATTTGACTAGACTGGAGGCGCTTGCGACTGAGCTAGGACGTGCCACTACGGGGATGACGACTCGGACTACG
IIIIIIIIIIIIIIIIIIIIIIIIIIIIIIIIIIIIIIIIIIIIIIIIIIIIIIIIIIIIIIIIIIIIIIIIIII  NM:i:2  NH:i:1
test_mRNA_4_191_5d  163  test_chromosome  54  255  75M  =  167  0
ACTATCTGACGAGACTGGAGGCGCTTGCGACTGAGCTAGGACGTACCATTACGCGGATGACGACTAGGACTACGG
IIIIIIIIIIIIIIIIIIIIIIIIIIIIIIIIIIIIIIIIIIIIIIIIIIIIIIIIIIIIIIIIIIIIIIIIIII  NM:i:4  NH:i:1
test_mRNA_5_197_46  97  test_chromosome  55  255  75M  =  173  0
CTATCTGACTAGACTCGAGGCGCTTGCGTCTGAGCTAGGACGTGCCACTACGGGGATGACGACTAGGACTACGGA
IIIIIIIIIIIIIIIIIIIIIIIIIIIIIIIIIIIIIIIIIIIIIIIIIIIIIIIIIIIIIIIIIIIIIIIIIII  NM:i:2  NH:i:1
```

图 7-6　序列片段与参考基因组的比对结果示例

```
track name=junctions description="TopHat junctions"
test_chromosome  180  402  JUNC00000001  49  +  180  402  255,0,0  2  70,52  0,170
test_chromosome  349  550  JUNC00000002  38  +  349  550  255,0,0  2  51,50  0,151
```

图 7-7　预测到的可变剪接位点信息示例

7.4.1.2 HMMSplicer

下面，我们介绍基于隐马尔可夫模型、用于预测可变剪接位点的深度测序工具 HMMSplicer。这里，我们选择的软件版本是 0.9.5，Linux 版，软件下载地址为：http://derisilab.ucsf.edu/software/HMMSplicer/hmmSplicer-0.9.5.tar.gz。下载得到的 HMMSplicer 使用 Python 语言编写，可以不需要编译直接运行。但是，其运行需要依赖 Python2.6（http://python.org）、numpy 和 Bowtie。

首先，下载并安装 Python，由于大多数 Linux 发行版都自带 Python，故其安装在这里不做赘述。使用下面命令安装 numpy：

```
$sudo apt-get install python-numpy
```

其次，解压下载 HMMSplicer 压缩包，并手动修改 Bowtie 路径：

```
$tar xzf hmmSplicer-0.9.5.tar.gz
$cd hmmSplicer-0.9.5
```

修改 Bowtie 路径一般有两种方法：一是通过修改 HMMSplicer 运行配置文件"configVals.py"；二是将 Bowtie 的路径加到环境变量"PATH"中。下面是两种方法的命令行：

第一种，修改 PATH_TO_BOWTIE 列为 PATH_TO_BOWTIE：

```
$nano configVals.py ="~/biosoft/bowtie-0.12.7/bowtie"
```

第二种，修改环境变量，添加 Bowtie 路径：

```
$export PATH=$PATH:/home/eragon/biosoft/bowtie-0.12.7/bowtie
```

设置好以上步骤后，就可以正常使用 HMMSplicer 了。当然，在使用之前可以先查看帮助文档，熟悉其使用方法，这一步可以通过使用不带参数的运行命令实现：

```
$python runHMM.py
```

与其他可变剪接位点预测工具类似，HMMSplicer 同样提供了很多的设置参数，包括输出路径、深度测序 FASTQ 输入文件、FASTA 基因组文件等常规参数，以及错配数目、得分阈值、最大及最小内含子长度等默认辅助参数。下面通过简单的实例展示 HMMSplicer 的运行：

```
$cd ~/biosoft/hmmSplicer-0.9.5 $python runHMM.py
 -o ../hmmsplicer_test/hmmsplicer_output/ -i ../ hmmsplicer_test/reads_1.fq
 -g ../hmmsplicer_test/test_ref.fa
```

运行结果如图 7-8 和图 7-9 所示。其中，图 7-8 显示了 Bowtie 建立基因组索引及比对结果；图 7-9 显示了 HMMSplicer 预测到的可变剪接位点。

程序运行完成后，在设置的输出文件路径中产生了一个名为"tmp"的文件夹及三个相关文件，名称分别为"junction.final.bed"、"junction.nonCanonical.bed"

```
11:05:54 02/28/11: Running bowtie
# reads processed: 100
# reads with at least one reported alignment: 41 (41.00%)
# reads that failed to align: 59 (59.00%)
Reported 41 alignments to 1 output stream(s)
11:05:54 02/28/11: Running bowtie-half
# reads processed: 118
# reads with at least one reported alignment: 57 (48.31%)
# reads that failed to align: 61 (51.69%)
Reported 57 alignments to 1 output stream(s)
```

图 7-8　Bowtie 建立基因组索引及比对结果示例

```
11:05:54 02/28/11: Making genome dictionary
11:05:54 02/28/11: Making seeds
11:05:54 02/28/11: Training HMM with ALL reads
Converged in 8 iterations
Trained Values:
================================================================================
<hmmWithQuality.HMM instance at 0x9d9762c>
States: 2
Observations: 2
--------------------------------------------------------------------------------
State transition probabilities:

[[ 0.97794314  0.02205686]
 [ 0.          1.        ]]
--------------------------------------------------------------------------------
Observation probabilities:
[[[ 0.          0.         ]
  [ 0.          0.        ]]

 [[ 0.          0.         ]
  [ 0.          0.        ]]

 [[ 0.          0.         ]
  [ 0.          0.        ]]

 [[ 0.          0.         ]
  [ 0.          0.        ]]

 [[ 0.96382669  0.23308813]
  [ 0.03617331  0.76691187]]]
--------------------------------------------------------------------------------

11:05:55 02/28/11: Running HMM
11:05:55 02/28/11: Matching second half
11:05:55 02/28/11: Filtering for GT-AG
11:05:55 02/28/11: Collapsing junctions
11:05:55 02/28/11: Done.
11:05:55 02/28/11: Deleting temporary files
```

图 7-9　HMMSplicer 预测到的可变剪接位点示例

和 " log.txt"。"tmp" 文件夹中保存的是程序运行产生的中间文件，可以不予理会；第三个文件 "log.txt" 中存储的是程序运行的参数设置及运行状态等信息；第一个文件 "junction.final.bed" 中存储的是满足 GT-AG 和 GC-AG 配对的常规剪接位点；第二个文件 "junction.nonCanonical.bed" 中存储的则是不满足 GT-AG 和 GC-AG 配对的非常规剪接位点。HMMSplicer 产生的两个常规剪接位点与 TopHat

一致。与其不同的是，HMMSplicer 计算出的非常规剪接位点是 TopHat 所不能预测到的。

7.4.2 基因表达水平分析软件

关于基因表达分析的软件有很多，这里我们重点讲述 Cufflinks 的编译、安装和使用方法。CuffLinks、TopHat 及 Bowtie 这三个软件都是同一个研究小组研发的。这里 Cuffinks 选择的版本是 2.1.1，操作系统选择 Ubuntu（v10.04）（软件下载地址：http://cufflinks.cbcb.umd.edu/downloads）。和 TopHat 一样，CuffLinks 的运行也需要 samtools 和 Boost 的支持（Boost 的版本要求至少为 1.47）。除此之外，还需要 Eigen 库（这里选择的版本为 3.2.0）。对于 samtools 和 Boost 的编译及安装方法已经在 7.4.1 节介绍 TopHat 安装时有所说明，这里不再赘述。这里，我们将重点介绍 Eigen 和 Cufflinks 的编译安装过程。

与安装 TopHat 时一致，为了简单起见，默认安装路径仍然为/usr/local（这里要求用户具有 root 权限），用户可以根据实际情况在 Linux 环境中通过--prefix 命令选择合适的安装路径。相应的方法也可以参考 Cufflinks 网站中的内容（网站地址：http://cufflinks.cbcb.umd.edu/tutorial.html）。

Eigen 库的下载地址为：http://eigen.tuxfamily.org/index.php?title=Main_Page。

下载后只需要将文件解压，然后将 eigen-3.2.0 文件夹中的 Eigen 子文件夹复制到/user/local/include 目录下即可。命令如下：

```
$ tar zxvf eigen-3.2.0.tar.bz2
$ cd eigen-3.2.0
$ cp -a Eigen /usr/local/include
```

完成 samtools、Boost 和 Eigen 的编译安装后，就可以进行 Cufflinks 的编译安装了。具体命令如下：

```
$ tar zxvf cufflinks-2.1.1.tar.gz
$ cd cufflinks-2.1.1
$ ./configure --with-boost=/usr/local/ --with- eigen=/ usr/local / --with-bam=/usr/local/
$ make
$ make install
```

安装完成后，我们可以从地址 http://cufflinks.cbcb.umd.edu/downloads 中下载用于测试软件安装结果的文件 test_data.sam，转到该文件所在目录，使用 cufflinks 命令测试安装结果：

```
$ cufflinks ./test_data.sam
```

运行 Cuffliks 后的输出文件位于当前目录，共有三个文件，分别是

"genes.expr"、"transcripts.expr"和"transcripts.gtf"。"transcripts.gtf"文件中存储的是CuffLinks组装的亚型信息，共有8列，前7列是标准的GTF文本，最后一系列属性，包括"gene_id"、"transcript_id"、"FPKM"、"frac"、"conf_hi"、"cov"，具体内容请参考"http://cufflinks.cbcb.umd.edu/manual.html"。前两个文件分别包含了转录物和基因层次上的量化信息。使用CuffDiff命令可以对两个或两个以上的样本数据进行表达差异分析，命令行如下：

```
$ cuffdiff transcripts.gtf sample1.sam sample2.sam
```

更多有关Cufflinks的介绍和使用方法请参见http://cufflinks.cbcb.umd.edu/。

7.4.3 综合性分析软件

7.4.3.1 rQuant.web

rQuant.web是一款优秀的、可用于RNA-Seq数据分析的软件，它将RNA-Seq数据分析过程中需要用到的各种工具进行了有机整合，可视化界面显示，并且提供网络在线服务，大大简化了用户的操作。最为重要的是，基于二次规划的rQuant技术能够估计来自于文库制备、测序和读段定位过程中的各种偏差，使得分析结果更加准确。

rQuant.web的网站主页地址是https://galaxy.cbio.mskcc.org/，进入后界面如图7-10所示。

网站主页左侧是工具列表。这里可以找到RNA-Seq数据分析过程中用于读段质量检测、数据格式转换、读段定位、选择性剪接事件识别、转录本预测及组装、基因表达分析、富集分析等常用的工具。通过合理选择这些工具，能够很好地处理来自不同测序平台的测序数据。这里，基于一般的RNA-Seq数据分析流程，rQuant.web中整合的工具对应有：

（1）读段定位：Bowtie2、BWA、GenomeMapper、BFAST、PerM、Meqablast等；
（2）可变剪接比对：TopHat、TopHat2、PALMapper、STAR、ASP等；
（3）转录本预测及组装：mTIM、Trinity、Cufflinks、Cuffcompare、Cuffmerge等；
（4）基因表达分析：rQuant、rDiff、DESeq、DESeq2、edgeR、Cuffdiff等；
（5）富集分析：topGO、GeneSetter等。

此外，对于读段质量检测，rQuant.web中也整合了如FastQC等工具，对于数据格式转换，rQuant.web能够轻松实现诸如SAM-BAM格式、FASTA-FASTQ格式等的转换。其他类型的功能工具详情参见rQuant.web网站主页。

在实际操作中，点击相应的工具后，在主页的中间位置将提示用户导入相关文件，通过点击"Execute"按钮可以得到相应处理或分析结果，同时，结果文件名等信息也会在右侧的历史栏中显示。

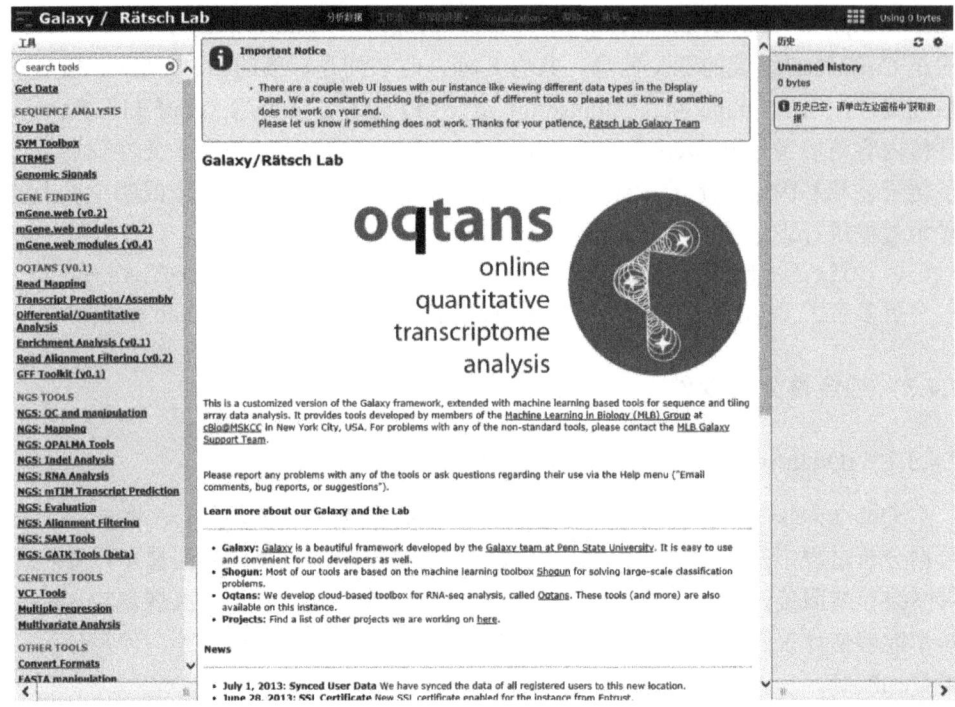

图 7-10 rQuant.web 网站主页界面

点击工具栏中第一行"Get Data"链接后用户可以选择导入数据。为了简化相应的操作，rQuant.web 提供了方便的接口，用户可以通过这些接口进入相应数据库完成数据的导入操作，也可以选择本地上传将数据导入。

在网站的上方提供了一些选项按钮。其中，点击"共享的数据"按钮得到的界面如图 7-11 所示。

这里提供了一些常用的共享数据库信息，用户可以通过点击需要的数据库链接完成相关文件的导入。这里以"QPALMA Training"为例，点击"QPALMA Training"链接后，如图 7-12 所示。

如图 7-12 所示，我们可以勾选需要的文件，并且可以通过列表下方"For selected datasets"选择将这些选中的文件导入当前历史或下载等。这里，我们选择"import to current history"选项，点击"go"后再点击上方"分析数据"按钮回到主界面，如图 7-13 所示。

这里我们可以看到，在右侧的历史栏中显示出了当前导入的数据信息。我们可以根据实际需要对这些数据进行分析和处理，如使用 Bowtie 工具实现读段的定位。点击左侧工具栏"NGS tools"中的"NGS：Mappling"，选择"Bowtie2"选项，单击后主页中间位置将提示用户导入相关文件，如图 7-14 所示。

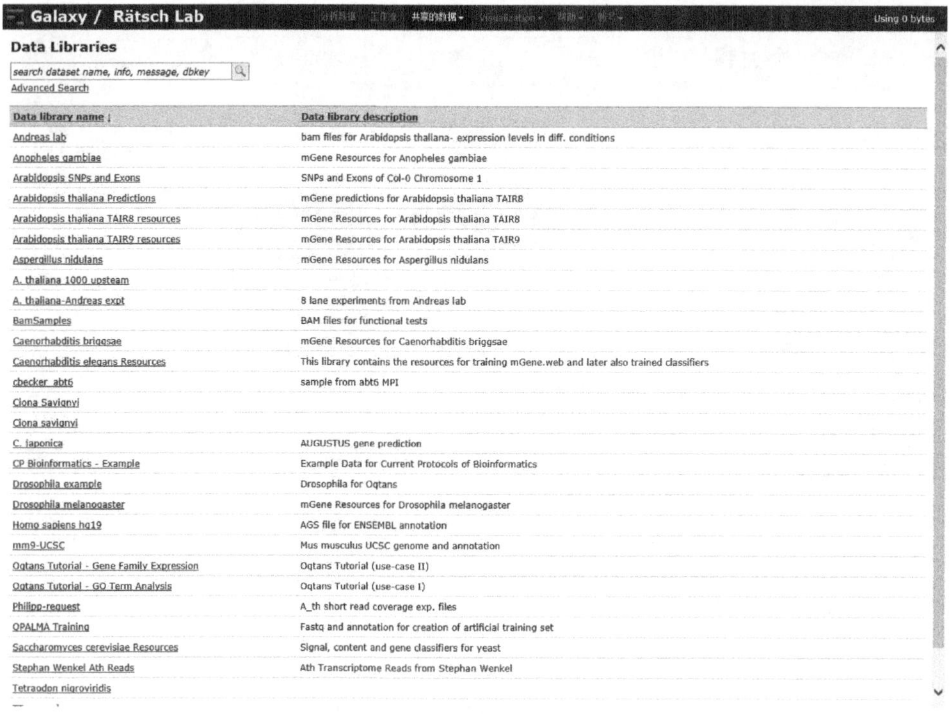

图 7-11 共享数据列表

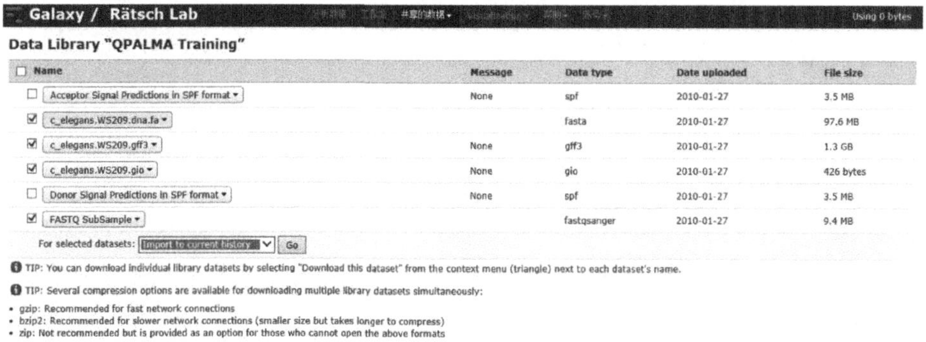

图 7-12 "QPALMA Training"中数据信息

将空格中对应信息选择完毕后,点击"Execute"按钮提交数据和操作,得到的结果如图 7-15 所示。

读段定位完成后,主页中间位置给出提示,并且在右侧历史栏中也会新增定位结果文件,该文件是 BAM 格式。如果需要进行格式转换,可以通过左侧工具栏"NGS:SAM tools"中的相应工具完成。

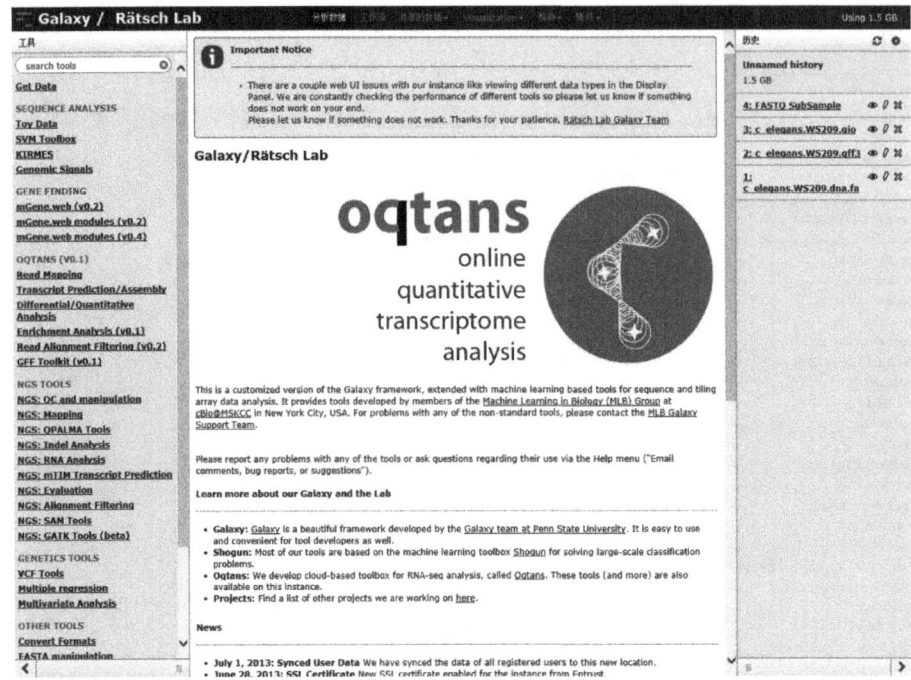

图 7-13　导入数据文件后主界面

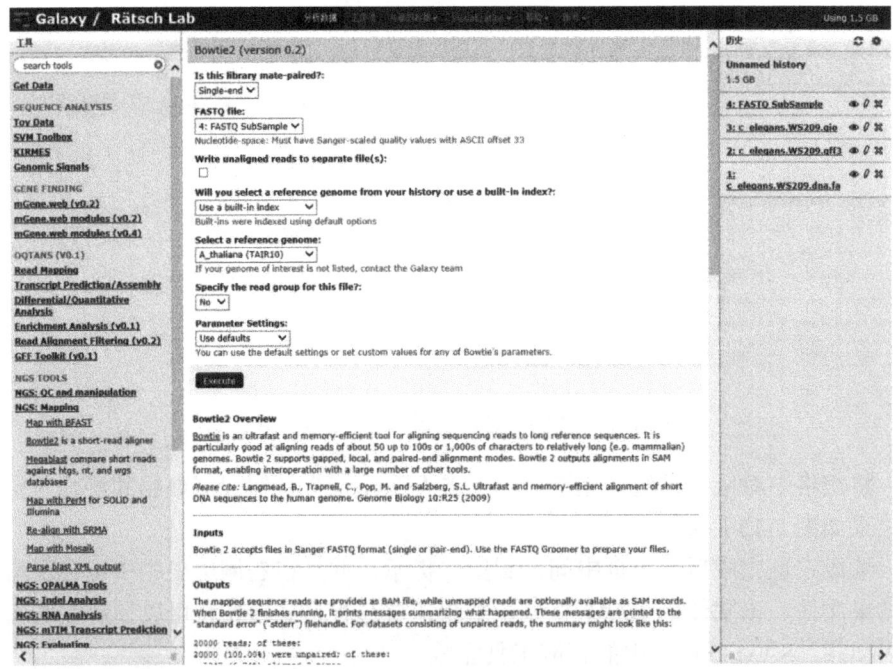

图 7-14　选择"Bowtie2"进行读段定位

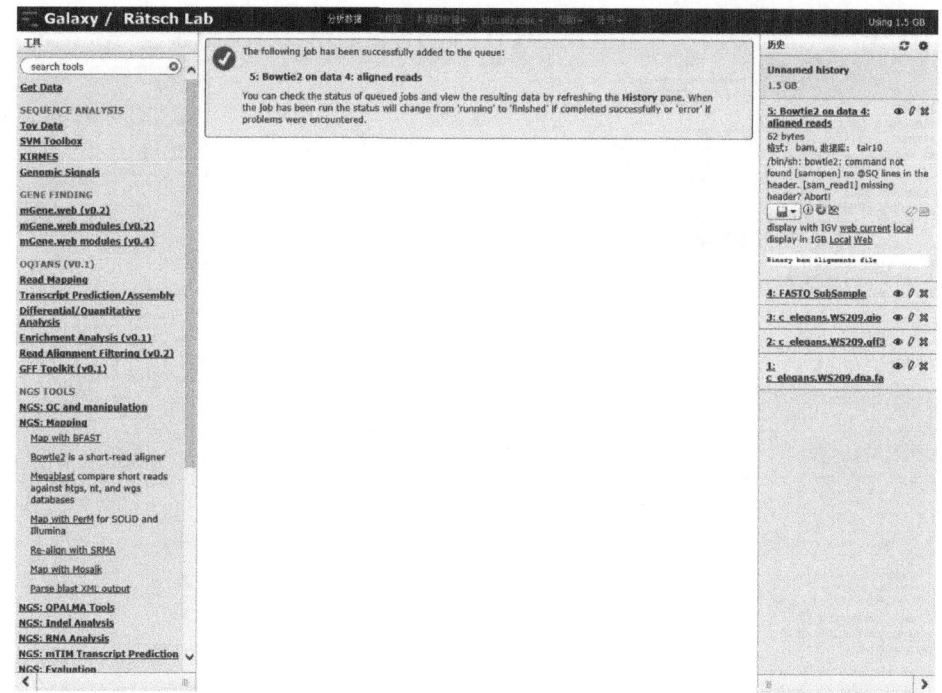

图 7-15　读段定位结果显示

如果需要进行后续的分析和处理，用户可以根据实际需求在工具栏中选择合适的工具进行。上文中提到的 TopHat、Cufflinks 等在这里均有提供。具体使用方法与 Bowtie 示例类似，这里不再赘述。

对于基因表达水平的分析，在 rQuant.web 主页左侧工具栏"Differential/Quantitative Analysis"中对目前较为常用的、用于基因表达水平分析的工具进行汇总，如 rQuant 可以用于确定转录本的丰度，Cuffdiff 可以发现转录本表达、剪切等过程中的重要变化等。用户可以根据实际需要选择合适软件进行数据分析，在一定程度上能够提高分析效率。图 7-16 显示了点击"rQuant"后提示用户导入相关数据文件的界面。

点击"Execute"后可以得到转录本定量分析结果的 GTF 文件，文件中包含了两种形式衡量定量结果的属性，即 ARC 和 RPKM。

rQuant.web 整合了 RNA-Seq 数据分析的常用软件，良好的图形界面更加简化了用户的操作，提高了分析效率。当然，rQuant.web 也有部分不足。如果需要处理的数据量很大，那么在上传数据和分析数据的过程中仍然需要花费较长时间。这里由于篇幅限制，我们只重点讲述 rQuant.web 的特点、基本功能和使用方法，更多内容包括相关文献等请参考 rQuant.web 网站。

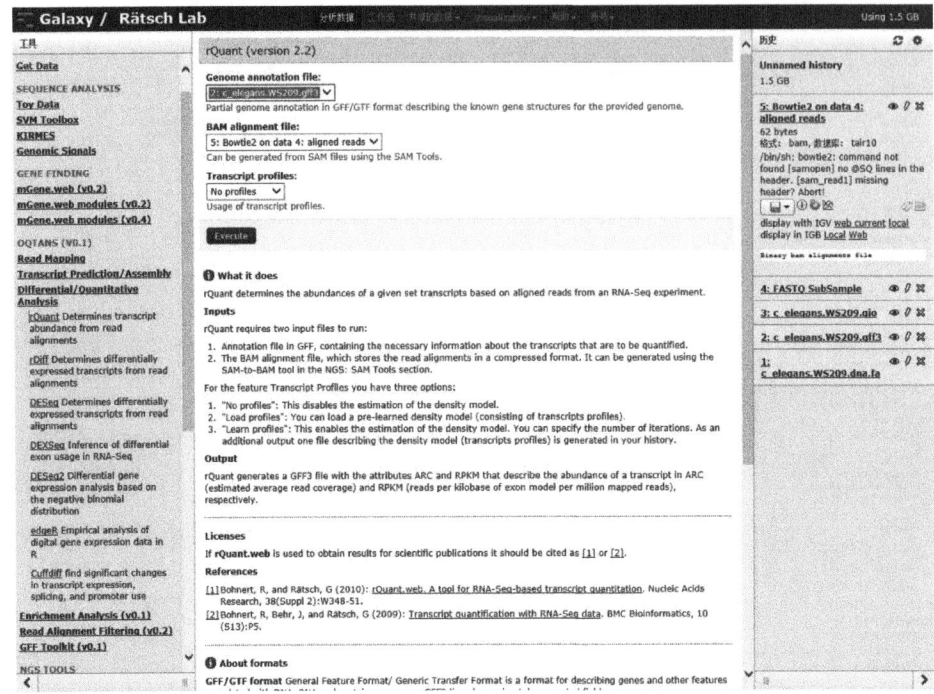

图 7-16　选择"rQuant"进行基因表达水平分析

7.4.3.2　ArrayExpressHTS（AEHTS）

这里介绍 AEHTS 基于 EBI R-Cloud 的用法。EBI R-Cloud 是 EBI 上提供的新服务，可以让 R 用户们登录，并且能够在 64 位的 Linux 结点上进行分布式运算的工作。AEHTS 具体使用流程如下：

（1）下载并安装 Java 客户端 ArrayExpress R/Bioconductor Workbench，下载地址为：http://www.ebi.ac.uk/tools/rcloud。当第一次运行时，需要注册，需要填写用户名、密码及 email 等信息，如图 7-17 所示。

（2）创建一个新项目，如图 7-18 所示。

（3）以默认参数运行 ArrayExpressHTS。

这里以 Chepelev 等提供的数据集 E-GEOD-16190 为例介绍，这个数据集是用来研究人类基因组上外显子表达时单核苷酸变异的。在控制台输入以下命令：

```
> library(ArrayExpressHTS)
> e <- ArrayExpressHTS("E-GEOD-16190")
```

运行后，变量 e 是一个 ExpressionSet 对象，便于下游分析。整个流程的运算时间取决于数据的大小和用于计算的结点数。分析报告会在每一步结束后产生。

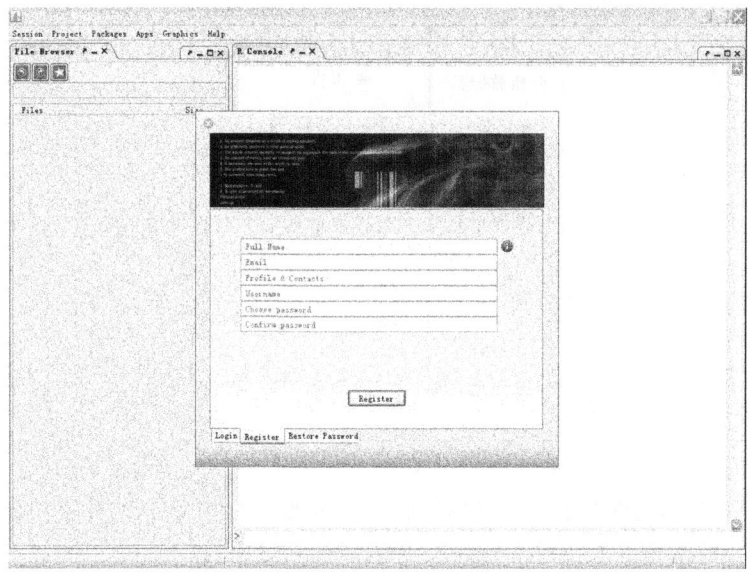

图 7-17 注册用户信息

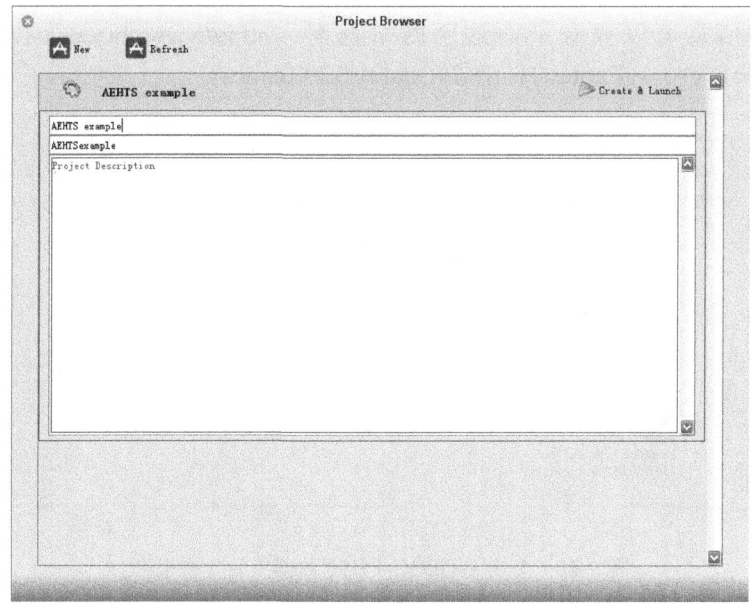

图 7-18 创建新项目

(4) 质量报告。

随着每一步分析的完成都会产生相应的分析报告,对应的分析流程如图 7-19 所示。

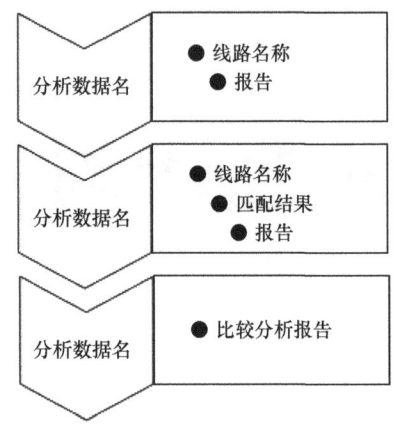

图 7-19 分析流程图

具体到 E-GEOD-16190 的数据集共会产生如图 7-20 所示的几个报告：

（1）原始数据 E-GEOD-16190 一个泳道的质量报告；

（2）E-GEOD-16190 一个泳道的匹配报告；

（3）E-GEOD-16190 比较分析报告。

详细信息可以登录下面这个网站查询：http://www.ebi.ac.uk/Tools/rwiki/Wiki.jsp?page=ArrayExpressHTS%20Quality%20Reports

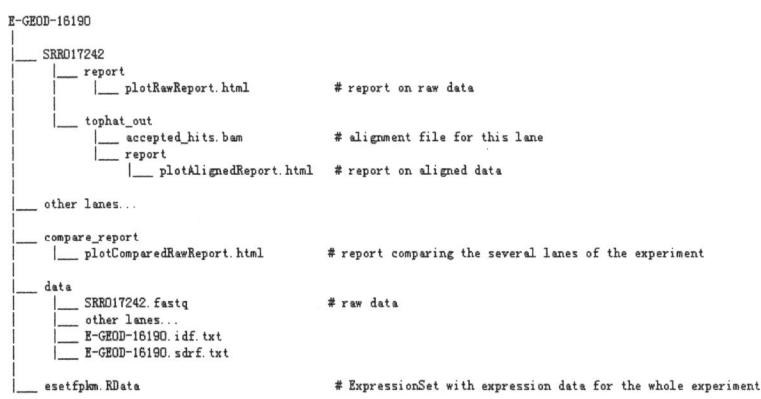

图 7-20 基于 E-GEOD-16190 数据集的分析报告

7.5 展　　望

虽然 RNA-Seq 技术还处于不断发展的过程中，已经有很多人认识到这个技术为转录组的研究注入了新鲜活力。同时，随着实验的价格不断下降和与此相关的生物信息学的迅速发展，相信 RNA-Seq 技术会越来越受到研究人员的青睐，并且可能在不远的将来替代现有的基因芯片技术。RNA-Seq 技术的普及对于生物学的发展具有里程碑的意义。例如，随着测序长度不断增加及双末端测序的发展，人们利用 RNA-Seq 技术对复杂转录组的认识将会越来越深入。

由于高通量测序技术的发展十分迅速，这要求相应的数据处理与分析方法必须随之发展和完善。如本章前几节的介绍，目前已经有越来越多的方法、工具来处理分析 RNA-Seq 的数据。就目前软件来说，仍然有很多值得改进的地方。如下所述：

（1）用户界面的友好性不足。当前有很大一部分软件是基于命令行的，安装使用起来相对麻烦；

（2）软件功能不够全面。虽然已经有了诸如 Galaxy 等可以较为全面地分析 RNA-Seq 数据的软件，但绝大多数的软件还只是停留在某一个方面的应用，而且有相当一部分的软件需要要依赖于其他的软件运行；

（3）尽管目前已经有很好的用于基因注释的软件，但是由于不同的基因组具有不同的特性，如基因密度、内含子长度不同等，所以需要使用能够适应各自特点的计算机算法来处理这些特性问题；

（4）虽然深度测序技术的准确性较以前的技术有了很大提高，但仍然存在一定的错误和背景噪声。因此，我们还需要更加先进的方法来区分低丰度的功能性转录子、噪声问题及各种人为假象。

参 考 文 献

祁云霞, 刘永斌, 荣威恒. 2011. 转录组研究新技术：RNA-Seq 及其应用. 遗传, 33(11): 1191-1202.

王曦, 汪小我, 王立坤, 等. 2010. 新一代高通量 RNA 测序数据的处理与分析. 生物化学与生物物理进展, 37(8): 13.

Au K F, Jiang H, Lin L, et al. 2010. Detection of splice junctions from paired-end RNA-seq data by SpliceMap. Nucleic Acids Res, 38(14): 4570-4578.

Bohnert R, Ratsch G. 2010. rQuant.web: a tool for RNA-Seq-based transcript quantitation. Nucleic Acids Res, 38(Web Server issue): W348-351.

Bryant D W, Jr., Shen R, Priest H D, et al. 2010. Supersplat—spliced RNA-seq alignment. Bioinformatics, 26(12): 1500-1505.

Chi S W, Zang J B, Mele A, et al. 2009. Argonaute HITS-CLIP decodes microRNA-mRNA interaction maps. Nature, 460(7254): 479-486.

Cloonan N, Forrest A R, Kolle G, et al. 2008. Stem cell transcriptome profiling via massive-scale mRNA sequencing. Nat Methods, 5(7): 613-619.

Costa V, Angelini C, De Feis I, et al. 2010. Uncovering the complexity of transcriptomes with RNA-Seq. J Biomed Biotechnol, 2010: 853916.

De Bona F, Ossowski S, Schneeberger K, et al. 2008. Optimal spliced alignments of short sequence reads. Bioinformatics, 24(16): i174-180.

Dimon M T, Sorber K, DeRisi J L. 2010. HMMSplicer: a tool for efficient and sensitive discovery of known and novel splice junctions in RNA-Seq data. PLoS One, 5(11): e13875.

Gerber A P, Herschlag D, Brown P O. 2004. Extensive association of functionally and cytotopically related mRNAs with Puf family RNA-binding proteins in yeast. PLoS Biol, 2(3): E79.

Goncalves A, Tikhonov A, Brazma A, et al. 2011. A pipeline for RNA-seq data processing and quality assessment. Bioinformatics, 27(6): 867-869.

Homann O R, Johnson A D. 2010. MochiView: versatile software for genome browsing and DNA motif analysis. BMC Biol, 8: 49.

Ji H, Jiang H, Ma W, et al. 2008. An integrated software system for analyzing ChIP-chip and ChIP-seq data. Nat Biotechnol, 26(11): 1293-1300.

Kent W J, Sugnet C W, Furey T S, et al. 2002. The human genome browser at UCSC. Genome Res, 12(6): 996-1006.

Langmead B, Trapnell C, Pop M, et al. 2009. Ultrafast and memory-efficient alignment of short DNA sequences to the human genome. Genome Biol, 10(3): R25.

Li H, Ruan J and Durbin R. 2008. Mapping short DNA sequencing reads and calling variants using mapping quality scores. Genome Res, 18(11): 1851-1858.

Li J B, Levanon E Y, Yoon J K, et al. 2009. Genome-wide identification of human RNA editing sites by parallel DNA capturing and sequencing. Science, 324(5931): 1210-1213.

Mortazavi A, Williams B A, McCue K, et al. 2008. Mapping and quantifying mammalian transcriptomes by RNA-Seq. Nat Methods, 5(7): 621-628.

Nagalakshmi U, Wang Z, Waern K, et al. 2008. The transcriptional landscape of the yeast genome defined by RNA sequencing. Science, 320(5881): 1344-1349.

Pan Q, Shai O, Lee L J, et al. 2008. Deep surveying of alternative splicing complexity in the human transcriptome by high-throughput sequencing. Nat Genet, 40(12): 1413-1415.

Roberts A, Pimentel H, Trapnell C, et al. 2011. Identification of novel transcripts in annotated genomes using RNA-Seq. Bioinformatics, 27(17): 2325-2329.

Robinson J T, Thorvaldsdottir H, Winckler W, et al. 2011. Integrative genomics viewer. Nat Biotechnol, 29(1): 24-26.

Smith A D, Xuan Z, Zhang M Q. 2008. Using quality scores and longer reads improves accuracy of Solexa read mapping. BMC Bioinformatics, 9: 128.

Trapnell C, Pachter L, Salzberg S L. 2009. TopHat: discovering splice junctions with RNA-Seq. Bioinformatics, 25(9): 1105-1111.

Turro E, Su S Y, Goncalves A, et al. 2011. Haplotype and isoform specific expression estimation using multi-mapping RNA-seq reads. Genome Biol, 12(2): R13.

Ule J, Jensen K, Mele A, et al. 2005. CLIP: a method for identifying protein-RNA interaction sites in living cells. Methods, 37(4): 376-386.

Vera J C, Wheat C W, Fescemyer H W, et al. 2008. Rapid transcriptome characterization for a nonmodel organism using 454 pyrosequencing. Mol Ecol, 17(7): 1636-1647.

Wang E T, Sandberg R, Luo S, et al. 2008. Alternative isoform regulation in human tissue transcriptomes. Nature, 456(7221): 470-476.

Wang K, Singh D, Zeng Z, et al. 2010. MapSplice: accurate mapping of RNA-seq reads for splice junction discovery. Nucleic Acids Res, 38(18): e178.

Wang Z, Gerstein M, Snyder M. 2009. RNA-Seq: a revolutionary tool for transcriptomics. Nat Rev Genet, 10(1): 57-63.

Wilhelm B T, Marguerat S, Goodhead I, et al. 2010. Defining transcribed regions using RNA-seq. Nat Protoc, 5(2): 255-266.

8 microRNA-Seq 数据分析

> **内容提要**：本章主要介绍了深度测序中的 microRNA-Seq 技术及相关的数据分析软件，并对软件性能进行了比较。

8.1 microRNA 简介

microRNA（简称 miRNA）是一类广泛存在于真核生物中、长度为 21~25 个核苷酸的内源性非编码 RNA，1993 年由 Victor Ambros 实验室在秀丽隐杆线虫中首次发现。虽然它们本身并不能编码蛋白质，但是却可以在转录后层次上通过碱基互补配对的方式识别并降解靶 mRNA，抑制 mRNA 的翻译过程，从而调控基因表达。据报道，大约有 60%的人类蛋白质编码基因受到 miRNA 的调控（Esteller，2011）。生物体内许多重要的生物过程，如细胞增殖、发育、凋亡等都与 miRNA 的作用密切相关。如图 8-1 所示，成熟的 miRNA 分子由 miRNA 基因经过生物体内多种核酸酶的剪切、加工、修饰而成。在细胞核内，miRNA 基因经过 RNA 聚合酶Ⅱ的作用转录成为长 300~1000 个碱基的 miRNA 初级体（primary miRNA，pri-miRNA），再经蛋白复合体 DGCR8/Drosha 的加工，产生长度约为 70 个碱基、具有特殊"茎-环"（stem-loop）结构的双链 miRNA 前体分子（miRNA precursor，pre-miRNA）。在转运蛋白 Exportin-5 的作用下，miRNA 前体由细胞核到达细胞质，与 RNaseⅢ 酶 Dicer 结合后被剪切形成最终的 miRNA 成熟体。

近年来，研究发现约有近半数的 miRNA 位于染色体的脆弱或关键位点（Huang et al.，2013）。这些小分子的异常表达是许多复杂疾病发生的重要原因。随着实验技术及生物信息学方法的飞速发展，越来越多的 miRNA 被发掘和鉴定。从疾病演化的角度，为了深入探究 miRNA 在不同疾病条件或状态下的行为特征，剖析 miRNA 对疾病进程的作用机制，寻找和分析不同样本中具有差异表达现象的 miRNA 一直是当前研究的重点和热点问题（Thai et al.，2010；Duan et al.，2014）。

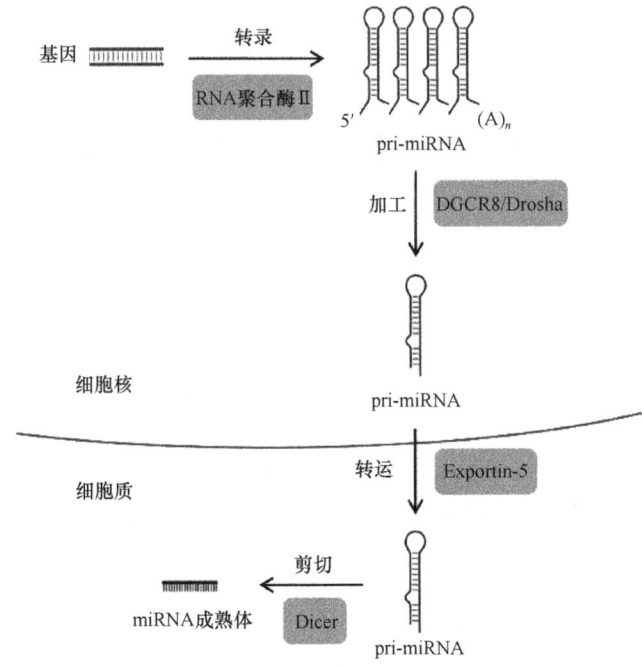

图 8-1　microRNA 成熟体形成过程示意图

8.2　深度测序与 microRNA-Seq 技术

8.2.1　概述

深度测序（deep sequencing）技术又称为下一代测序（next generation sequencing，NGS）技术，是一种高通量测序（high-throughout sequencing）方法。它能够实现一次同时对几十万乃至几百万条 DNA 进行测序，是 DNA 测序技术的一次重大革命。这里，"深度"主要体现在测序结果能够用于全面细致地分析细胞、组织及个体在基因组、转录组和代谢组层次上的生物学特性，推动生命科学的蓬勃发展。

目前，深度测序已经被广泛应用于 miRNA 的研究。相比较传统的基因芯片方法，深度测序能够较好地解决检测小分子时遇到的短序列、高度同源等技术难题。同时，由于 miRNA 本身序列较短，满足测序的需求长度，使得数据不会被"浪费"。

microRNA-Seq（即 microRNA-sequencing，简称 miRNA-Seq）技术是深度测序技术的重要组成部分，它是全面研究 miRNA 的有效方法。相比较基因克隆、Nothern blot 等低通量方法，miRNA-Seq 具有较高的灵敏度，实验过程中不需要使用放射性标记探针。同时，该技术不局限于已知的 miRNA 序列信息，能够较好地解析 miRNA 家族成员的相互关系。通过 miRNA 测序，能够准确鉴定 miRNA 在目标物种特定状态下的生物行为、识别新的 miRNA 分子、构建不同样本条件下的 miRNA 差异表达谱、发现遗传学水平上 miRNA 与人类疾病的重要信息，在生物进化研究、生理病理分析、分子标志物筛选、疾病诊断治疗等方面应用广阔。

8.2.2　microRNA-Seq 实验流程

根据 Illumina TruSeq^{TM} Small RNA Sample Pre Ki（Illumina，San Diego，CA）的操作说明，miRNA-Seq 的基本实验流程包括：miRNA 转录本提取纯化、3′和 5′接头连接、反转录生成 cDNA、PCR 扩增、cDNA 文库大小选择和定量检测、簇生成、上机测序等步骤，如图 8-2 所示。

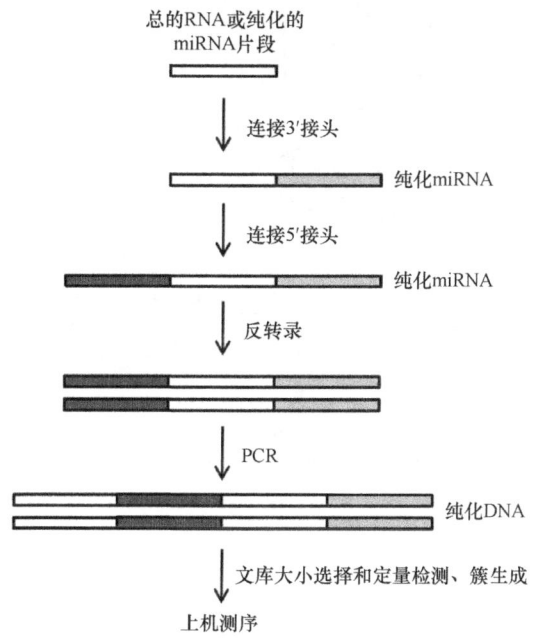

图 8-2　microRNA-Seq 实验流程示意图

8.2.3　microRNA-Seq 数据处理

原始的 miRNA-Seq 数据通常以 FASTA、FASTQ 等格式存储。其中，FASTQ 格式同时包含了测序序列及相应的测序质量信息，一般以 ASCⅡ字符编码表示。如图 8-3 所示，针对原始数据，首先需要进行数据预处理和质量检测，去除低质量、不完整或有噪声污染的读段（reads）。其次，将经过预处理后的读段与参考基因组（例如，miRBase 数据库中的 miRNA 记录）作对比，计算匹配读段的表达量，寻找和分析差异表达的 miRNA 分子，开展 miRNA 表达谱水平的研究。对于未匹配的读段，结合其他 RNA 数据库中的数据资源（例如，ncRNA 数据库、siRNA 数据库、piRNA 数据库等），判断它们是否属于 rRNA、tRNA、siRNA、piRNA 等 RNA。对于仍然无法匹配的读段，则预测它们作为新的 miRNA 的潜在可能性，以此发现和识别新的 miRNA 分子。

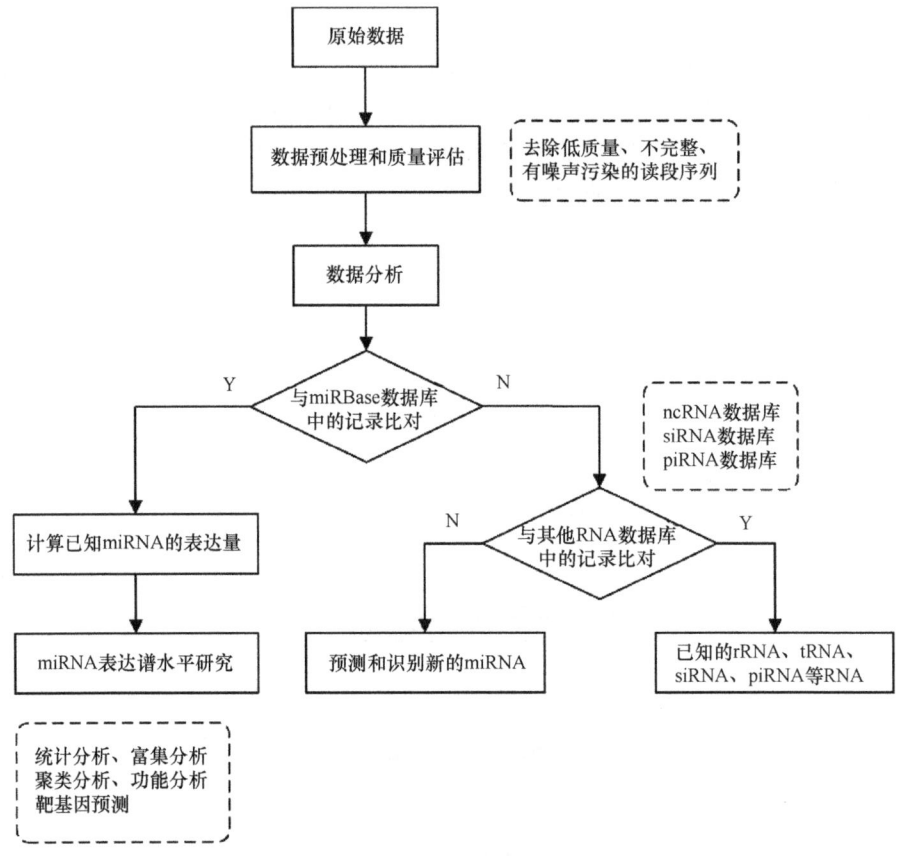

图 8-3　microRNA-Seq 数据处理流程示意图

基于 miRNA-Seq 的数据处理结果，可以开展系列的生物信息学研究，主要体现在以下四个方面。

（1）miRNA 差异表达分析。对于已知的 miRNA 可以计算它们在不同样本中的表达水平，结合统计学方法，分析它们的差异表达情况，以此寻找具有显著差异表达现象的 miRNA 分子，具有重要的生物学意义。

（2）miRNA 功能研究。miRNA-Seq 的数据处理结果有利于开展 miRNA 功能方面的研究。例如，结合 miRNA 表达谱及数据聚类方法，可以将具有相似表达模式的 miRNA 聚类形成 miRNA 模块，通过分析模块中 miRNA 的功能一致性，揭示它们在特定生物过程中的作用机制。同时，基于 miRNA 的序列和结构信息，可以预测它们的潜在靶基因。通过对靶基因进行基因本体论（gene ontology，GO）注释及信号转导通路（pathway）富集，有利于在系统层次上探究 miRNA 的生物行为，挖掘特异的 miRNA 功能信号。

（3）预测和识别新的 miRNA 分子。由于 miRNA-Seq 在实现过程中不局限于已知的 miRNA 序列信息，因此，基于 miRNA-Seq 技术有利于发现和识别未知的 miRNA 分子。一般而言，miRNA 的前体序列具有特异的二级结构，对于未报道的 miRNA，根据它们的二级结构、Dicer 剪切位点及最小自由能，如果对应前体序列符合相应的结构标准，则它们有可能是新的 miRNA 分子。

（4）跨物种和系统发育分布分析。由于 miRNA 在物种进化过程中具有较强的保守性，它们只在动物、植物及真菌特定的组织和发育阶段表达。这种特异性和时序性决定了生物体组织与细胞的特异性，表明了 miRNA 在细胞生长和发育过程中的调节作用。基于测序结果可以对已知 miRNA 进行跨物种研究，分析它们在不同物种间的特异表达情况，同时有利于系统地了解 miRNA 在生物体中的演化机制，揭示它们在不同生命时段的表达变化规律。

8.3　microRNA-Seq 数据分析软件

8.3.1　概述

直到目前，研究人员对于 miRNA 持有的信息仍然知之甚少。深度测序技术特别是 miRNA-Seq 技术的普及为 miRNA 的结构和功能研究注入了新的生命力。在大数据时代，随着数据资源的日益丰富及计算机技术的不断发展，越来越多的 miRNA-Seq 数据分析软件被开发。其中，常用的分析软件按照发布时间先后排列依次为：mireap（https://sourceforge.net/projects/mireap/）、miRDeep（Friedlander et al.，2008）、miRanalyzer（Hackenberg et al.，2009）、miRExpress（Wang et al.，2009）、miRTRAP（Hendrix et al.，2010）、DSAP（Huang et al.，2010）、mirTools（Zhu et al.，2010）、MIReNA（Mathelier and Carbone，2010）、miRNAkey（Ronen et al.，2010）等。其中，mireap、miRDeep、miRExpress、miRTRAP、MIReNA 和 miRNAkey 属于本地（local）分析软件，特别地，miRNAkey 具有简单友好的图形操作界面；miRanalyzer、DSAP 和 mirTools 则是对应的在线（web）分析软件。

根据 miRNA-Seq 数据处理的基本流程（见 8.2.3 小节），现有的 miRNA-Seq 数据分析软件工作步骤可以概括为：

(1）剪切每条短序列片段两端的接头或引物，得到有意义的序列片段；

(2）将纯化后的短序列片段与参考基因组比对；

(3）判断比对上的序列的长度分布，提供初步的序列长度。例如，miRNA 的序列长度一般为 22 个核苷酸左右；

(4）将序列与 miRBase 数据库（Kozomara and Griffiths-Jones，2014）中的数据记录比对，获得样本中已知 miRNA 的个数；

(5）寻找和鉴定样本中具有差异表达现象的 miRNA 分子；

(6）预测和识别样本中潜在的新的 miRNA 分子。

8.3.2 本地分析软件

常用的 miRNA-Seq 本地数据分析软件包括：mireap、miRDeep、miRExpress、miRTRAP、MIReNA 和 miRNAkey。针对每款软件，本小节将介绍它们的设计原理、算法流程和操作说明等内容。

8.3.2.1 mireap

mireap 的全称为 reap miRNAs from deeply sequenced small RNA library，主要用于从 Solexa/454/Solid 等平台深度测序得到的 miRNA 文库中鉴别已知的或预测新的 miRNA。软件下载地址为：https://sourceforge.net/projects/mireap/，运行环境为支持 Perl 语言的 Linux 或 Windows 操作系统。软件输入文件为 FASTA 格式，输出有三个文件，分别以*.gff、*.aln 和*.log 后缀结尾。

软件安装步骤如下：

（1）请务必确保计算机可以正常运行 Perl 脚本程序，安装 ViennaRNA package 2.0（Lorenz et al.，2011），下载地址为：http://www.tbi.univie.ac.at/RNA/；

（2）将下载完成的 mireap_0.2.tar.gz 文件拷贝至目录/foo/bar，使用命令 tar –zxvf 解压缩该文件；

（3）运行 mireap 之前，需要增加一个可以运行 Perl 脚本程序的路径。其中，csh/tcsh 用户使用命令 setenv PERL5LIB /foo/bar/mireap_0.2/lib 添加；sh/ksh/bash 用户使用命令 export PERL5LIB=/foo/bar/mireap_0.2/lib 添加。

软件的输入文件包括三个部分，分别是：

（1）smrna.fa：miRNA 文库文件。将非 FASTA 格式的 miRNA 文库文件转换成 FASTA 格式，并且给每个序列增加一个标号（ID），条目如下：

```
>t0000035 3234
GAATGGATAAGGATTAGCGATGATACA
>t0000072 1909
TTGCAGTATGTAGGAAATCAAAACGTTC
```

…（下略）

以第一行为例，t0000035 表示序列读段（read）的 read_ID，3234 表示相应的测序频数（sequencing frequence）。

（2）map.txt：miRNA 在染色体上的映射（mapping）关系文件，格式如下：

```
t0000035    nscaf1690   4798998     4799024     +
t0000035    nscaf1690   4805385     4805411     +
t0000035    nscaf1690   7588502     7588528     +
t0000072    nscaf1690   2923961     2923988     -
```

…（下略）

该文件每一行的相邻元素用 Tab 键分隔。其中，第一列表示序列读段的 read_ID，第二列表示染色体 ID，第三列和第四列分别表示读段在染色体上的起始位置和终止位置，第五列的正负号用于区分读段在染色体上的正义链和负义链。

（3）ref.fa：参考（reference）序列文件，FASTA 格式，内容如下：

```
>nscaf1690 /length=7983491 /lengthwogaps=7414637
AAAAAAAAAGGACAGTATAAATAGAATAGTAACAAAGGTGAAATTAATTGTTAGT
TCGGTTTGTTATGGAAGTATTTTTTTTGTTTATAAGCAAATTTGTTTGTTTTTAAA…
```

（下略）

基于上述三个文件，就可以安装运行软件了。命令如下：

mireap.pl -i <smrna.fa> -m <map.txt> -r <reference.fa> -o <outdir>

其中，相关参数的含义如下：

-i <file>　　　　　miRNA 文库，FASTA 格式
-m <file>　　　　　miRNA 在染色体上的映射（mapping）关系
-r <file>　　　　　参考序列，FASTA 格式
-o <dir>　　　　　结果输出路径（默认：当前文件夹）

软件运行完成后，将输出三个结果文件，分别是：

（1）*.gff 文件：该文件包含 mireap 发现的 miRNA 基因，数据格式为 gff3。对于 gff3 格式的详细介绍请参考：http://www.sequenceontology.org/gff3.shtml。其中 Count 表示测序频数（sequenceing frequence）；

（2）*.aln 文件：该文件包含序列、miRNA 前体结构和 miRNA 比对至前体序列的信息；

（3）*.log 文件：该文件为日志文件，包含相关参数、软件运行的开始和结束时间等附加信息。

8.3.2.2　miRDeep

miRDeep 基于 miRNA 生源论（miRNA biogenesis）概率模型，对测序得到的 miRNA 前体二级结构的位置和频率的相容性进行打分，发现识别已知和全新的

miRNA 成熟体及前体（Friedlander et al., 2008）。软件算法流程如图 8-4 所示。

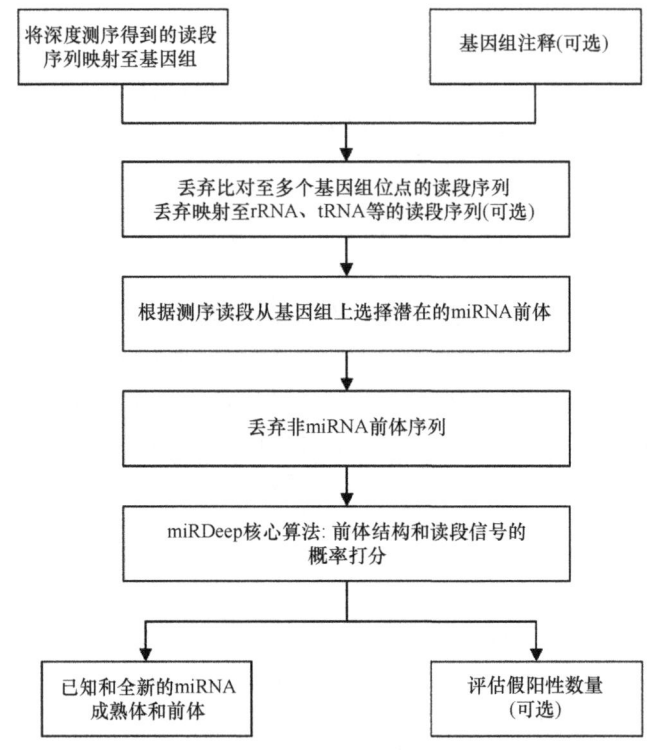

图 8-4　miRDeep 算法流程示意图（修改自 Friedlander et al., 2008）

该软件首先将测序读段映射至参考基因组上，得到它们在基因组上的 DNA 信息并且选择潜在的 miRNA 前体序列。miRDeep 的核心算法基于前体结构和读段信号，计算相应 miRNA 前体序列的概率分值。因此，软件输出结果包含深度测序样本中已知和全新 miRNA 成熟体及前体的分值列表，同样，还会给出假阳性数目的估计值（可选择）。该软件由 Nikolaus Rajewsky 团队开发，下载地址为：https://www.mdc-berlin.de/8551903/en/research/research_teams/systems_biology_of_gene_regulatory_elements/projects/miRDeep。网站中提供了软件运行的脚本文件 miRDeep.tgz，以及测试数据 demo_limited.tgz、demo_full.tgz。除此之外，软件运行还需要以下必要文件：

（1）NCBI 包，下载地址为：http://www.ncbi.nlm.nih.gov/Ftp/，其中包含了所有可执行软件和相关文件；

（2）Vienna 包，下载地址为：http://www.tbi.univie.ac.at/RNA/，其中包含了详细的 UNIX 和 Windows 用户的安装信息。如果是 UNIX 用户，软件下载后输入以下编译命令：

```
./configure
make
sudo make install
```

（3）如果使用 miRDeep's Randfold（可选择），需要下载 Sean Eddy's SQUID library，地址为：http://selab.janelia.org/software.html。对应地，Randfold 下载地址为：http://bioinformatics.psb.ugent.be/supplementary_data/erbon/nov2003/，务必保证下载版本为 version 2（即 C version）。详细的安装方法请参阅 demo_limited.tgz 中的 README 文件。

软件的输入数据格式如下：

```
>bartel_1_x1
GGTCTCGTGGTGTAGTGGTTGTCACATC
>bartel_2_x1
TCGATTCCCCGCGACGGAACCA
```
…（下略）

这里，"bartel_1"、"bartel_2" 表示 read_ID，"1" 表示测序频数（sequencing frequence）。请注意，输入数据前首先需要将序列 3′端和 5′端的接头除去，保证读段序列长度不少于 15 个核苷酸，数据以 FASTA 格式存储。

下面以深度测序结果 454_total.fa 和线虫基因组为例，演示软件的使用方法（数据文件详见 demo_limited.tgz）。

```
formatdb -i genome_cel.fa -p F -o T
megablast -d genome_cel.fa -i 454_total.fa -o blastout -W 12 -D 2 -p 100
blastoutparse.pl blastout > blastparsed
filter_alignments.pl blastparsed -c 5 > blastparsed_excision
overlap.pl blastparsed_excision ucsc_ncRNA -b > ids_overlap_ucsc_ncRNA
cat ids_overlap_* | sort -u > ids_overlap_total
blastparselect.pl blastparsed_excision -g ids_overlap_total > blastparsed_excision_filtered
filter_alignments.pl blastparsed_excision_filtered -b 454_total.fa > 454_aligned.fa
excise_candidate.pl genome_cel.fa blastparsed_excision_filtered > precursors.fa
cat precursors.fa | RNAfold -noPS > structures
auto_blast.pl 454_aligned.fa precursors.fa -b > signatures
miRDeep.pl signatures structures -s mature_metazoan_no_cel_v10.fa -y > predictions
```

软件的输出文件名为 Predictions，输出数据中包括预测分值、miRNA 成熟体

/前体/初级体的序列、结构等信息，格式如下：

```
score_nucleus -0.6
score_star    3.9
score_randfold   1.6
score_mfe 1.8
score_freq    -4.9
score  2.1
flank_first_end     23
flank_first_seq     AACAGCCAAAAAGTATTCAAACT
flank_first_struct  ....((((.(((.(..((((((.
flank_second_beg    87
flank_second_seq    GTTTGATCAGTTTATGGCGAAA
flank_second_struct )))))) ..) .))) .)))) ....
freq   2
loop_beg 48
loop_end 63
loop_seq  CTCTGCAAAAAGTGG
loop_struct  ..((.......)) .))
mature_arm    second
mature_beg    64
mature_end    86
mature_query     bartel_170829_x1
mature_seq    ACTGGAAGCATTTAAGTGATAGT
mature_strand    +
mature_struct    )))))))  .)))  ..))))))) ...
pre_seq
GATCACTTTTATCGGTTCCGGTCCCTCTGCAAAAAGTGGACTGGAAGCATTTAA
GTGATAGT
pre_struct   . ( ( ( ( ( ( ( .. ( ( . ( . ( ( ( ( ( ( ( ( ( ( ( ..
((........)) .)))))))) .))) ..))))))) ...
pri_beg   1
pri_end   108
pri_id    chrI_1029
pri_mfe   -41.30
pri_seq
AACAGCCAAAAAGTATTCAAACTGATCACTTTTATCGGTTCCGGTCCCTCTGCAA
AAAGTGGACTGGAAGCATTTAAGTGATAGTGTTTGATCAGTTTATGGCGAAA
pri_struct  ....((((.(((.(..((((((..((((((((..((.(.
```

```
(      (      (       (       (        (        (       (        (              ..
((.......))  .))))))))  .)))  ..))))))  ...))))))  ..)  .)))  .))))  ....
    star_arm    first
    star_beg    24
    star_end    47
    star_read   1
    star_seq    GATCACTTTTATCGGTTCCGGTCC
    star_struct .  (((((((..  ((. (. ((((((((((
    bartel_71234_x1    24   1..24   chrI_1029  108 23..46  7e-08
    1.00    48.1    Plus / Plus
    bartel_170829_x1   23   1..23   chrI_1029  108 64..86  3e-07
    1.00    46.1    Plus / Plus
```

由于篇幅所限，软件输出数据的格式含义这里不做重点叙述，详情参阅 demo_limited.tgz 中的 README 文件。

8.3.2.3 miRExpress

miRExpress 通过将深度测序得到的读段序列与已知 miRNA 序列比对，构建 miRNA 表达谱（Wang et al., 2009）。算法总流程及构建 miRNA 表达谱的系统流程如图 8-5 和图 8-6 所示。

miRExpress 采用 C++语言编写实现，编译环境为 32 位或 64 位的 Linux 操作系统，并且处理器要求支持 SSE3，下载地址：http://mirexpress.mbc.nctu.edu.tw/。软件安装命令如下：

```
./configure
make
sudo make install
```

miRExpress 适用于 FASTQ 格式的 miRNA 深度测序数据处理，序列的碱基数要求小于 64。该软件已知的 miRNA 信息来源于 miRBase。原始数据处理及 miRNA 表达谱构建的命令流程概括如下：

Raw_data_parse->Trim_adaptor->alignmentSIMD->analysis。

具体操作步骤为：

（1）使用 "Raw_data_parse" 命令处理 FASTQ 格式的原始数据，相应的输出结果是单一的（unique）读段序列及它们的数量，Tab 键分隔，命令格式如下：

```
Raw_data_parse [-i raw_data] [-o output file name, optional]
```

其中，相关参数的含义如下：

-i   原始测序数据，FASTQ 格式

-o   输出文件名（默认：输入文件名+ ".merge"）

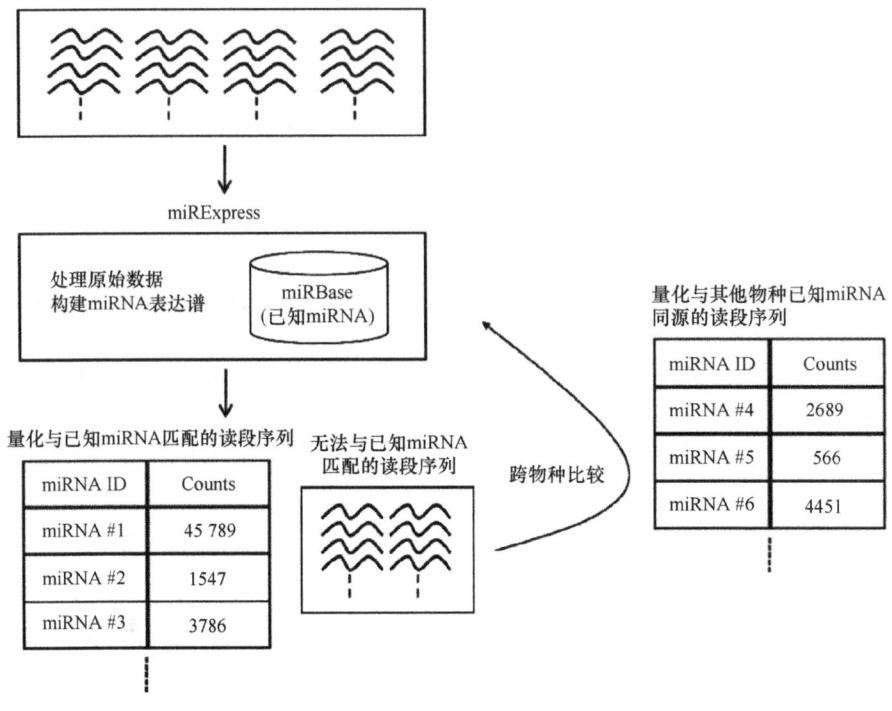

图 8-5 miRExpress 算法流程示意图（修改自 Wang et al.，2009）

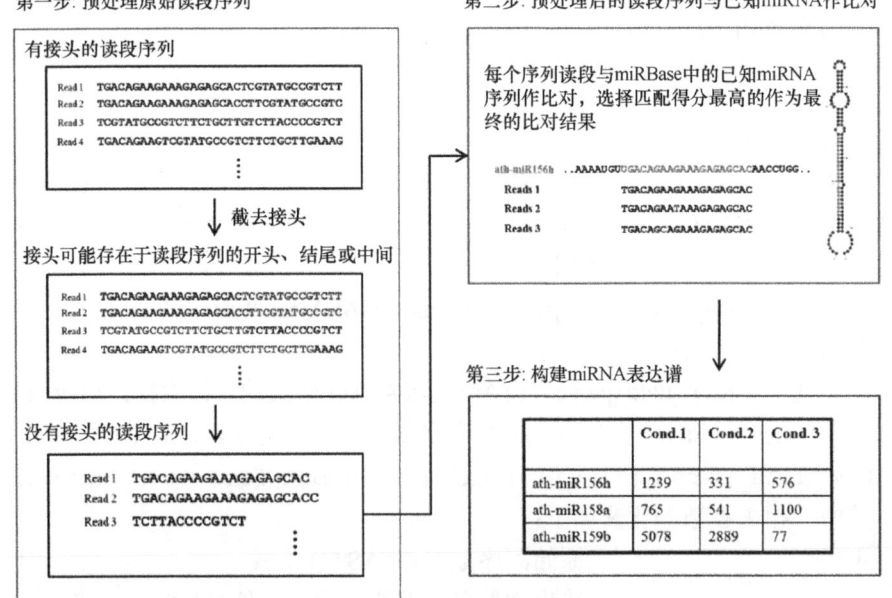

图 8-6 miRExpress 构建 miRNA 表达谱系统流程示意图（修改自 Wang et al.，2009）

(2) 使用 "Trim_adapter" 命令处理包含接头 (adaptor) 的读段序列，输入数据中序列数目和序列之间使用 Tab 键分隔，格式如下：

Counts	Sequences
71	GCGGAAATAGCTTAATGGTAGAGCTCGTATGCCGT
4	AGATTAAGCCATGCATGTTCGTATGCCGTCTTCTG
1	TCGAACAAGTAGGTGTAACTGTTCGTATGCCGTCT
1	AGAGAAGATTGGATAGACGGGAAGTAGTATGCCGT

命令格式如下：
```
Trim_adapter [-i input file] [-t 3' adaptor sequence file]
[-h 5' adaptor sequence file, optional] [-o output file name,
optional]
```
其中，相关参数的含义如下：

-i	输入的序列文件
-t	3'端接头序列文件
-h	5'端接头序列文件
-o	输出文件名（默认：输入文件名+".trim"）

(3) 使用 "alignmentSIMD" 命令比对查询序列和参考序列。用法如下：
```
alignmentSIMD [-r precursor miRNA file] [-i input sequence
file] [-o output directory] [-t alignment identity, optional]
[-n Rank nohit file] [-u Number of CPU for calculation]
```
其中，相关参数的含义如下：

-r	miRNA 前体
-i	输入文件
-o	输出目录
-t	查询序列和参考序列间的比对增幅（默认值：1）
-n	结果排序文件，按读段序列的数量排序
-u	希望创建的线程数，取决于计算机 CPU 数量（默认值：1）

(4) 使用 "analysis" 命令分析比对结果并且构建 miRNA 表达谱。用法如下：
```
analysis [-r precursor miRNA file] [-d alignment result
directory] [-o output file name (expression)] [-t output file
for comparing result, optional]
```
其中，相关参数的含义如下：

-r	miRNA 前体（与 "alignmentSIMD" 中使用的文件一致）
-d	比对结果目录（与 "alignmentSIMD" 中定义的目录一致）

-o　　　　　　　输出文件：比对结果
-t　　　　　　　输出文件：表达谱构建结果

此外，软件提供了相关的测试数据，由于篇幅所限，详细的操作说明请参阅软件的"Example"和"README"文件。

8.3.2.4　miRTRAP

miRTRAP（miRNA Tests for Read Analysis and Prediction）基于 miRNA 生源论（miRNA biogenesis）机制，结合反义链和邻近位点小 RNA 的质量，能够在全基因组水平上从深度测序信息中系统地识别 miRNA 信号（Hendrix et al.，2010）。如图 8-7 所示，首先，算法将读段序列映射至基因组，鉴别所有的连续读段区域，过滤重复的及与 tRNA 相一致的读段区域。其次，通过 RNAfold 预测每条序列基因组周围 150 个核苷酸形成的二级结构，对于在发夹结构内的序列，基于它们相对于发夹及茎环结构的位置，确认为 5p-miR/3p-miR、5p-moR/3p-moR 或茎环，得到潜在的 miRNA 分子。最后，使用相应的过滤法则评估每条候选序列，去除不符合 miRNA 生化意义的序列，得到最终的阳性预测结果。

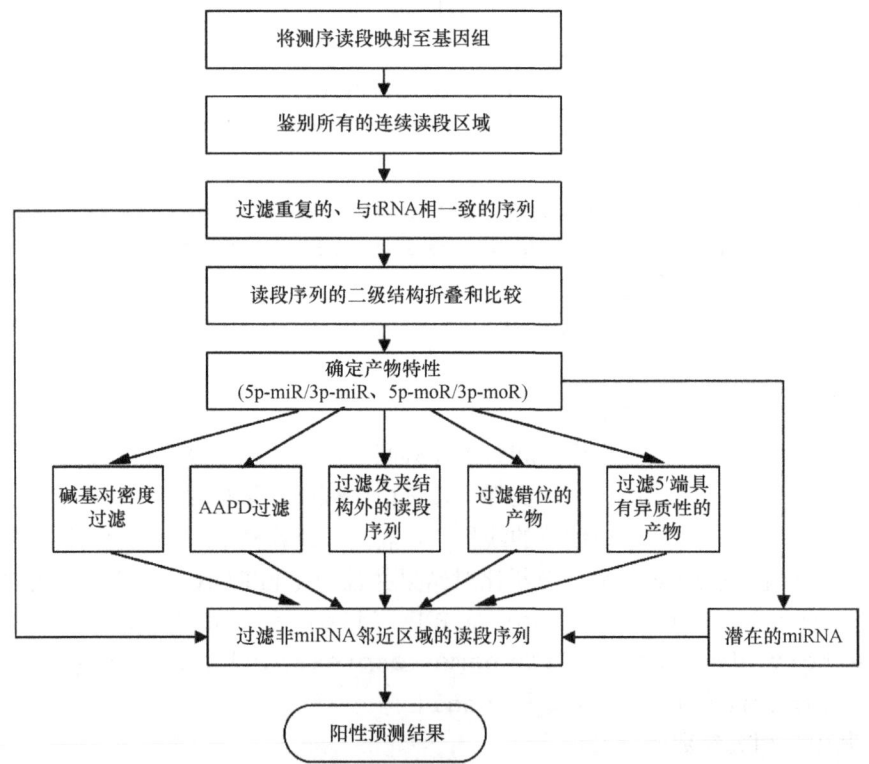

图 8-7　miRTRAP 算法流程示意图（修改自 Hendrix et al.，2010）
其中，AAPD 的全称为 average antisense product displacement，即平均反义产物易位

软件的下载地址为：http://flybuzz.berkeley.edu/miRTRAP.html。使用如下命令进行安装：

```
gunzip miRTRAP.tar.gz
tar xvf miRTRAP.tar
cd miRTRAP
perl makefile.pl
make
make test
make install
```

软件的输入文件主要有两个，格式如下：

（1）配置文件：config.txt

```
filePrefix = readRegions
readListFile = reads.txt
genomeFile = genome.fasta
repeatRegionsFile = repeats.txt
trnascanOutputFile = readRegions.trna
totalLength = 150
maxLength = 160
maxCount = 5
maxHitCount = 50
minLength = 20
minDist = 10
minMajor = -44
maxMajor = 22
maxReverse = 0.05
maxHitCount = 50
minLocusCount = 5
maxFivePrimeHet = 0.5
minShift = 7
minOverlap = 2
bpDensityLimit = 0.6
inHairpinBuffer = 3
outHairpinBuffer = 3
hairpinRange = 70
RNAfold = RNAfold
```

（2）读段信息文件：reads.txt

```
egg      /home/dhendrix/data/Ciona/Solexa1/Blast/egg_reads.gff
larva    /home/dhendrix/data/Ciona/Solexa2/Blast/larva_reads.gff
earlyEmbryo/home/dhendrix/data/Ciona/Solexa1/Blast/earlyEmbr
```

```
yo_reads.gff
    gastrula/home/dhendrix/data/Ciona/Solexa2/Blast/gastrula_read
s.gff
    lateEmbryo/home/dhendrix/data/Ciona/Solexa1/Blast/lateEmbryo
_reads.gff
    adult/home/dhendrix/data/Ciona/Solexa1/Blast/adult_reads.gff
```
可以使用如下命令运行软件：
```
./miRTRAP.pl config.txt
```
此外，软件也可以分步运行。由于篇幅所限，详细的步骤方法请参阅相关的测试数据文件。

8.3.2.5 MIReNA

MIReNA 能够在基因组水平上搜索 miRNA 及其前体，并且用计算的方法验证前体序列的可靠性。它通过定义 5 个特征参数描述可能的 miRNA 前体，在多维空间中寻找 miRNA 序列，具有较高的识别准确度（Mathelier and Carbone，2010）。基于可获得的数据类型，MIReNA 能够以 4 种不同的方式运行：已知的 miRNA 信息、深度测序读段序列、出现在长序列上的潜在 miRNA 和包含潜在 miRNA 的 miRNA 前体。这里，我们主要介绍基于深度测序数据的实现算法，如图 8-8 所示。

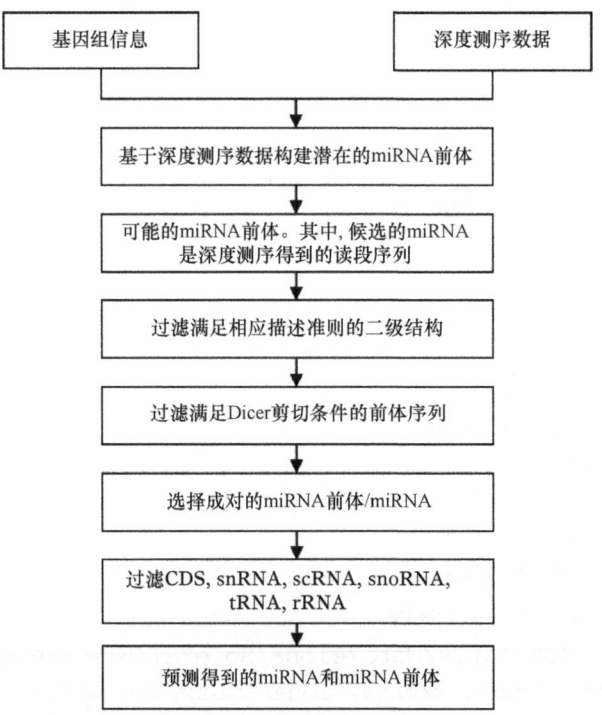

图 8-8 基于深度测序数据的 MIReNA 算法流程示意图（修改自 Mathelier and Carbone，2010）

基于深度测序数据的 MIReNA 实现流程与 miRDeep 相似。首先，将测序得到的读段序列映射至参考基因组，确认序列的聚集区域，识别潜在的 miRNA 前体序列。这些序列中包含了候选的 miRNA 成熟体信息。使用 RNAfold 工具预测潜在 miRNA 前体序列的二级结构，检查这些结构是否满足 miRNA 前体二级结构所遵循的基本准则。接下来，检查前体序列是否满足 Dicer 剪切过程条件，进而确定最终的 miRNA 和 miRNA 前体。

MIReNA 的下载地址为：http://www.ihes.fr/~carbone/data8/，以深度测序数据处理为例，软件的安装和运行命令如下：

（1）软件安装：

```
cd <repository where this README is>
./configure
make
```

（2）软件运行：

```
../MIReNA.sh -D -b cel_deep_sequencing/megablastparsed_filtered -f cel_deep_sequencing/454_total.fa -j cel_deep_sequencing/genome_cel.fa -k cel_deep_sequencing/ mature_metazoan_no_cel_v14.fa
```

这里，454_total.fa 是深度测序得到的结果文件，FASTA 格式；genome_cel.fa 是参考基因组信息，FASTA 格式。由于篇幅所限，详细内容请参阅相关的测试数据文件。

8.3.2.6 miRNAkey

miRNAkey 是一款用于分析 miRNA 深度测序数据的可视化软件。该软件实现了 miRNA-Seq 数据分析的常规方法，并且增加了 miRNA 表达数据的统计分析功能，能够筛选样本中具有差异表达现象的 miRNA 分子。除此之外，友好的图形界面使得软件操作更加简洁直观，同时，数据分析结果以图表等形式精确呈现，便于后续处理（Ronen et al., 2010）。软件算法流程概括如下：

（1）筛选和移除读段 3'端的接头序列；

（2）将读段序列映射至已知 miRNA 数据库，如 miRBase；

（3）统计每个样本中映射至不同 miRNA 物种的读段数量。为了比较不同实验间的数据结果，需要将这些数值标准化为 RPKM（Reads Per Kilobase per million mapped reads）表达指数形式；

（4）使用 chi-squared 方法量化成对样本中 miRNA 的表达差异，得到 miRNA 差异表达的 p 值；

（5）生成输入数据有关的其他信息，例如，多重映射水平（multiple mapping levels）及移除接头后的序列长度（post-clipping read lengths）等。

miRNAkey 软件一个重要且独有的功能是使用 SEQ-EM 算法（Pasaniuc et al., 2011）优化观察到的 miRNA 之间的多重比对读段（multiple-aligned-reads），而非直接丢弃它们。在成对的样本中（用"样本 1"和"样本 2"表示），miRNA 的表达差异使用 chi-squared 方法测定，公式如下：

$$\frac{(\frac{x}{n}-\frac{y}{m})}{\frac{x(1-\frac{x}{n})}{n^2}+\frac{y(1-\frac{x}{m})}{m^2}} \propto X^2 \qquad (8-1)$$

其中，"n"表示"样本 1"中比对上的读段数；"x"表示"样本 1"中比对至 miRNA 上的读段数；"m"表示"样本 2"中比对上的读段数；"y"表示"样本 2"中比对至 miRNA 上的读段数。p 值由零假设（即两个样本间没有表达差异）计算得出，并且使用 Bonferroni 方法校正多重假设检验结果。

miRkey 的下载地址为：http://ibis.tau.ac.il/miRNAkey/，网站中提供了软件的可执行文件、测试数据及相应的操作说明。软件的运行环境为 64 位架构的 Linux/Unix 或 Mac 系统，除此之外，需要手动安装 Java 运行环境（JRE，6.0 版本及以上）、Burrows-Wheeler Alignment 工具、Fastx-Toolkit 及以下 Perl 模块：

```
Math::CDF
Spreadsheet::WriteExcel
Getopt::Long
GD::Graph::bars
```

以上工具可以点击 http://ibis.tau.ac.il/miRNAkey/req.html 选择下载，Perl 模块可以通过如下命令安装：

```
$>cpan Math::CDF Spreadsheet::WriteExcel Getopt::Long GD::Graph::bars
```

下载完成后，可以通过双击 miRNAkey.jar 文件运行软件，以网站提供的测试数据"Small sample-data & output"为例，软件操作如图 8-9 所示。

软件的输出文件包括比对结果、剪切结果、比对上和未比对上的读段序列、SEQEM 分析结果、差异表达分析结果、总结报告等。详细信息请参阅测试数据"sample_output_data"文件夹中的相关内容。

8.3.3 在线分析软件

常用的 miRNA-Seq 在线数据分析软件包括 miRanalyzer、DSAP 和 mirTools。针对每款软件，本小节将介绍它们的设计原理、算法流程和操作说明等内容。

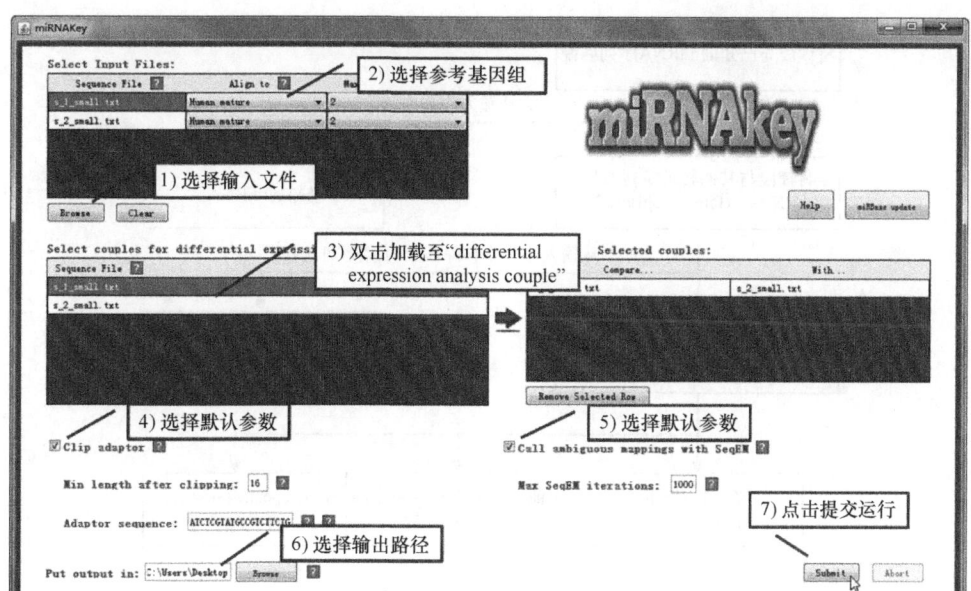

图 8-9　miRNAkey 软件操作示意图

8.3.3.1　miRanalyzer

miRanalyzer 是一款在线的 miRNA-Seq 数据分析软件，主要用于：①识别所有在 miRBase 中已经注释的 miRNA 序列；②寻找与其他转录序列文库中匹配的序列；③预测新的 miRNA 分子。数据分析流程大致可以分为三步：首先，识别已知的 miRNA 序列；其次，将读段映射至其他转录序列文库中（例如，mRNA，ncRNA 等），寻找匹配的序列，该步骤能够有效评估样品质量，去除那些可能在新预测的 miRNA 中为假阳性的序列；最后，预测新的 miRNA（Hackenberg et al.，2009）。详细的算法流程如图 8-10 所示。

miRanalyser 的网址为：http://web.bioinformatics.cicbiogune.es/microRNA/。该软件允许的输入数据格式有两种：

（1）包含读段序列和实验中该读段出现次数的文本文件，其中，读段序列和次数之间使用 Tab 键分隔，格式如下：

GAGGTAGTAGGTTGTA 49862
ACCCGTAGAACCGACC 15490
…（下略）

（2）FASTA 格式，参考如下：
>ID 49862
GAGGTAGTAGGTTGTA
>ID 15490

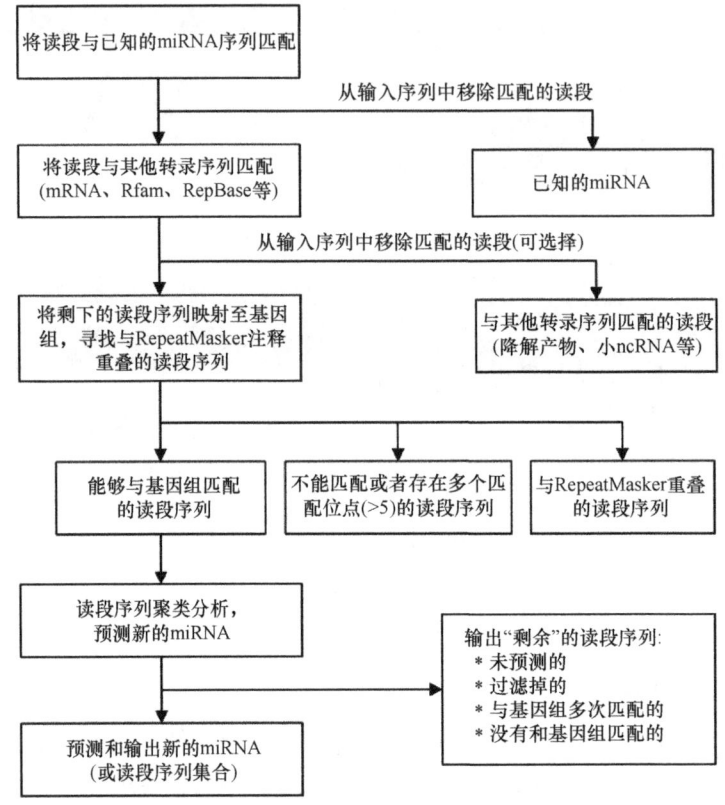

图 8-10　miRanalyzer 算法流程示意图（修改自 Hackenberg et al., 2009）

ACCCGTAGAACCGACC
…（下略）

其中，"49862" 表示实验中读段 "GAGGTAGTAGGTTGTA" 出现的次数。详细信息请参阅：http://web.bioinformatics.cicbiogune.es/microRNA/manual.html。

文件上传后需要设置必要的运行参数，如图 8-11 所示。

软件的运行结果如图 8-12 所示，主要包括：①输入数据的总结报告；②输入数据中包含已知 miRNA 的统计结果；③与其他转录组序列比对的统计结果；④预测到的新 miRNA 的统计结果；⑤未匹配的读段信息等。

8.3.3.2　DSAP

DSAP 是一款自动化的多任务网络服务软件，能够有效分析下一代测序技术得到的 miRNA 数据（Huang et al., 2010）。软件的输入为纯文本文件，其中包含 Solexa 测序平台得到的读段序列及相应的拷贝数，数据分析流程如下：

（1）数据"清洗"：移除接头序列及多聚 A/T/C/G/N 核苷酸；

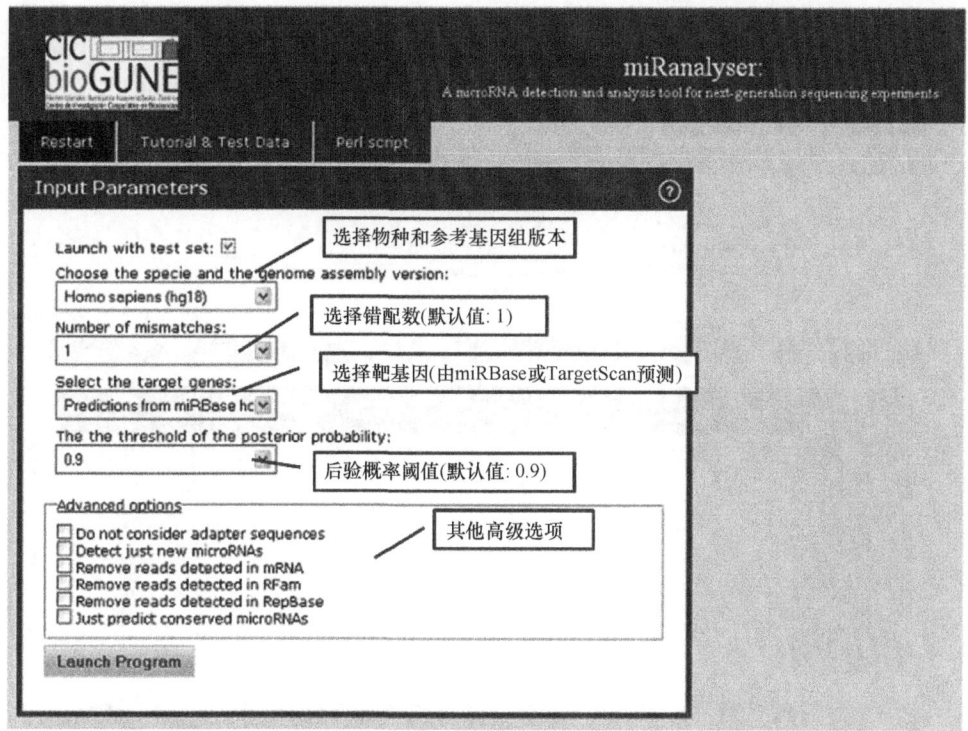

图 8-11 miRanalyzer 运行参数设置示意图

（2）对"清洗"后的读段序列进行聚类分析；

（3）读段序列与 Rfam 数据库（Griffiths-Jones et al., 2003）中的转录本序列文库进行同源匹配；

（4）基于序列的同源性，读段序列与 miRBase 数据库中的记录匹配，识别已知的 miRNA；

（5）miRNA 表达谱水平分析以及识别到的 miRNA 在不同物种中分布情况的比较分析。

DSAP 的网址为：http://dsap.cgu.edu.tw，输入数据的格式如下：

260135　　TGGAATGTAAAGAAGTATGTATTCGTATGCCGT
213816　　TGAGGTAGTAGGTTGTATAGTTTCGTATGCCGT
…（下略）

其中，第一列表示读段序列的拷贝数，第二列表示读段序列，使用 Tab 键分隔。如果文件为 FASTQ 格式，可以从网站 http://maasha.github.io/biopieces/ 下载工具 read_fastq 将格式转换成要求的输入形式，命令如下：

```
read_fastq -i INPUT.fastq | uniq_seq -c | sort_records -r
-k SEQ_COUNTn | write_tab -k SEQ_COUNT, SEQ -xo OUTPUT.tag
```

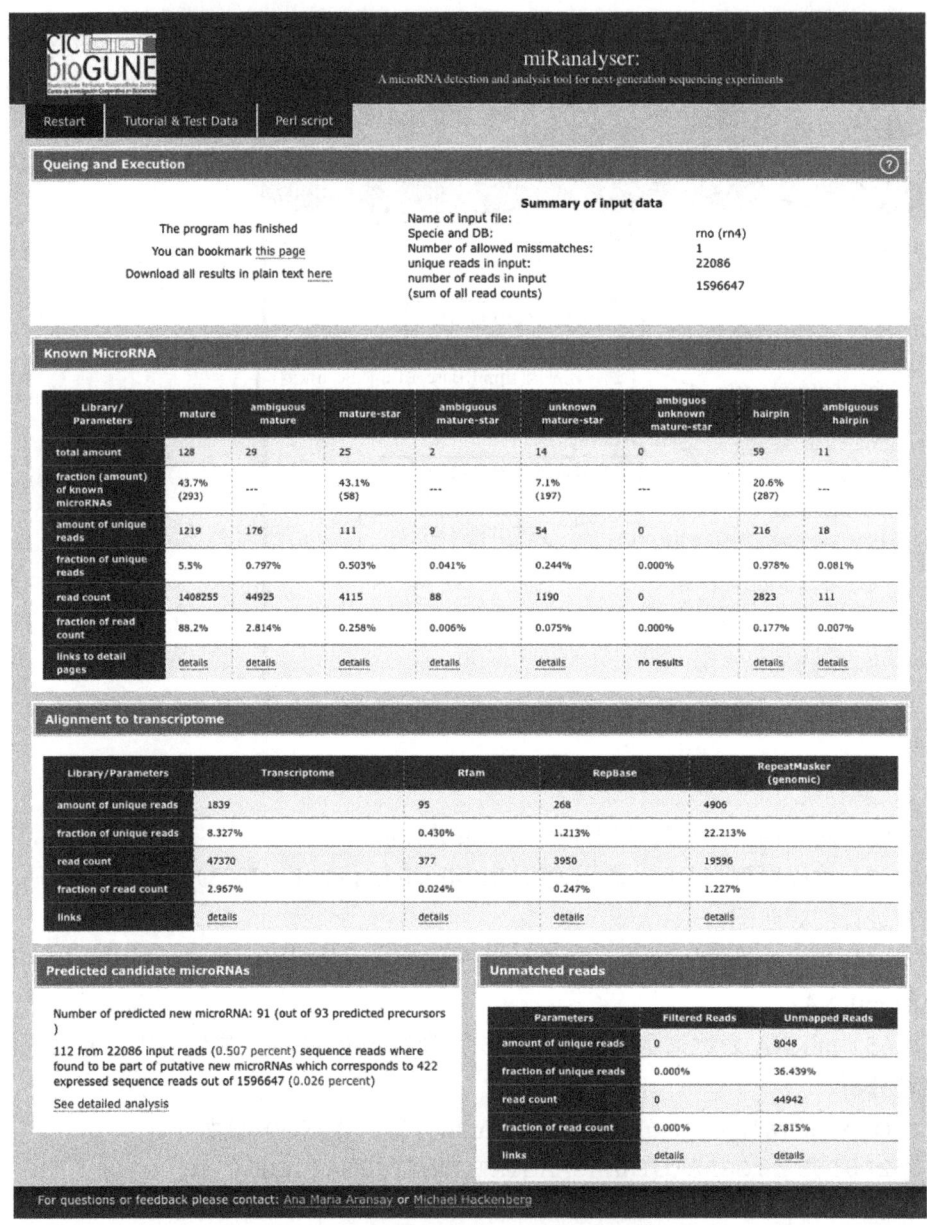

图 8-12　miRanalyzer 运行结果汇总（引自 Hackenberg et al.，2009）

上传完成后，设置必要的运行参数，例如，是否考虑接头序列、是否考虑多聚 A/T/C/G/N 核苷酸、选择物种等。软件运行结果通过图表等形式直观呈现，如图 8-13 所示，主要包括以下几个部分：

（1）软件工作状态：该部分显示了软件业务处理进度及所用时间等信息；

（2）数据"清洗"结果：该部分显示了"清洗"后剩余的读段序列数量；

（3）聚类分析结果：该部分显示了处理后不重复的序列聚类数，以及与Rfam、miRBase数据库中记录匹配的统计结果；

（4）Rfam数据库比对结果：该部分包含了与Rfam数据库中记录匹配的序列信息，并且提供了相关的查询链接；

（5）miRBase数据库比对结果：该部分包含了与miRBase数据库中记录匹配的序列信息，并且提供了相关的查询链接；

（6）总结报告：该部分总结了软件的数据分析结果，包括提交的读段序列数、3′端或5′端接头处理后的读段序列数、"清洗"后的读段序列数、与Rfam或miRBase数据库中记录匹配的读段序列数、未匹配的读段序列数等。

（7）跨物种比较分析结果：该部分包含miRNA的跨物种分布及相关的系统发育分布（phylogenic distribution）情况。

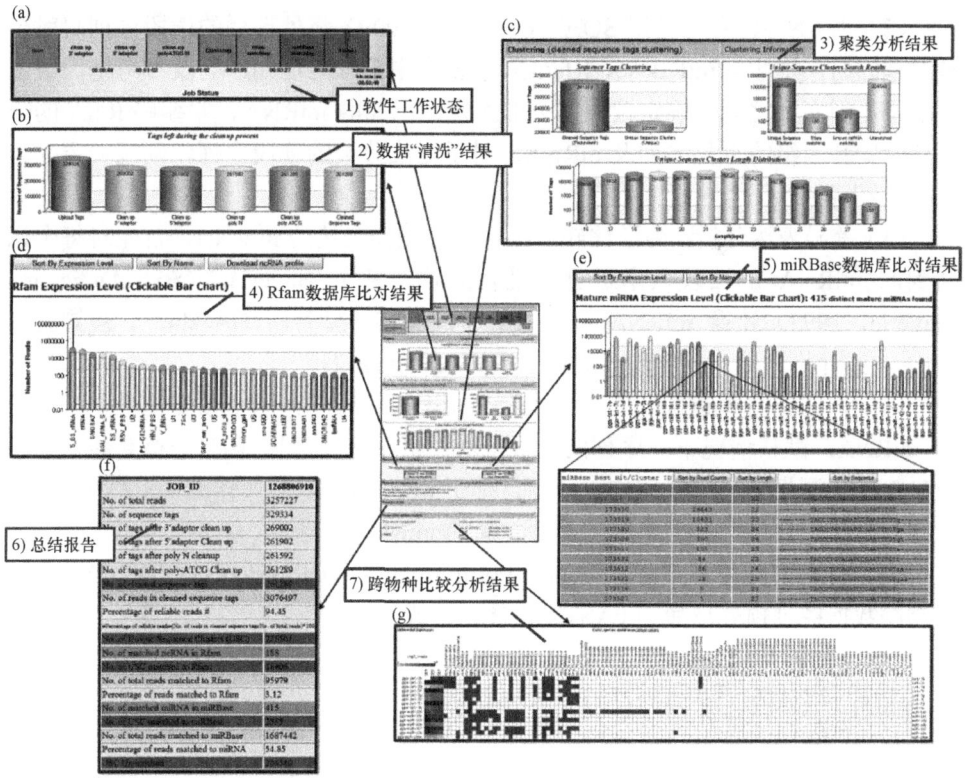

图8-13　DSAP运行结果汇总（引自Huang et al.，2010）

除此之外，DSAP能够比较多组数据（至多5组）miRNA的表达情况，分析miRNA的表达谱。详细信息请参阅：http://dsap.cgu.edu.tw/miRNAomics.html。

8.3.3.3 mirTools

mirTools 是一款在线的 miRNA-Seq 数据分析软件，主要功能包括：①过滤低质量的读段序列，从原始测序数据中去除 3′/5′接头；②将大规模短读段序列映射至参考基因组，并且探究它们的长度分布（length distribution）；③将小 RNA 划分至已知类别，例如，已知的 miRNA、非编码 RNA、编码序列等；④提供已知 miRNA 的注释信息；⑤预测新的 miRNA；⑥识别样本间差异表达的 miRNA（Zhu et al.，2010）。软件的算法流程如图 8-14 所示，主要包括：

（1）读段序列过滤：过滤原始测序数据中低质量的读段序列，去除错误及 3′/5′接头序列。接下来，过滤后的序列被剪切成没有接头的全长（full-length）序列，并且保存在非冗余的 FASTA 格式文件中。使用序列标签（sequence tag）标记每条单一的读段序列（unique sequence read），每个标签中包含的读段序列数反映了它的相对表达水平；

（2）小 RNA 注释：使用 SOAP（Li et al.，2009）将处理后的读段序列映射至参考基因组，并且与 miRBase、Rfam 等数据库中记录的已知序列及参考基因组上的编码基因序列比对，确定读段序列的类别：已知的 miRNA、非编码 RNA 的降解片段、基因组的重复序列及 mRNA。对于无法分类的读段序列，则统一定义为"未分类"类别；

（3）差异表达分析：为了比较多组样本间差异表达的 miRNA，首先对每个识别到的 miRNA 的读段数量进行标准化处理。基于 Bayesia 方法（Audic and Claverie，1997）计算 miRNA 在不同样本间的统计显著性（p-value）。差异表达 miRNA 的评价标准：p-value$\leqslant$0.01 且|fold-change|$\geqslant$2；

（4）预测新的 miRNA："未分类"类别中的读段序列用于预测是否是潜在的新 miRNA。默认情况下，序列的两端按基因组序列各延长 100 个核苷酸，使用 RNAfold 预测相应的二级结构。最后，基于 miRDeep 软件（详见 8.3.2 小节相关内容）确认折叠后的基因组序列是否是新的 miRNA 分子。

mirTools 的网址为：http://centre.bioinformatics.zj.cn/mirtools/，软件输入为原始测序数据经过预处理后的 FASTA 文件，格式如下：

```
>UniTag-009_x80
CATTTATTATTTATCTTATTCCTTCTTCTTTTTTA
```

…（下略）

这里，"UniTag-009"表示读段序列的唯一 ID，由用户定义；"x80"表示"UniTag-009"标记的读段序列在测序样本中出现了 80 次，它们之间使用下划线"_"相连。网站 http://centre.bioinformatics.zj.cn/mirtools/adaptortrim.php 提供了 Perl 脚本程序 Adapter_trim，用于从原始测序数据中去除低质量的读段序列及 3′/5′端

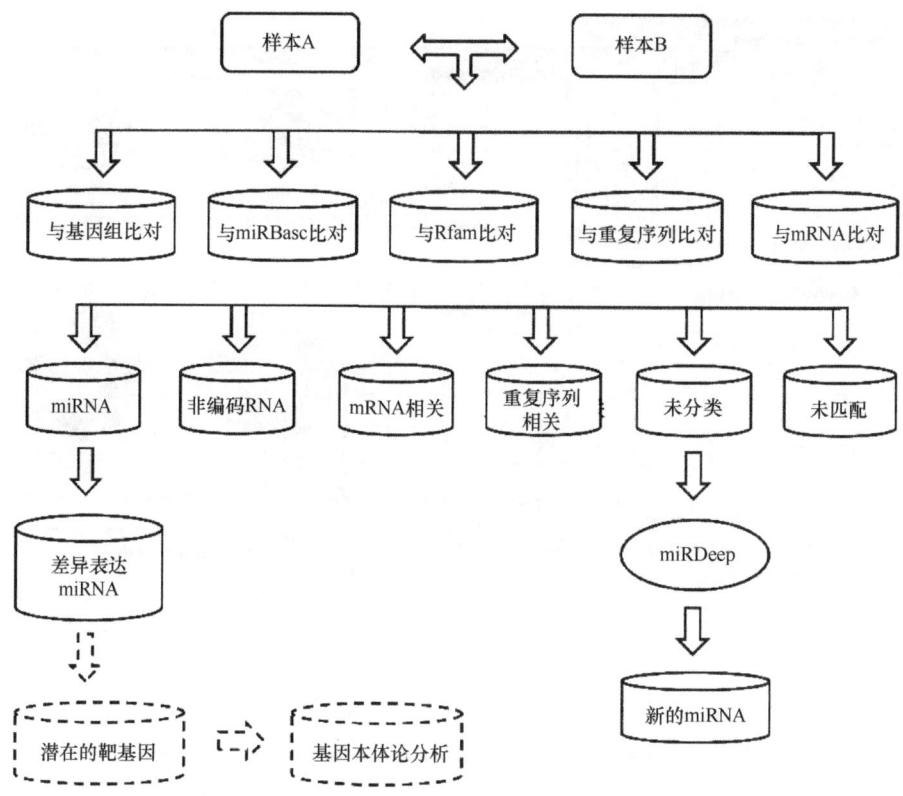

图 8-14 mirTools 算法流程示意图（修改自 Zhu et al., 2010）

接头序列。使用命令如下：

  perl Adapter_trim.pl [options] >outputfile
  其中，相关参数的含义如下：
  -i<file> FASTQ 格式的短序列文件
  -n<str> 样本名称（默认：sample）
  -x<str> 5′端接头序列（默认：GTTCAGAGTTCTACAGTCCGACGATC）
  -y<str> 3′端接头序列（默认：TCGTATGCCGTCTTCTGCTTG）
  -f<int> FASTQ 文件格式，1：Sanger 格式；2：Solexa/Illumina 1.0 格式；3：Illumina 1.3+格式。（默认值：2）

  软件运行输出包括已知 miRNA 比对识别、新的 miRNA 预测、miRNA 差异表达分析等结果，如图 8-15 所示。相关内容会通过电子邮件反馈给用户。

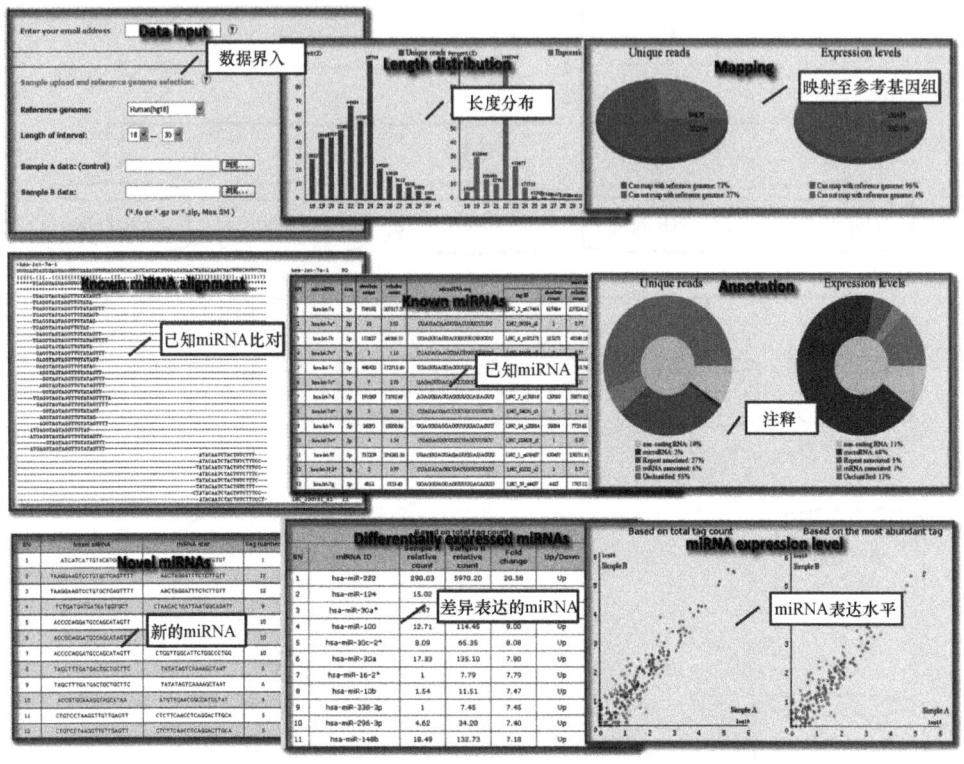

图 8-15　mirTools 运行结果汇总（引自 Zhu et al.，2010）

8.4　软件性能比较

8.4.1　测试数据与环境配置

针对上述 miRNA-Seq 数据分析软件，本节从计算时间、识别已知 miRNA 的敏感度和精确度及预测新 miRNA 的能力等方面比较了它们的工作性能。其中，测试数据集选择如下（Li et al.，2012）：

（1）秀丽隐杆线虫（*Caenorhabditis elegans*，*C. elegans*）：该数据集来源于 NCBI GEO 数据库（Edgar et al.，2002），编号为 GSE5990（Ruby et al.，2006）；

（2）原鸡（*Gallus gallus*，*G. gallus*）：该数据集来源于 NCBI GEO 数据库，编号为 GSE10636（Lopez-Bigas et al.，2008）；

（3）人类（*Homo sapiens*，*H. sapiens*）：未分化的人类胚胎干细胞的 miRNA 测序数据来源于 ftp://ftp03.bcgsc.ca/public/hESC_miRNA/（Smith and Waterman，1981），文件名为：H9_day0_trimmed_and_mapped_with_counts.txt.gz。

此外，已知 miRNA 的序列及它们在基因组上的位置信息来源于 miRBase（版本 16，http://www.mirbase.org/）。

所有软件的运行参数均设置为默认值或推荐值。计算机硬件环境为：32GB 内存，2.4GHz Intel（R）Xeon（R）4 CPU 四个，其中，每个 CPU 包含四个核心；操作系统选择 64 位的 Ubuntu 8.04.4。

8.4.2 运行时间比较

由于大多数在线分析软件需要使用网络中其他的计算资源，因此，这里主要比较了本地分析软件的运行时间，如图 8-16 所示（Li et al., 2012）。

比较可知，相对于 miRDeep（*C.elegans*：10 天，*H.sapiens*：1 个月）和 MIReNA（*C.elegans*：10 天，*H.sapiens*：超过 1 个月），mireap 的运行时间最短（*G.gallus*：10min，*H.sapiens*：43min）。

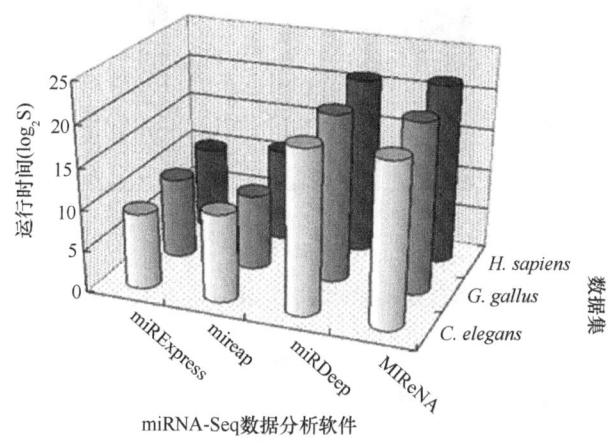

图 8-16 软件运行时间比较（修改自 Li et al., 2012）

8.4.3 敏感度与准确度比较

敏感度（sensitivity）和准确度（accuracy）是衡量软件预测性能的两个重要指标，定义如下（Li et al., 2012）：

$$\text{Sensitivity} = \frac{TP}{TP + FN} \quad (8\text{-}2)$$

$$\text{Accuracy} = \frac{TP}{TP + FP + FN} \quad (8\text{-}3)$$

其中，"TP"表示真阳性数，即预测为真、实际为真的 miRNA 数量；"FP"表示假阳性数，即预测为真、实际为假的 miRNA 数量；"FN"表示假阴性数，即预测为假、实际为真的 miRNA 数量。

选择 miRBase 中的记录作为评价标准，软件预测已知 miRNA 的结果敏感度比较如图 8-17 所示。基于 C.elegans 数据集，miRExpress 和 DSAP 具有最高的敏感度（分别是 72.1%和 71.2%）；G.gallus 数据集 miRExpress、DSAP 和 mirTools 的结果敏感度达到 77%~80%；miRanalyzer 在 H.sapiens 数据集的敏感度最高。结合三组数据集的预测结果，miRExpress、DSAP 和 mirTools 均表现出较高的敏感度。

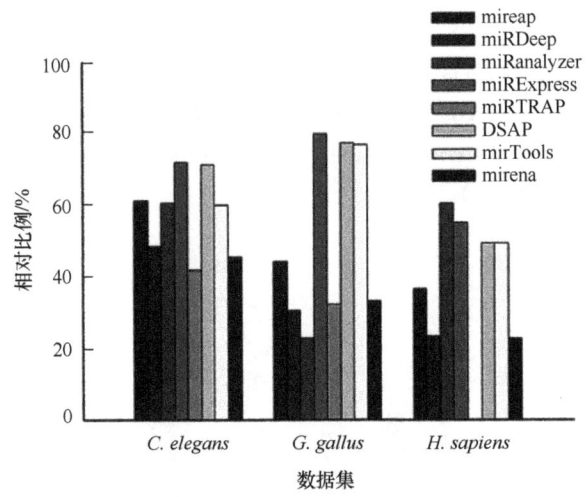

图 8-17　不同数据集软件预测已知 miRNA 的结果敏感度比较（修改自 Li et al., 2012）

预测准确度方面，同样以 miRBase 中的记录作为评价标准，如图 8-18 所示，针对不同的数据集，不同软件的预测准确度不尽相同（Li et al., 2012）。其中，基于 C.elegans 数据集，miRDeep 具有最高的准确度（达到 97.41%）；mirTools 和 miRExpress 则分别在 G.gallus 和 H.sapiens 数据集的预测准确度最高（分别是 87.65%和 90.69%）。结合三组数据集的预测结果，mirTools 表现出较高的预测准确度，其次为 miRDeep、MIReNA、miRExpress 和 mireap。

8.4.4　新的 miRNA 预测

总体上，本地分析软件预测新 miRNA 的能力比在线分析软件强。针对不同的数据集，推荐使用的预测软件见表 8-1（Li et al., 2012）。

比较而言，MIReRNA 在 C. elegans 和 H. sapiens 数据集的预测结果最好，这与 MIReRNA 使用的特征参数及搜索策略有关。针对特定的物种，MIReRNA 能够在多维空间中搜索 miRNA 序列，具有较高的识别准确度。此外，mireap 和 miRDeep 也能够较好地预测新的 miRNA 分子，结果可靠性较高。

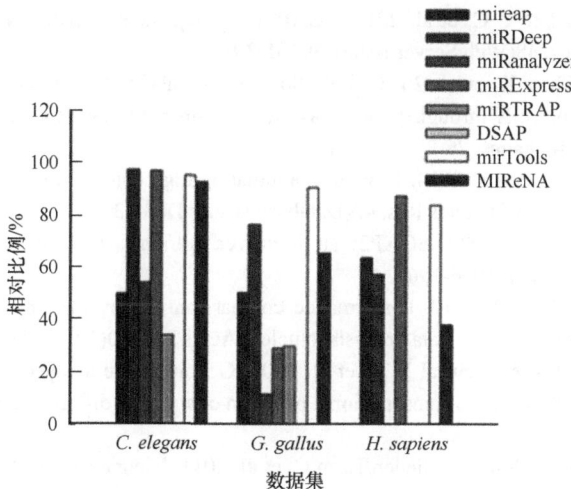

图 8-18 不同数据集软件预测已知 miRNA 的结果准确度比较（修改自 Li et al., 2012）

表 8-1 不同数据集预测新 miRNA 推荐使用的软件（Li et al., 2012）

进化枝	数据集	推荐使用的软件		
		1	2	3
线虫类	秀丽隐杆线虫（C. elegans）	MIReNA	mireap, miRDeep	miRanalysis
脊椎动物	原鸡（G. gallus）	mireap	miRDeep	miRTRAP
哺乳动物	人类（H. sapiens）	MIReNA	miRDeep	mirTools

参 考 文 献

Audic S, Claverie J M. 1997. The significance of digital gene expression profiles. Genome Res, 7(10): 986-995.

Duan L, Xiong X, Liu Y, et al. 2014. MiRNA-1: functional roles and dysregulation in heart disease. Mol Biosyst, 10(11): 2775-2782.

Edgar R, Domrachev M, Lash A E. 2002. Gene expression omnibus: NCBI gene expression and hybridization array data repository. Nucleic Acids Res, 30(1): 207-210.

Esteller M. 2011. Non-coding RNAs in human disease. Nat Rev Genet, 12(12): 861-874.

Friedlander M R, Chen W, Adamidi C, et al. 2008. Discovering microRNAs from deep sequencing data using miRDeep. Nat Biotechnol, 26(4): 407-415.

Griffiths-Jones S, Bateman A, Marshall M, et al. 2003. Rfam: an RNA family database. Nucleic Acids Res, 31(1): 439-441.

Hackenberg M, Sturm M, Langenberger D, et al. 2009. miRanalyzer: a microRNA detection and analysis tool for next-generation sequencing experiments. Nucleic Acids Res, 37(Web Server issue): W68-76.

Hendrix D, Levine M, Shi W. 2010. MiRTRAP, a computational method for the systematic identification of miRNAs from high throughput sequencing data. Genome Biol, 11(4): R39.

Huang P J, Liu Y C, Lee C C, et al. 2010. DSAP: deep-sequencing small RNA analysis pipeline. Nucleic Acids Res, 38(Web Server issue): W385-391.

Huang S, Li X Q, Chen X, et al. 2013. Inhibition of microRNA-21 increases radiosensitivity of esophageal cancer cells through phosphatase and tensin homolog deleted on chromosome 10 activation. Dis Esophagus, 26(8): 823-831.

Kozomara A, Griffiths-Jones S. 2014. MiRBase: annotating high confidence microRNAs using deep sequencing data. Nucleic Acids Res, 42(Database issue): D68-73.

Li R, Yu C, Li Y, et al. 2009. SOAP2: an improved ultrafast tool for short read alignment. Bioinformatics, 25(15): 1966-1967.

Li Y, Zhang Z, Liu F, et al. 2012. Performance comparison and evaluation of software tools for microRNA deep-sequencing data analysis. Nucleic Acids Res, 40(10): 4298-4305.

Lopez-Bigas N, Kisiel T A, Dewaal D C, et al. 2008. Genome-wide analysis of the H3K4 histone demethylase RBP2 reveals a transcriptional program controlling differentiation. Mol Cell, 31(4): 520-530.

Lorenz R, Bernhart S H, Honer zu Siederdissen C, et al. 2011. ViennaRNA Package 2.0. Algorithms Mol Biol, 6: 26.

Mathelier A, Carbone A. 2010. MIReNA: finding microRNAs with high accuracy and no learning at genome scale and from deep sequencing data. Bioinformatics, 26(18): 2226-2234.

Pasaniuc B, Zaitlen N, Halperin E. 2011. Accurate estimation of expression levels of homologous genes in RNA-seq experiments. J Comput Biol, 18(3): 459-468.

Ronen R, Gan I, Modai S, et al. 2010. MiRNAkey: a software for microRNA deep sequencing analysis. Bioinformatics, 26(20): 2615-2616.

Ruby J G, Jan C, Player C, et al. 2006. Large-scale sequencing reveals 21U-RNAs and additional microRNAs and endogenous siRNAs in *C. elegans*. Cell, 127(6): 1193-1207.

Smith T F, Waterman M S. 1981. Identification of common molecular subsequences. J Mol Biol, 147(1): 195-197.

Thai T H, Christiansen P A, Tsokos G C. 2010. Is there a link between dysregulated miRNA expression and disease? Discov Med, 10(52): 184-194.

Wang W C, Lin F M, Chang W C, et al. 2009. miRExpress: analyzing high-throughput sequencing data for profiling microRNA expression. BMC Bioinformatics, 10: 328.

Zhu E, Zhao F, Xu G, et al. 2010. MirTools: microRNA profiling and discovery based on high-throughput sequencing. Nucleic Acids Res, 38(Web Server issue): W392-397.

9 变异检测

> **内容提要**：基因变异广泛存在于生物体内。深度测序技术为精准的基因变异检测提供了新的可能。本章主要介绍了基因变异的类型，以及不同类型变异的检测方法和原理。最后以 Genome Analysis Toolkit 为例介绍变异检测数据的分析方法。

9.1 引 言

生命世界存在极其丰富的多样性，这是人类早就认识但迄今为止仍在不断致力研究并试图诠释的现象。遗传变异是生命的基本特征，从细胞遗传水平看，DNA 的变异主要可分为染色体数目和结构的变异。一般来说，前者主要包括染色体（包含单条染色体）成倍的增加或者减少，而后者主要关注染色体片段内的重复、缺失、倒位和易位等。这些变异均会造成显著的遗传效应，甚至因个体突变导致表型发生变化而带来死亡。

复杂疾病机制的研究是目前生物医学研究中的重要部分，而疾病的致病基因相关研究又是疾病机制研究中的重要环节。疾病致病基因发现的关键在于发现基因组结构的变异，目前很多已知疾病的发生和发展都与基因组结构变异是紧密关联的，因此基因组结构变异也成为长期困扰国内外科研工作者的难题。分子标记的统计分析方法逐渐被学者们应用于致病基因的分析，探索遗传特性与疾病发生之间的关联程度，最终实现疾病基因的染色体定位。伴随着分子生物学及计算机技术的飞速发展，分子水平信息数据尤其是我们关注的 DNA 序列的海量获得为进一步深入认识和阐释生命的多样性提供了前所未有的机会。

同一物种的任意两个不相关个体的 DNA 序列绝大部分是一致的（如人类 DNA 序列有 99.8%是一致的），我们更为关注的则是剩下的包含遗传变异的相关片段（如人类的另外 0.2%序列差异性造成人类不同的疾病风险及不同药物反应的差别），这些差异部分往往在多样性的形成过程中具有极为重要的意义。

不同个体的 DNA 序列上的单碱基差异称为单核苷酸多态性（single nucleotide polymorphism，SNP）。从群体概念上讲，SNP 指的是该群体内超过 1%的个体在给定的区域发生一次核苷酸改变。由于 SNP 在人群中具有最大的数量、最广泛的分布、相对稳定，且易于分型并实现自动化高通量检测，它已成为现代遗传变异与复杂疾病研究中的重要研究对象，也逐渐成为 RELP、STR 多态标记后的第三代新型的分子遗传标记（Vignal et al., 2002）。随着测序技术及分型技术的提高，基因组测序工作越来越深入，越来越多的研究倾向于 SNP 的筛选及检测，并将全基因组的 SNP 作为研究对象进行全面的连锁不平衡分析，以此为基础发现真实、完整、可靠的疾病位点或潜在疾病位点，深入了解疾病并探索新型有效的治疗方法。

在以往的测序过程中，由于测序费用的限制，一种大小介于 1kb 到 3Mb 的 DNA 结构变异并未被充分意识到，随着基因芯片技术及深度技术的发展，研究者们逐渐发现基因组中确实存在大量这种大于 1kb 而小于 3Mb 的多态 DNA 片段，包括片段的插入、缺失和重复等。这种多态被称为拷贝数变异（copy number variant，CNV）或拷贝数多态（copy number polymorphism，CNP）。随着研究的深入，研究者发现其发生的频率要远远高于染色体结构的变异，并且在全基因组范围内覆盖的核苷酸数目要远远超过 SNP 的总数，因此近年来 CNV 的发现也得到众多研究者的关注。

迄今为止，关于 DNA 序列插入、丢失（insertion-deletion, INDEL）的研究相对较少，但 INDEL 同样是广泛存在的且对疾病产生具有较大影响，一般来说 INDEL 的出现有几种形式：①单碱基对插入或缺失；②单体碱基对扩张；③2~15bp 序列重复的多碱基扩张；④转座子插入；⑤随机 DNA 序列的 INDEL。

在遗传流行病学上，全基因组关联研究（genome wide association study, GWAS）（Klein et al., 2005）能够检测特定物种不同个体间全部或大部分基因，从而了解不同个体间的基因变化情况。不同的变化带来不同的性状。在对于人类的研究中，这种技术发现了特定基因与疾病的关联，如被称为年龄相关性黄斑变性的眼部疾病和糖尿病（Klein et al., 2005；Saxena et al., 2007）等，为人们打开了一扇通往研究复杂疾病的大门。应用基因组范围连锁关联分析技术，成千上万的 DNA 变异数据被重新检测定位。虽然已有一部分变异数据在高通量数据的基础上被细致分析，但大部分变异与疾病发生的关联并未得到系统性研究。并且，以往的芯片平台得到的结果在分辨率层次上往往较低，而深度测序技术平台如 Illumina Genome Analyzer、Applied Biosystems SOLiD system 的出现及发展极大程度上降低了操作花费，得到了大量可供分析的数据，极大提高了检测结果的精确性。随着测序技术的提高，短序列片段的可测长度逐渐变长，从最初始的 35bp 提高到目前最长的 1000bp；同时，进一步提高了片段比对到参考基因组结果的精确性和正确率，使得全基因组范围内更加真实、全面、可靠的高通量变异检测成为可能。由于深度测序技术得到的测序片段（read）长度较短，由此可能带来寻找变异位点的困难，即在一定的阈值内，片段可与全基因组多处位点发生匹配的现象，造成了变异位点结果的假阳性；同时，目前的测序深度已经能提供足够数量的小片段，如何高效寻找这些片段信息也是研究者关注的焦点。因此，提出合适的生物信息学算法来解决以上难题成为亟待解决的问题。

9.2 基因组多态性

个体基因组差异称为基因组多态性（genomic polymorphism）(Stuber et al., 1996)。个体差异本质上讲是由个体 DNA 序列的差异决定的，不同个体对疾病、毒物的易感染与耐受性、疾病发生发展及临床表现的多样性与基因组多态性密切相关，因此只有深入了解与研究人类基因组的多态性，才能真正了解疾病特别是多基因疾病的遗传机制，深入阐释人类起源、进化及迁徙过程带来的 DNA 序列变化及基因组多态性。据研究报道，任意两个人之间 DNA 序列的差异仅占全基因组的 0.01%（Barreiro et al., 2008）。人类基因组约有 30 亿对碱基对，由此估计将有 300 万核苷酸位点发生差异，正是基因组内这万分之一的不同，造成了个体、种群的差异，决定了人类的遗传多态性。

基因组的多态性从本质上讲是基因组内各基因片段多样性的集合。基因的多态性可分为正常型和异常型。特别地，当基因为异常型时更容易导致疾病或影响药物的敏感性。因此，不同个体对疾病、药物反应均有不同程度的差别。由于基因变异存在而且数量之多，我们必须了解基因变异与生命体生物功能的关联，从基因组基因变异的层次提出疾病发病机制的新认识，阐释其对生命、健康和疾病风险的意义。目前，基因多样性已经成为生物医学，特别是生物信息学、系统生物学研究中最重要的组成部分，对复杂疾病的发生过程评判及病理学、疾病的基因组定位、疾病遗传机制、环境因子检验、药物设计及临床诊治有着极为重要的意义。

综上所述，获取关于人类基因多态性的信息将是一些领域科研工作者的重要目标，各领域科学家试图从不同层次、不同角度探索基因变异水平：分子生物学家不断发展新的方法在 DNA 水平上通过实验探索其变异性；群体遗传学家关心变异的模式及不同生物间变异水平的差异；遗传药理学家和人类遗传学家关心与临床表现（如疾病或对药物治疗的反应）相关的基因型变异的检测。

从本质上讲，大多数个体基因组差异是由 DNA 链上核苷酸组成的变化引起的，且这种变化均存在一定的固有频率。据研究，目前基因组变异主要集中体现为（Stankiewicz and Lupski, 2010）：单核苷酸变异引起的多态性（single nucleotide polymorphism, SNP）(Nachman, 2001)；序列缺失、插入（deletion-insertion, INDEL）(Kondrashov and Rogozin, 2004；Ogurtsov et al., 2004）引起的多态性；一种大小介于 1kb 到 3Mb 的 DNA 结构变异多态性——拷贝数变异（copy number variant, CNV）或拷贝数多态（copy number polymorphism, CNP）(Hastings et al., 2009)。

人类基因组计划（Human Genome Project，HGP）（Chew，2000）的延伸——国际单倍型图谱计划（Haplotype Map，HapMap）（Altshuler et al.，2010）是目前新一代的人类基因组图谱，也是解析人类疾病发生机制的重要手段。人类基因组计划旨在解读人类分布于 24 条染色体上的 30 亿对碱基，其涵盖了人类所有的遗传信息。面对如此庞大的信息量，人类基因组测序的策略是以作图为基础，将染色体分为更直观、更容易分析、更容易操作的结构区域，从而极大缩减定位时间。众所周知，DNA 由 4 个不同碱基 A、T、C、G 以成对的方式有序组成。自 1990 年 10 月启动到 2003 年 4 月正式图完成，HGP 计划基本测出了 30 亿对碱基排列，为疾病诊治提供最为根本的依据。但 HGP 只是针对基因组稳定性进行探索，并未能实现基因组多态性导致的疾病风险预测。HapMap 正是 HGP 的延伸，加速基因组多态性的研究。

人类基因组作图的分子标记从第一代的限制性片段长度多态性（restriction fragment length polymorphism，RFLP）（Saiki et al.，1985）到第二代的短串联重复序列（short tandem repeat，STR）（Queller et al.，1993），直至目前的第三代多态性标记单核苷酸多态性（single nucleotide polymorphism，SNP），这些都使得更为精确的遗传图谱得以建立。迄今为止，HapMap 计划已经发现超过 1000 万的 SNP（10 430 753，www.ncbi.nlm.nih.gov/SNP；build 125）。实际上，DNA 上位置比较邻近的单核苷酸多态性（SNP）会组成单倍型块（haplotype block）（The International HapMap Consortium，2005），每个块包含或多或少的强连锁关联的 SNP，研究认为这些块是人类最小的遗传单位，小到一个核苷酸，大到整条染色体。而且，通过单倍型块内的少数标记 SNP（tag-SNP）（Zhang et al.，2004）就可以识别出所在的单倍型块，提供了更为便捷的寻找人类致病基因的途径。已发现的 SNP 中有些是直接作用于人类的表型差别：①身体性状；②疾病易感性；③环境因子生理反应（Judson et al.，2002），一般这些具有重要功能影响的 SNP 都是位于基因上。除了存在于外显子上，SNP 也可以存在于启动子、5'/3'端以及剪切位点上，因此 SNP 可以通过不同的方式以不同的机制影响着基因组的多态性。

与 SNP 的广泛研究相比，INDEL 作为一种普遍的自然遗传变异却极少得到关注。但这些变异也是广泛存在的，对果蝇和线虫的研究中发现以 INDEL 形式存在的多态性占据整体多态性的 16%~25%（Berger et al.，2001；Wicks et al.，2001）。同样，人类 22 号染色体的研究也体现 18%的代表性（Sebat et al.，2004）。就 16%~25%的多态性比例而言，以 SNP 数约 1000 万为最小基因组多态性数，那么 INDEL 多态性将至少有 160 百万~250 百万。遗憾的是，目前已经发现的 INDEL 却远远不及这个数据。有关 INDEL 的理论广泛存在，研究者们预计 INDEL 也能通过类似 SNP 的途径对人类基因功能产生影响。

随着基因组测序的进行，百万 SNP 和 INDEL 被逐步发现，正是由于这种存在和分型的普遍性，使它们成为众多族群研究的焦点。随着研究的深入，我们发现如果仅仅将多态性的研究局限于 SNP（包括单倍型、单倍型块）、INDEL 的发现是远远不够的，在基因组内自然还存在着其他形式的变异，如范围在 1 kb 到 3 Mb 之间的中等大小的结构变异，其中包括：缺失（丢失一个或两个拷贝）、重复（获得一个或多个拷贝）、倒位（一个染色体区段的翻转）和易位（一个片段从一个染色体转移到另一个染色体），这些结构变异定义为拷贝数变异（CNV 或 CNP）。一般来说，CNV 是由于复制或缺失事件的发生导致的个体基因组差异，且研究表明 CNV 在众多动植物中是广泛存在的，如人类（Sebat et al.，2004；Conrad et al.，2006；McCarroll et al.，2006；Redon et al.，2006）、大鼠（Graubert et al.，2007；She et al.，2008）、黑猩猩（Perry et al.，2006；Perry et al.，2008）、恒河猴（Lee et al.，2008）、酿酒酵母（Carreto et al.，2008）及拟南芥（Ossowski et al.，2008）等。研究认为在一个个体内，每 8 次序列缺失就可能产生一个新的 CNV，每 50 个序列重复中也可能产生一个新的 CNV（van Ommen，2005）。两个个体间约 0.2%（6M 碱基）基因组存在拷贝数差异（McCarroll et al.，2008）。如果只考虑蛋白编码区，那么两个人 CNV 的区别将横跨约 105 个基因。至今，相对于 SNP，CNV 对表型的作用特别是复杂疾病的机制仍处于研究中。研究工作报道，在测定 14 072 基因的表达量后，至少有 8.75%~17.7%的变异可以用 CNV 来解释，而 83.6%~92.5%可以用 SNP 来分析。值得注意的是，有一部分基因变异现象可以同时用 CNV 和 SNP 解释，但最小的重叠区仅有 1.3%。不过，目前研究的 CNV 仅是全部 CNV 中极小一部分，因此，报道的数据可能过低估计了 CNV 与 SNP 的关联存在对于基因表达的影响。虽然从实验角度 CNV 难以鉴定，并且因大多数 CNV 并没有解析到核苷酸层次，相对来说实现分型较难，但 CNV 有时甚至能覆盖整个基因来影响生物健康度。因此，CNV 与 SNP 在基因多态性方面具有同等的研究意义（Carter，2007；Stranger et al.，2007）。同样，就像 CNV 可以导致疾病，特异型 CNV 可以使一些有利现象发生，如识别和耐久性运动（Dumas et al.，2007；Lupski，2007）。因此，就像遗传漂变一样，CNV 对遗传正向选择也能产生一定的影响（Nguyen et al.，2008）。

人类基因组变异具有多种形式，每种都表现出独有的质量和特殊的性质。某一特定变异可以是有意义的（有益或有害），也可以是无意义的；为了将基因组学知识快速转化为疾病诊断和治疗的手段，科学家一直致力于通过分析有意义的变异来研究不同个体与群体对疾病的易感性以及对药物和环境因子的不同反应。而基因组多态性主要体现为 SNP、CNV、INDEL，且三者都是大范围的存在，因此，将三者紧密关联分析，建立整合的遗传图谱，将超越单一图谱在人类表型和疾病分析方面的作用，是未来利用基因组内突变检测、鉴定疾病发病及遗传机制的关键所在。

虽然随着近几年全基因组测序的逐步完成，基因组多态性在生物医学和人类起源与演化研究中取得了巨大研究成果，但我们的研究成果仍只是冰山一角：①多态性的研究需要研究区域的精确序列信息，而目前仅人类基因组计划实现了全基因组测序研究，其他大部分动植物均未获得基因组图谱。而且，即使是人类基因组计划也仅仅得到草图，精确图谱尚未得到。据报道，约6%的全基因组仍是未确定的，并且位于常染色质区域，且一些研究认为54%的这些位置区域是位于片段重复（segmental duplication，SD）或低拷贝重复（low-copy repeat，LCR）（Bailey et al., 2002）两侧的。因此，这些位置区域可以预计与SNP、CNV、INDEL多态性有较大的关联（Stankiewicz and Lupski, 2002）；②即使在已知序列区域，我们仍然没有完全发现全部变异位点。基因组部分区域特别是复杂LCR含有毗邻的多元LCR部分，如同向、反向或组合同向反向LCR引起的变异检测偏差，这些变异的精确检测需要结合分析这些区域的不同单倍型；③作为比对的参照序列本身可能含有未知的变异部分（一般指缺失），这一现象则扩大了新变异位点的统计（Kidd et al., 2008）。但基因组多态性在科学研究和临床上的重要性驱使我们更加精确地描述SNP、CNV、INDEL等多态性的存在（Human Genome Structural Variation Group，the 1000 Genomes Project），从而获知更多的基因组结构变异位点。

同时，人类基因组计划的成功极大地促进了变异检测在其他动植物基因组研究中的应用。相较于人类基因组，动植物特别是可食用植物是人类赖以生存的基础，在全世界范围内都具有相当大的经济价值和社会价值。很多动植物目前仍没有完整精确的全基因组序列作为参考，如何有效地利用有限的资源构建其他动植物的图谱、准确判断表现型，特别是那些容易受环境影响的性状，需要各个领域学者专家的携手合作。

系统生物学、生物信息学的崛起为基因组多态性分析提供了有力的保障。其分析方法根本在于信息的获取和分析。过去几年内，基因组变异已经得到广泛研究，传统的变异研究方法主要有比较基因组杂交芯片及单核苷酸多态芯片技术，其价格相对便宜，但检测的准确性主要依赖于芯片本身的密度及精度。并且，它们只能探测已知的变异位点；而基于Sanger测序平台的双末端比对技术，虽然在一定程度提高了精度及准确性，但由于费用大、数据通量较小、覆盖率较低，仍然制约着变异检测的成本及准确性。随着测序技术的不断发展，特别是深度测序技术的出现，用于获取基因组变异性信息的积累比预期的要快得多，我们获得了前所未有的高通量数据，并且在小片段变异、变异位点定位等方面有着极大的优势，可以通过提高测序深度及覆盖率来提高结果特异性及准确性，同时也极大降低了测序成本。由深度测序带来的数据、信息的涌入也产生了对系统生物学、生物信息学的巨大挑战。由于深度测序得到的序列片段较短，早期的分析方法已不适于深度测序平台下的变异检测。因此，开发适用于深度测序技术的、具有高通量数据处理能力的变异检测算法是亟待解决的问题。

9.3 变异的类型及其检测

9.3.1 SNP

SNP 是 Single Nucleotide Polymorphism 的缩写，称为单核苷酸多态性。简单来说，SNP 是基因组 DNA 序列中由于单个核苷酸（A，T，C 或 G）发生变异引起的多态性。如图 9-1 所示，两个 DNA 片段序列分别为 CCTA 和 GGAT，染色体同一位置上的每个碱基类型称为等位（allele）(Malats and Calafell, 2003)。SNP 可以形象地表示为某个等位上碱基的变化，如图中 C 和 T。尽管自然界中仍存在三等位或四等位，我们一般认为 SNP 是二等位的。SNP 并不是均匀分布在基因组内，两个区域的 SNP 频率甚至可以有数百倍的差别。

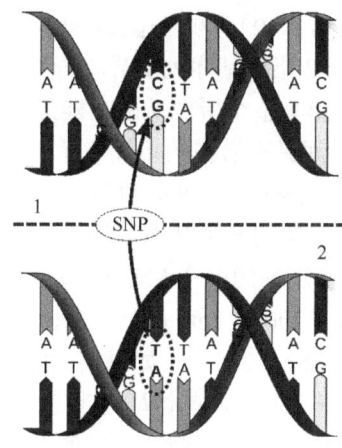

图 9-1 SNP 示意图

人体内除性染色体外常染色体都有一个拷贝，形成同源染色体。一个生物体内所有基因的组合称为基因型（genotype）。与基因型相对的是表现型，表现型是一个生物体的实际外表特征，如大小、重量、颜色等。基因型对一个生物的发展具有极大的影响。但是，它并不是唯一因素。一般来说，即使基因型相同的生物也会表现出不同的外显型，这个现象的机制称为表观遗传学。同样的基因在不同的生物体中可能具有不同的表达。如果一个生物所有同源染色体的等位基因相同，则称它们为同质基因型，否则为异质基因型。以二倍体人类为例，其基因型有三种可能，即 AA、aa 和 Aa，其中前两者称为同质基因型，最后为异质基因型，而鉴定这种基因型的过程则称为基因分型（genotyping）。

在一个种群内，SNP 具有不同的等位频率，人们将种群内出现较少的等位频率称为最小等位频率（minor allele frequency，MAF），并以此将 SNP 分为常见和罕见两类。一般来说，常见 SNP 的最小等位频率应当大于 5%（也有认为是 1%），这些常见的 SNP 一般具有比较广泛的群体分布。研究发现，这些 SNP 往往导致个体表型差异或具有潜在的疾病易感性；而罕见的 SNP 往往与某些单基因病或偶发疾病具有极大的关联程度。值得一提的是，SNP 的常见与罕见区别仅限于特定种群内，因为某个种群内常见 SNP 在另一种群内很有可能为罕见 SNP 或甚至不是 SNP。

一般认为，在任何已知或未知的基因附近都可以找到数量不等的 SNP，根据它们在基因组分布的位置可分为基因编码区 SNP(cSNP)和非编码区 SNP(ncSNP) 两类（Wang et al., 1998）。总体来说，SNP 出现在编码区的频率要远小于非编码区，且大多数 SNP 存在于非编码区。值得注意的是，虽然非编码区的 SNP 不会改变编码蛋白，但这些 SNP 仍是遗传进化选择研究的遗传标记。编码区 SNP 根据其翻译蛋白的氨基酸序列差异可以分为同义 SNP（synonymous SNP，sSNP）和非同义 SNP（non-synonymous SNP）。顾名思义，sSNP 指 SNP 发生并不影响其翻译的氨基酸序列，而 non-sSNP 指碱基序列变异将导致编码氨基酸的改变，从而导致最终蛋白质序列的改变，影响整个蛋白质的功能进而引发疾病。

研究发现，不同 SNP 之间具有潜在的相互联系，且一般认为疾病发生与多个 SNP 相互关联。当前研究中，科研工作者更倾向于单体型（haplotype），单体型定义为在某特定染色体上紧密连锁的多个基因的集合（或称线性排列）。SNP 单体型（SNP haplotype）指的是紧密连锁的多个 SNP 的集合，单体型的研究将有助于人类遗传连锁分析（Daly et al., 2001; Patil et al., 2001; Stephens et al., 2001; The International HapMap Consortium, 2005）。如果某 DNA 片段上存在 100 个 SNP，则理论上存在 2100 种单体型。但是，单体型需考虑 SNP 间的连锁不平衡程度。所以，实际形成的单体型要少很多。由 SNP 形成的单体型一般认为是最小的遗传单位，且理论上范围可从 1 个 SNP 到整条染色体，这些遗传单位称为单体型块（haplotype block）。在单体型块确定的前提下，我们可以通过算法寻找某些特异的 SNP，利用 SNP 与周围 SNP 间的关联程度，可以选择能代表其他位点信息的 SNP，这些位点称为标签 SNP。这样，我们就能用少数几个标签 SNP 代表该区域内大多数的遗传多态模式，极大地提高了全基因组关联分析的有效性，更精确地反映了生物基因组的多样性。

深度测序可产生百万数量级的短序列片段，但将其比对到参照基因组序列上即可发现 SNP 的精确位置及频率。一般地，SNP 检测可分为如下个步骤：①测序；②将得到的 reads 比对到参照基因组上；③校准测序结果；④计算每组基因型的似然率；⑤计算的似然率与理论似然率通过贝叶斯算法进行比较得出 SNP 位点。

当然，在测序比对方面，使用的双末端测序 reads 本身的长短和 reads 间的插入序列的长度是至关重要的。Li 等（2009）通过考虑这两个因素以及测序深度使得 SNP 检测的结果更加精确，即使测序深度不够，依然能通过似然率比较得到相对较精确的 SNP 检测结果，其检测流程如图 9-2 所示。

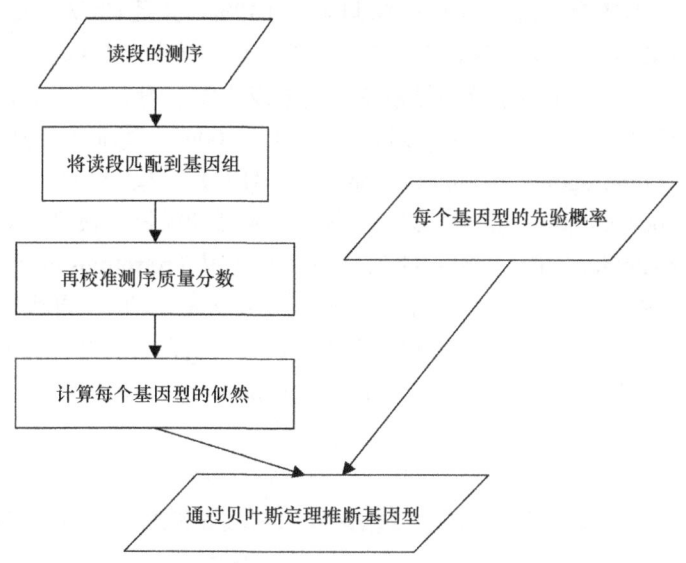

图 9-2　针对双末端测序数据的 SNP 检测流程（Li et al., 2009）

除了在人类基因组上的广泛研究，SNP 检测也逐渐应用到一些普遍存在的农作物上。与人类基因组不同的是，大多数农作物目前仍没有全基因组序列。我们可以通过构建含有由 reads 组装成的重叠群（contigs）库，然后将这些 contigs 作为参照序列，使用测序得到的 reads 来比对获得 SNP。Hyten 等（2010）分别使用 Roche 454 测序平台和 Illumina 平台对大豆进行了测序比对，获得了比以往更多的 SNP。由于 454 平台产生的序列片段较长，因此，使用 454 产生的 reads 组装成的 contigs 更为可靠。接下来，用 Illumina 平台产生 36~42bp 的 reads，通过这些 reads 比对到 contigs 文库中来检测 SNP。总之，使用两种测序平台建立一个能代表参照序列的 contigs 文库极大地降低了检测成本，使得无全基因组序列对象的 SNP 检测成为可能。

9.3.2　结构变异

基因组变异不仅包含了 SNP，小范围或大范围的结构变异也引起了科学家的广泛关注。其中 CNV 和 INDEL 是结构变异中最为重要的变异。一般认为，CNV 本质上是一种大于 1kb 核苷酸的插入缺失，而小于 1kb 的可以认为是 INDEL。本节我们主要将针对结构变异（structure variant，SV）检测进行讨论。

长久以来，虽然拷贝数变异（copy number variation，CNV）一直被认为与遗传变异有着密不可分的关联，但直到近几年CNV的重要性才得到认可（Iafrate et al.，2004；Sebat et al.，2004）。2006年Redon等的研究发现堪称这一领域的里程碑，他们发现CNV至少占据整个人类基因组的12%，并且CNV所覆盖的核苷酸要远远超过SNP，这意味着CNV在遗传多态性中也扮演着极其重要的作用（Redon et al.，2006）。CNV在癌症及神经系统疾病的发生发展得到广泛证实，如图9-3所示。形成CNV的主要机制为（Zhang et al.，2009）：①非等位基因同源重组（non-allelic homologous recombination，NAHR）；②非同源末端连接（non-homologous end joining，NHEJ）；③复制叉停滞和模板转换机制（fork stalling and template switching，FoSTeS）；④反转录转座作用（retrotransposition）。其中，NAHR是人类基因组内产生CNV的主要机制，其次是NHEJ，再次是FoSTeS导致重组引起的CNV，而反转录转座作用较为微弱。当然，基因组间的差异也可能造成这些因素的重要性差异（Cardoso-Moreira and Long，2010）。

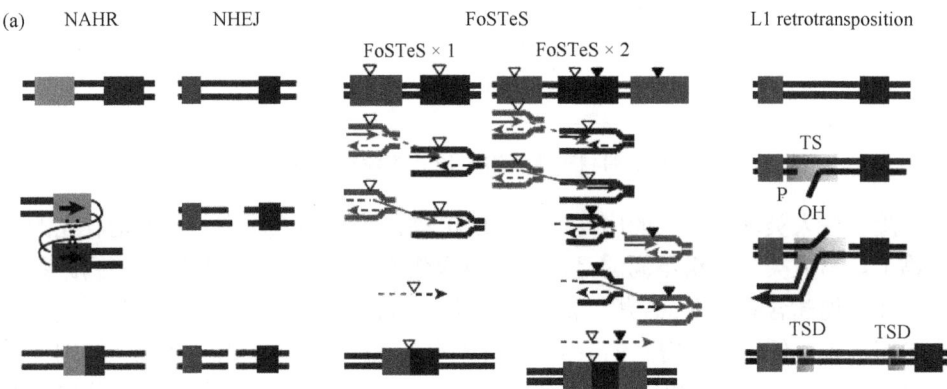

图9-3 CNV形成的主要机理（Zhang et al.，2009）

尽管INDEL的研究热度并没有SNP或CNV那么高，但INDEL同样也能引起人类表型变异，最终导致疾病发生。例如，人类囊肿性纤维化就是因为CFTR

上某一等位基因包含一个 3-碱基缺失引起的。这个缺失直接导致了编码蛋白中对应氨基酸的缺失，从而引起疾病的发生（Collins et al., 1987）。除此之外，三核苷酸扩张可引起 X 染色体脆弱综合征（Warren et al., 1987）。以上案例表明 INDEL 也是一种重要的多态性存在，随着研究的深入，我们完全有可能对全基因组范围内的 INDEL 进行深入细致的了解，从而更好地研究致病机制。

INDEL 是由序列变异引起的。因此，广义上鉴定 INDEL 的方法可以分为两种：①使用重头组装的方法将新序列片段组装成的新重叠群与对照序列比对从而发现 INDEL；②将得到的短序列片段直接独立地比对到对照序列上直接发现 INDEL。当然，短序列片段可以是单末端测序得到的单一序列片段或双末端测序得到的一对序列片段。第二种方法在检测新的 INDEL 方面尤为突出，但在检测对照序列中本不存在的大范围插入缺失却不适合，只能通过其他方法如 split-read 等方法实现（Ye et al., 2009）。综上，INDEL 发现的关键仍然在于短序列片段与对照序列比对的精确度。目前，影响精确度的因素主要有：①与 SNP 相比，INDEL 的发生率远低于 SNP，仅有其 1/8（Lunter, 2007；Cartwright, 2009），因此也更难检测；②一些 INDEL 区域的小序列片段无法实现基因组的精确定位，特别是长序列的插入缺失（Li et al., 2008）；③INDEL 的检测导致短序列片段在比对的时候形成错配而影响结果的正确性；④一些复杂的因素如拷贝或多重拷贝的存在使得较小的 INDEL 也无法实现基因组定位的唯一性，因此有必要综合其他因素缩小寻找范围；⑤INDEL 丰富的区域出现的测序错误也会导致结果分析的偏差，不管是技术层面还是生物学层面，测序仪器都有其误差，而这些可能最后导致 INDEL 的发现偏差。因此，这类 INDEL 出现区域的信噪比将降低，即增大这类 INDEL 的检测难度。但是，从全基因组层次上研究 INDEL 多态性上讲，这些 INDEL 仍是不可忽视的。

比较基因组杂交芯片技术最先应用于 SV 检测方面，并且已经有着近 10 年的发展历程（Solinas-Toldo et al., 1997；Pinkel et al., 1998），特别对于大范围基因组的研究，芯片法具有革命性的意义，但芯片技术始终有着一系列固有的限制，如价格、精度等。目前，已知芯片平台包含约 100 万个探针，但此平台仍只能检测到 10~25kb 的 SV（Cooper et al., 2008；McCarroll et al., 2008）。芯片法只能针对特定的研究设计特定的芯片，重现性一直是芯片法面临的难题（Shendure, 2008），杂交效率也会因探针的不同而引起较大的变化，且芯片上探针数的多少并无法完全反映真实 SV，也无法准确检测染色体易位或倒位引起的 SV。随后出现的基于 Sanger 测序平台的 SV 检测方法则由于其通量低、费用大而未被广泛应用，使用 10 亿碱基对作为检测对象仅能找到约 4000 个 SV。深度测序技术的出现及发展，带来了足够大的通量数据，降低了测序及检测成本，提供了更为广泛的研究平台。由其产生的数据能够多次重复使用，生物学研究因此也正在逐步转型（Schuster, 2008）。最新的测序平台允许单次测序过程能够同时检测两个样本，且达到 30 倍的测序深度；个体基因组测序的 SV 研究则表明基于测序的方法可检测<1kb 大小的 SV（Tuzun et al.，2005；Korbel et al.，2007；Bentley et al.，2008；Wang et al.，2008）。同时，诸如 1000 基因组计划（http://www.1000genomes.org/）、癌症基因组图表计划［The Cancer Genome Atlas（TCGA）project（http://cancergenome.nih.gov/）］，都极大地推动了结构变异的发展。但是深度测序技术也有诸多问题亟待解决，如在给定比对算法下测序错误及基因组之间的差异都会造成片段匹配错误、组装错误，从而引起 SV 检测鉴定错误。因此，我们必须综合 aCGH、基于 Sanger 测序技术的方法和以深度测序为平台的方法，提出有效、可靠的计算模型。

总体来说，SV 检测算法都是基于参照序列比对进行的，通过使用检测区域的小片段序列比对到参照序列从而发现 SV。

一般来说，检测 CNV 的方法分为三大类。第一种是综合 aCGH 平台技术的杂交密度差异性算法，其原理是测试个体样本与参照样本相同的 DNA 区域发生复制或缺失现象将会增加或降低杂交信号值，如果有测试样本而无参照样本则信号高，反之则低。因此，这种方法主要用于检测 DNA 成分变化，其缺点是杂交法可以检测拷贝数变化，但无法确定在基因组什么位置发生拷贝数变化；同时，杂交法无法检测组装较差的基因组区域。

第二种是双末端匹配法（paired-end mapping，PEM）。首先使用测序平台（如 Illumina 或 SOLiD）测得个体样本 DNA 序列片段，然后将这些片段通过 BLAST 或其他快速比对工具与参照序列进行比对。这种方法不直接检测复制或缺失部分，而是检测测试样本和参照样本同时捕获区域序列长度的大小，捕获区域为末端序列片段之间所含的基因序列，如果捕获区域过长，则说明此区域含有插入或复制现象，如果过短则含有缺失现象，这些或增加或减小的序列区域可能是 SV，当然也可能是其他因素导致。双末端比对法能够通过参照基因组双末端片段位置而确定发生 SV 变化的具体基因组位置。杂交法需要使用一个参照基因组进行分析，且选取的参考基因组序列为随机的同一个个体序列。因此，很有可能这个参照基因组本身就含有复制插入缺失序列片段，那么如果在相同的等位基因座处待测样本个体基因含有 SV，那么杂交法是无法检测出的。而比对双末端序列片段则可实现这种类型 SV 的检测，虽然这种 SV 只是相对于参照基因组而言，若交换参照样本与待测样本，那么检测出的这类复制插入缺失则是新发现的 SV。类似的误差主要是因为参考基因组序列来自同一个个体。而不是多个独立的个体基因组构建的参考序列，因此，大部分普通的 SV 可能未被检测出，科学家们仍然将工作重点置于新颖 SV 的发现。

PEM 算法主要在于寻找捕获区域不一致的基因组区域。我们首先必须对捕获区域做一些归类以简化计算。目前，总共有 7 种较为重要的归类，如图 9-4 所示。

具体对应为：A，缺失；B，插入；C，倒位；D，连续复制；E，染色体内易位；F，染色体间易位；G，一端 read 无法匹配。

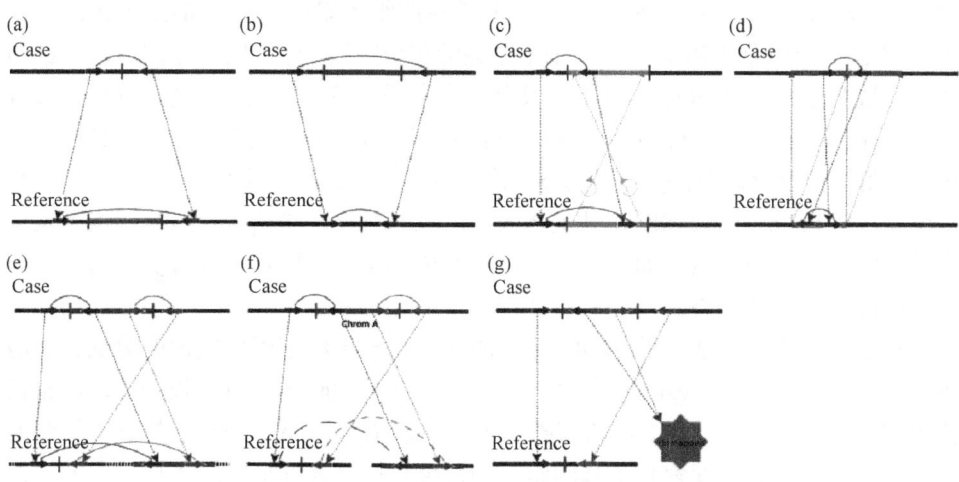

图 9-4　配置到 PEM 中的结构变异类型

基于这些分类，目前大多数软件算法则将同种类型的 SV 进行归类，早期归类算法仅能考虑具有唯一性匹配的双末端 reads。因此，这些方法都不能检测重复密集的复杂基因组区域。Hormozdiari 等（2011）将那些可匹配数个基因组位置的 reads 进行多次匹配，但由此出现了单个 read 出现在不同分类里的情况，从而带来不同类型的 SV。因此，Hormozdiari 提出计算这些 reads 的最佳匹配位点来达到消除这种多次匹配的问题。这种基于聚类的方法一般用于相对较大 SV 的检测，在获取双末端 reads 间序列的时候往往会给定一个固定的阈值。假如待测序列与参照序列间的差异小于这个阈值，那么这种聚类方法则无能为力。针对这种较小的 SV 检测，Lee 等提出使用双末端 reads 间插入序列的分布来解决这个问题（Lee et al.，2015）。如果插入或缺失序列为纯和类型，那么分布曲线将向左或向右位移一段距离；如果插入缺失为杂合类型，那么峰型变化则较为复杂。由此可见基于聚类的 PEM 法和基于分布的 PEM 法可检测的重叠度很小，这就意味着没有单一的算法可以检测所有类型的 SV，仅可通过多种算法的整合来达到此目的，如 BreakDancer（Chen et al.，2009）。

在归类过程中会出现双末端 reads 中一个 read 无法匹配的问题。如果这个 read 正好是跨过一个断裂点，那么我们可以通过剪切匹配来解决。并且随着测序技术发展，短序列片段越来越长，双末端 reads 完全有可能作为单末端 reads 来使用，这也无疑增大了这种 SV 的检测灵敏度。

第三种算法是基于目标区域的序列密度，使用的测序数据默认为单末端测序数据，当然也可以使用双末端片段。此算法旨在寻找目标区域与参照序列相比发生显著性的序列数目变化。这种算法主要可以分为两种：一是基于测序的覆盖率深度（depth of coverage，DOC）；二是基于对照组数据集（control-case data set）。DOC方法主要将基因组分解为多个不重叠的窗口区域，通过比对监测这些区域的序列总数变化。一般DOC发生显著变化的就是发生SV的地方，这种算法假设每个区域序列都是等同随机测序，DOC算法具有低成本、高效率的特点，且检测灵敏度较好。但值得注意的是，导致SV产生的不一定是序列密度变化，如NGS平台偏差（Dohm et al., 2008）、某些基因组区域的断裂、序列在参照基因组上发生不唯一匹配（Rozowsky et al., 2009）等，其中不唯一匹配可以通过算法解决，但其他两种则不容易解决。

目前许多算法都是基于DOC算法的。其中一种测序深度判定的算法为智能事件检验（event-wise testing，EWT），通常240万100bp窗口步长扫描基因组仅需19此迭代，因此，EWT显著节省了SV判定时间。EWT是基于显著性检验的一种检验方法，通过搜索整个基因组得到符合数据显著性检验的小范围区域，然后将这些小范围区域进行聚类得到相对更大的区域。其中，符合显著性检验数据定义为连续的100bp检测窗口内发生显著性的测序片段深度（或比对片段的个数，read depth，RD or mapping density）。Yoon等（2009）认为使用序列数据采用基于测序深度的检测方法能够对已知方法起到一定的弥补作用，正因为这种方法基于单个测序深度，因此与PEM方法是完全不一样的。这两种算法可检测的SV区域数很接近，但两者的检测区域存在极小的重叠性。PEM可测特征大小的中位数为414，而EWT主要集中在重复片段富集区（此区域由于匹配无唯一性更难评估），其可测大小中位数为1100。因此，两种不同的算法在不同长度待测序列中都有各自的优缺点。EWT算法中，整个CNV检测步骤如图9-5所示：①个体全基因组非重叠区测序深度评估；②使用新的CNV判定算法寻找CNV发生区域；③通过比较不同个体基因组数据来确认是否存在SV，但EWT算法仍未考虑检测窗口的大小对于结果的影响，而这也是至关重要的。DOC算法分析也存在其局限的地方。例如，无法考虑重排带来的干扰、高度重复序列的定位、SV序列的精确定位、参

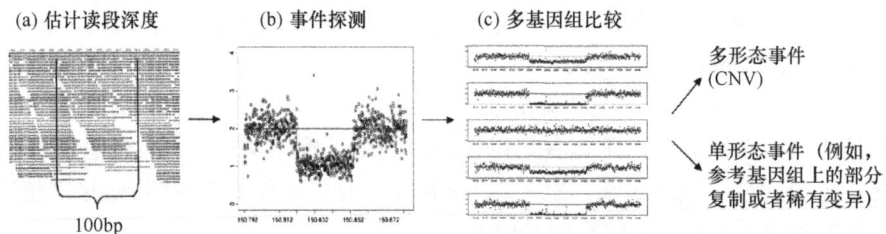

图9-5　基于读断深度的CNV检测流程（Yoon et al., 2009）

考基因组内不存在的新颖插入序列检测、仅限于相对较小的 SV 等。

另外一种基于 control-case 的算法在免除测序平台误差方面有极大的优势，因为此种算法必须使用病例及对照两组测序数据，我们可假设两组数据的平台误差一致，因此做比对的时候可以消除这种误差的存在。这种算法的缺点也显而易见，即对两组基因组进行测序带来的成本增加。这种算法的原理是寻找两组基因组区域序列片段总数的差异性，如图 9-6 所示。

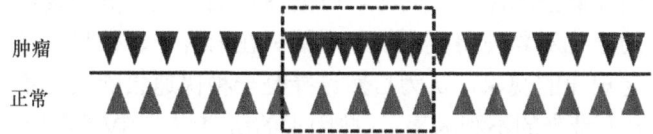

图 9-6　肿瘤序列读段（红色）和匹配的正常序列（灰色）(Kim et al.，2010)
（彩图请扫封底二维码）

这种算法通常较多应用于疾病（如肿瘤）相关的 SV 检测（Chiang et al.，2009；Kim et al.，2010），同时也可以用于两个正常基因组个体间的比较。实现方法为将基因组分解为多个检测窗口，使用多种检测方法来检测这些窗口内有无明显多于或少于控制组窗口内的 reads 数。因此，窗口大小的选择直接影响结果准确性，太大的窗口需要牺牲分辨率，太小的窗口则不利于检测较小 SV 区域。Xie 和 Tammi（2009）提出的 CNV-Seq 算法虽然一定程度解决了最佳窗口大小的问题，但他们假设基因组区域 reads 数符合泊松分布。这种方法虽然极大加快了计算速度，但由于泊松分布明显过于简单，无法真实的反应区域的 reads 数分布。而基于断裂点的窗口内检测 SV 算法 SegSeq（Chiang et al.，2009）虽然进一步提高了结果精确性，但算法中涉及的显著性 P 值仍是基于泊松分布假设而得到的，且算法中有三个参数可能对结果产生影响，因此也无法全面正确反映 SV 检测结果。

关于 INDEL 这种结构变异，目前也有一系列研究成果，但没有通用型的算法。例如，Ye 等（2009）提出的 split-read 方法仅对普通的 INDEL 及较长距离的 INDEL 有较好的应用，但却无法用于短长度 INDEL 的检测；SAMtools（Li et al.，2009）和 Varscan（Koboldt et al.，2009）也有类似的功能，仅 SAMtools 可以指定测序错误引起的 INDEL 检测误差；Ng 等（2010）虽采用重比对的方法发现了较多的 INDEL，却无法解决混合样本中 INDEL 的寻找；Krawitz 等（2010）虽然指出某些 INDEL 可能无法通过与对照序列比对后得到其唯一的定位，但没有提出解决这种问题的数学模型；Smith 等（2008）和 Qi 等（2010）通过结合组装和重新比对的方法来寻找 INDEL 但忽略了测序错误引起的误差；由 Alber 等提出的 Dindel 方法主要解决了测序错误引起的误差，同时实现混合样本寻找 INDEL，但仍然限制在只能处理 Ilumina GA 数据，而无法处理 454 数据。此外，有一种 <4bp 的被

称为"Microindel"的 INDEL 也引起了研究者们的关注,这种 INDEL 的发现主要能够纠正其引起的 SNP 检测误差,降低检测的假阳性(Krawitz et al., 2010)。

因此,不管是基于杂交密度还是基于 PEM 法或是基于序列密度方法,它们都是基于深度测序这个平台的,各种方法目前都有其使用范围和本身的固有限制。所以如何整合现有的方法为我们提供了一种相互补充的 SV 检测方法是必要的。就目前而言,我们可以通过结合使用两种新旧方法及自然选择的净化结果确定更为精确和廉价的检测技术路线。同时,研究 SV 的一些学者也提出了自然选择带来的不同频率的净化对象使得复制插入和缺失在内含子、外显子及基因、基因间的比例符合一定规律的现象,认为自然选择是一种快速去除改变不利于功能结构的 SV 特别是缺失带来的不利因素。这些因素的研究将是 SV 预测模型正确与否的关键,促使人们更准确地认识遗传变异过程。

9.4　变异检测软件实例

9.4.1　Genome Analysis Toolkit 简介

GATK(全称 Genome Analysis Toolkit,https://software.broadinstitute.org/gatk/)是由美国哈佛-麻省理工的博德研究所(Broad Institute)开发的用于变异检测(包括 SNP 和 INDEL 的检测)的强大工具包,主要针对深度测序数据,如人类全基因组和外显子组的测序数据(McKenna et al., 2010)。GATK 在不断更新中,目前的版本是 3.6。

GATK 是基于 MapReduce 框架开发的 Java 程序,可轻易地实现并行和分布式处理。无论是 DNA 还是 RNA 的测序数据,GATK 的分析流程都包括三个部分:数据预处理、变异检测、结果评估,如图 9-7 所示。由于数据的预处理部分并不包括在 GATK 工具包中,并且类似流程在本书的前面几章都有介绍,这里就不再赘述,把主要篇幅放在 GATK 工具包本身的介绍上。同时,GATK 的官网上提供了丰富的帮助文档的资料。表 9-1 列出了 GATK 工具包所包含的变异检测工具。

9.4.2　Genome Analysis Toolkit 安装

操作系统:GATK 可运行在基于 Unix 的操作系统,具有 MacOSX 和 Linux 的版本,不支持 Microsoft Windows。至少有 500M 硬盘容量和 2G 内存。这里选择 Ubuntu 系统下运行为例。

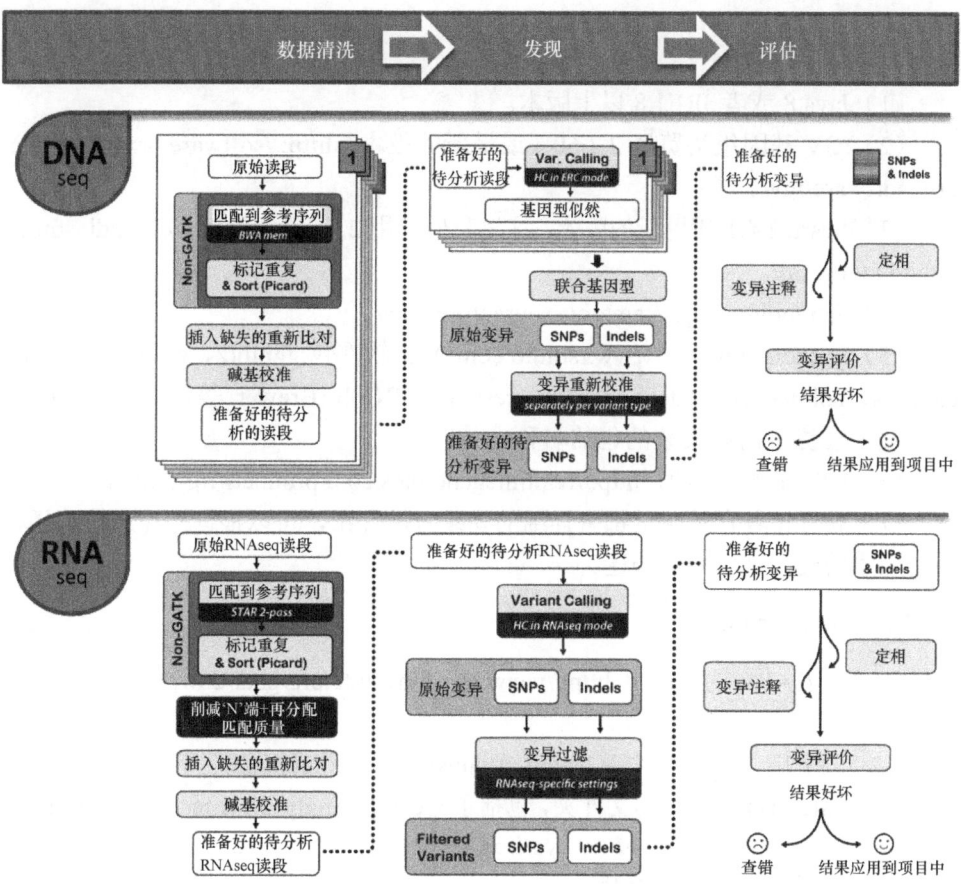

图 9-7　GATK 分析流程（https://software.broadinstitute.org/gatk/）

表 9-1　GATK 工具包中的变异检测工具

名称	描述
ApplyRecalibration	基于重新校验表的分数阈值过滤变异
CalculateGenotypePosteriors	计算基因型后验似然
GATKPaperGenotyper	简单的贝叶斯模型用于原始的 GATK 论文中
GenotypeGVCFs	由 HaplotypeCaller 产生的 gVCF 文件计算联合基因型
HaplotypeCaller	通过局部单倍型重组检测生殖系 SNP 和 indels
MuTect2	通过局部单倍型重组检测体细胞 SNP 和 indels
PhaseByTransmission	计算最有可能的基因型组合和阶段
RegenotypeVariants	通过精确等位基因频率计算模型触发重新估计样本的基因型
UnifiedGenotyper	SNP 和 indels 检测
VariantRecalibrator	构建一个重新校验模型来为检测到的变异打分以达到过滤的目的

9.4.2.1 所需软件

（1）Java 8 或者 JRE1.8 以上版本。

（2）IGV 基因组浏览器 2.3.60（或最新的版本）http://software.broadinstitute.org/ software/igv/。

（3）Picard 2.4.1 或更新的版本，这里我们选用 2.5.0 版本。http://broadinstitute.github.io/ picard/。

（4）Samtools，http://samtools.sourceforge.net/。

（5）RStudio（https://www.rstudio.com/）和软件包 ggplot2、gplots、bitops、caTools、colorspace、gdata、gsalib、reshape、RColorBrewer 等。如果画图时出现错误，会提示需要安装的包的名称。

（6）RTG Tools 3.6.2，http://realtimegenomics.com/products/rtg-tools/。

以上软件在各自的主页都有详细的安装方法介绍，可以根据操作系统选择相应的版本安装，这里不再赘述。

9.4.2.2 GATK 的安装

（1）在 GATK 的下载页 http://www.broadinstitute.org/gatk/download 下载最新版本。

（2）解压下载文件 GenomeAnalysisTk-3.6-0.tar.bz2，得到一个名为 GenomeAnalysisTK-3.6-0 的文件夹，包括了 GenomeAnalysisTK.jar 以及示例文件。

```
$ tar xvjf GenomeAnalysisTk-3.6-0.tar.bz2
```

（3）测试 GATK 是否安装成功

```
$ java -jar GenomeAnalysisTK.jar -h
```

如果 GATK 正常工作，可得到如图 9-8 所示的内容。

9.4.3 Genome Analysis Toolkit 使用

这里将主要介绍 GATK 提供的两个变异检测工具——UnifiedGenotyper 和 HaplotypeCaller。

9.4.3.1 UnifiedGenotyper

UnifiedGenotyper 使用贝叶斯最大似然模型，同时估计基因型和基因频率，最后对每一个样本的每一个变异位点和基因型都会给出后验概率。它可以用于单个样本的变异检测，也可以用于群体的变异检测。

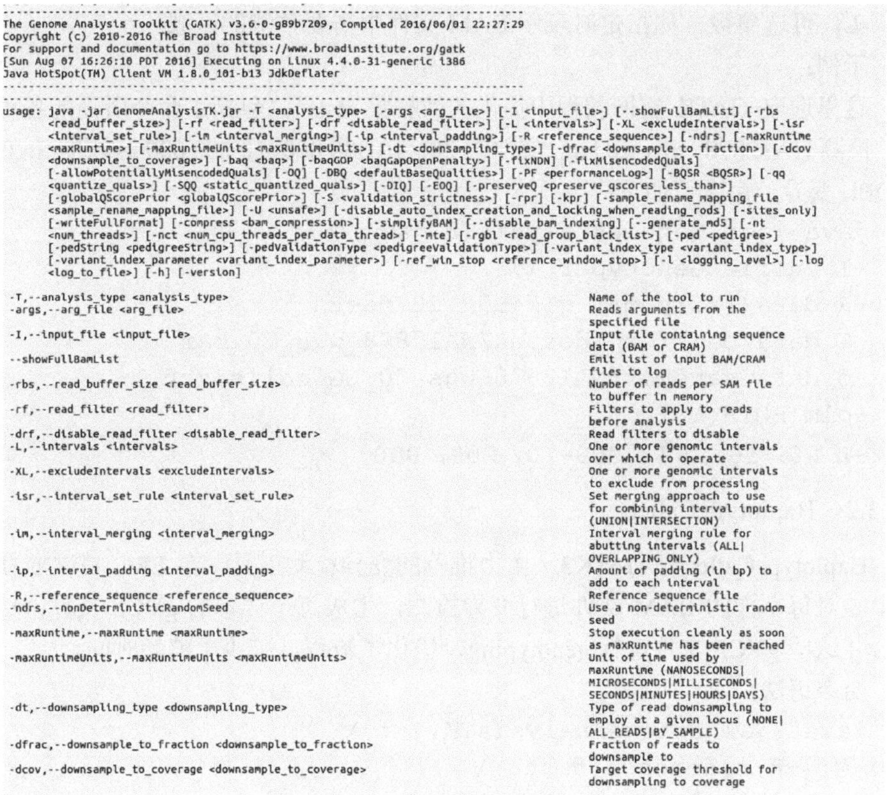

```
The Genome Analysis Toolkit (GATK) v3.6-0-g89b7209, Compiled 2016/06/01 22:27:29
Copyright (c) 2010-2016 The Broad Institute
For support and documentation go to https://www.broadinstitute.org/gatk
[Sun Aug 07 16:26:10 PDT 2016] Executing on Linux 4.4.0-31-generic i386
Java HotSpot(TM) Client VM 1.8.0_101-b13 JdkDeflater

usage: java -jar GenomeAnalysisTK.jar -T <analysis_type> [-args <arg_file>] [-I <input_file>] [--showFullBamList] [-rbs
       <read_buffer_size>] [-rf <read_filter>] [-drf <disable_read_filter>] [-L <intervals>] [-XL <excludeIntervals>] [-isr
       <interval_set_rule>] [-im <interval_merging>] [-ip <interval_padding>] [-R <reference_sequence>] [-ndrs] [--maxRuntime
       <maxRuntime>] [--maxRuntimeUnits <maxRuntimeUnits>] [-dt <downsampling_type>] [-dfrac <downsample_to_fraction>] [-dcov
       <downsample_to_coverage>] [-baq <baq>] [-baqGOP <baqGapOpenPenalty>] [-fixNDN] [-fixMisencodedQuals]
       [-allowPotentiallyMisencodedQuals] [-OQ] [-DBQ <defaultBaseQualities>] [-PF <performanceLog>] [-BQSR <BQSR>] [-qq
       <quantize_quals>] [-SQQ <static_quantized_quals>] [-DIQ] [-EOQ] [-preserveQ <preserve_qscores_less_than>]
       [-globalQScorePrior <globalQScorePrior>] [-S <validation_strictness>] [-rpr] [-kpr] [--sample_rename_mapping_file
       <sample_rename_mapping_file>] [-U <unsafe>] [--disable_auto_index_creation_and_locking_when_reading_rods] [-sites_only]
       [-writeFullFormat] [--compress <bam_compression>] [--simplifyBAM] [--disable_bam_indexing] [--generate_md5] [-nt
       <num_threads>] [-nct <num_cpu_threads_per_data_thread>] [-mte] [-rgbl <read_group_black_list>] [-ped <pedigree>]
       [-pedString <pedigreeString>] [-pedValidationType <pedigreeValidationType>] [-variant_index_type <variant_index_type>]
       [-variant_index_parameter <variant_index_parameter>] [-ref_win_stop <reference_window_stop>] [-l <logging_level>] [-log
       <log_to_file>] [-h] [-version]

 -T,--analysis_type <analysis_type>                             Name of the tool to run
 -args,--arg_file <arg_file>                                    Reads arguments from the
                                                                specified file
 -I,--input_file <input_file>                                   Input file containing sequence
                                                                data (BAM or CRAM)
 --showFullBamList                                              Emit list of input BAM/CRAM
                                                                files to log
 -rbs,--read_buffer_size <read_buffer_size>                     Number of reads per SAM file
                                                                to buffer in memory
 -rf,--read_filter <read_filter>                                Filters to apply to reads
                                                                before analysis
 -drf,--disable_read_filter <disable_read_filter>               Read filters to disable
 -L,--intervals <intervals>                                     One or more genomic intervals
                                                                over which to operate
 -XL,--excludeIntervals <excludeIntervals>                      One or more genomic intervals
                                                                to exclude from processing
 -isr,--interval_set_rule <interval_set_rule>                   Set merging approach to use
                                                                for combining interval inputs
                                                                (UNION|INTERSECTION)
 -im,--interval_merging <interval_merging>                      Interval merging rule for
                                                                abutting intervals (ALL|
                                                                OVERLAPPING_ONLY)
 -ip,--interval_padding <interval_padding>                      Amount of padding (in bp) to
                                                                add to each interval
 -R,--reference_sequence <reference_sequence>                   Reference sequence file
 -ndrs,--nonDeterministicRandomSeed                             Use a non-deterministic random
                                                                seed
 --maxRuntime,--maxRuntime <maxRuntime>                         Stop execution cleanly as soon
                                                                as maxRuntime has been reached
 --maxRuntimeUnits,--maxRuntimeUnits <maxRuntimeUnits>          Unit of time used by
                                                                maxRuntime (NANOSECONDS|
                                                                MICROSECONDS|MILLISECONDS|
                                                                SECONDS|MINUTES|HOURS|DAYS)
 -dt,--downsampling_type <downsampling_type>                    Type of read downsampling to
                                                                employ at a given locus (NONE|
                                                                ALL_READS|BY_SAMPLE)
 -dfrac,--downsample_to_fraction <downsample_to_fraction>       Fraction of reads to
                                                                downsample
 -dcov,--downsample_to_coverage <downsample_to_coverage>        Target coverage threshold for
                                                                downsampling to coverage
```

图 9-8　GATK 正常工作截图

命令语法：
```
java -jar GenomeAnalysisTK.jar \
    -T UnifiedGenotyper \
    -R reference.fasta \
    -I input.bam \
    -o raw_variants.vcf \
    -glm variants type\
    [-L targets.interval_list]
```
其中，相关参数的含义如下：

-T，变异检测的工具；

-R，参考序列，fasta 格式；

-I，BAM 格式的输入数据文件；

-o，变异检测的输出文件，vcf 格式；

-glm，变异检测的类型，SNP、INDEL 和 both（代表前面两种变异都检测）。默认为 SNP；

-L，可选参数，如指定时表示 BAM 文件中需要预测的区域

示例：

这里选取 GATK 官网教程中提供的数据集 data[①]，包括了命令所需的各种数据。检测 NA12878_wgs_20.bam 文件中 20：10 000 000~10 200 000 区域的 SNP 和 INDEL 变异，命令可如下：

```
java -jar GenomeAnalysisTK.jar\
-T UnifiedGenotyper \
-R data/ref/human_g1k_b37_20.fasta \
-I data/bams/exp_design/NA12878_wgs_20.bam \
-o data/sandbox/NA12878_wgs_20_UG_calls.vcf \
-glm BOTH \
-L 20：10，000，000-10，200，000
```

9.4.3.2 HaplotypeCaller

HaplotypeCaller 是 GATK3.x 主力推荐的变异检测工具，在-ERC GVCF 模式下单独对每个样的 BAM 文件进行变异检测，生成每个样本的 gVCF 文件；然后将合并这些 gVCF 文件进行 genotyping，优化了流程，减少了消耗时间。

命令语法：

```
java -jar GenomeAnalysisTK.jar \
    -R reference.fasta \
    -T HaplotypeCaller \
    -I sample1.bam \
    -ERC GVCF \
    [-D dbSNP.vcf] \
    [-L targets.interval_list] \
    -o output.raw.snps.indels.g.vcf
```

其中，相关参数的含义如下：

-R、-T、-I、-L 和-o 的参数含义和设置与 UnifiedGenotyper 一致；

-ERC，参考置信度分数模式；

-D，dbSNP 文件。

示例：检测多个文件的变异

这里同样使用数据集 data。

（1）对每个样本的 BAM 文件进行变异检测，这里共对三个 bam 文件，即 NA12878_wgs_20.bam、NA12877_wgs_20.bam 和 NA12882_wgs_20.bam 分别变异检测。仅以 NA12878_wgs_20.bam 为例，代码如下

---

① https://drive.google.com/folderview?id=0BwTg3aXzGxEDXzdBdmZMU29ENVE&usp=sharing

```
java -jar GenomeAnalysisTK.jar -T HaplotypeCaller \
-R data/ref/human_g1k_b37_20.fasta \
-I data/bams/exp_design/NA12878_wgs_20.bam \
-o data/sandbox/NA12878_wgs_20.g.vcf \
-ERC GVCF \
-L 20: 10 000 000~10 200 000
```

对其他两个 BAM 文件同样运行如上代码,得到 NA12877_wgs_20.g.vcf 和 NA12882_wgs_20.g.vcf。

(2)整合每个 gVCF 文件,进行 joint genotyping,生成最后的 VCF 文件,代码如下:

```
java -jar GenomeAnalysisTK.jar -T GenotypeGVCFs \
-R data/ref/human_g1k_b37_20.fasta \
-V data/sandbox/NA12878_wgs_20.g.vcf \
-V data/gvcfs/NA12877_wgs_20.g.vcf \
-V data/gvcfs/NA12882_wgs_20.g.vcf \
-o data/sandbox/CEUtrio_wgs_20_GGVCFs_jointcalls.vcf \
-L 20: 10 000 000~10 200 000
```

(3)用 IGV 查看变异(可视化)。在终端用如下命令打开 IGV

```
java -Xmx750m -jar ~ /IGV_2.3.80/igv.jar
```

加载变异检测的最终结果 CEUtrio_wgs_20_GGVCFs_jointcalls.vcf,更改视图到 20:10,002,584-10,002,665 区域,得到图 9-9 结果。

图 9-9 变异检测结果的可视化

9.5 展　　望

虽然深度测序技术仍具有一定的局限性,我们相信随着科学技术的发展,测序片段长度可延伸至上百甚至数千个碱基,完整地实现基因组准确测序将极易完成。因此,将其用于变异检测也将变得更为容易、更为准确。目前 Sanger 测序提供了最长的短序列,使其在某些变异检测方面具有更大的优势,我们完全可以通过精确算法来弥补这一局限,且鉴于深度测序花费较低、数据量更大的特点及快速发展的计算水平,深入了解熟悉深度测序技术是极为必要的;而基于芯片技术的变异检测虽然从成本上低于深度测序并且至今仍广泛应用于市场,但其终究只能针对已知变异做出判断。因此,虽然深度测序较芯片技术花费稍大,但其能够完成芯片技术所无法完成的变异检测,如新颖变异检测、较小区域变异检测及实现变异位点的准确定位。最为关键的是,深度测序能通过提高测序深度来达到精确性、特异性及灵敏性。

同时，我们应该意识到深度测序也具有一定的局限性，如无法解决重复片段区域的检测灵敏性。虽然基于测序深度的算法能够提高一定的检测灵敏度，但其分辨率仍然相对较差；而绝大多数基于双末端序列比对的方法也无法有效解决比对唯一性，虽然可以引入多重比对区域来提高结果准确性，但这项工作的完成需要大量的准备工作。

目前大多是研究工作结果是从单一方面解决已有的挑战，明确了深度测序技术这项新技术在变异检测方面的可行性与重要性。随着技术的发展、成熟及众多科学家的努力（如 1000 Genomes Project），我们相信更多适用性更广泛的生物信息学软件将逐步整合已有的方法以提高检测结果正确性，能够在较低覆盖率的前提下获得精确的结果。

参 考 文 献

Altshuler D M, Gibbs R A, Peltonen L, et al. 2010. Integrating common and rare genetic variation in diverse human populations. Nature, 467(7311): 52-58.

Bailey J A, Gu Z, Clark R A, et al. 2002. Recent segmental duplications in the human genome. Science, 297(5583): 1003-1007.

Barreiro L B, Laval G, Quach H, et al. 2008. Natural selection has driven population differentiation in modern humans. Nat Genet, 40(3): 340-345.

Bentley D R, Balasubramanian S, Swerdlow H P, et al. 2008. Accurate whole human genome sequencing using reversible terminator chemistry. Nature, 456(7218): 53-59.

Berger J, Suzuki T, Senti K A, et al. 2001. Genetic mapping with SNP markers in Drosophila. Nat Genet, 29(4): 475-481.

Cardoso-Moreira M M, Long M. 2010. Mutational bias shaping fly copy number variation: implications for genome evolution. Trends Genet, 26(6): 243-247.

Carreto L, Eiriz M F, Gomes A C, et al. 2008. Comparative genomics of wild type yeast strains unveils important genome diversity. BMC Genomics, 9: 524.

Carter N P. 2007. Methods and strategies for analyzing copy number variation using DNA microarrays. Nat Genet, 39(7 Suppl): S16-21.

Cartwright R A. 2009. Problems and solutions for estimating indel rates and length distributions. Mol Biol Evol, 26(2): 473-480.

Chen K, Wallis J W, McLellan M D, et al. 2009. BreakDancer: an algorithm for high-resolution mapping of genomic structural variation. Nat Methods, 6(9): 677-681.

Chew M. 2000. Cracking the code: how will the Human Genome Project affect life as we know it? Med J Aust, 173(11-12): 590.

Chiang D Y, Getz G, Jaffe D B, et al. 2009. High-resolution mapping of copy-number alterations with massively parallel sequencing. Nat Methods, 6(1): 99-103.

Collins F S, Drumm M L, Cole J L, et al. 1987. Construction of a general human chromosome jumping library, with application to cystic fibrosis. Science, 235(4792): 1046-1049.

Conrad D F, Andrews T D, Carter N P, et al. 2006. A high-resolution survey of deletion polymorphism in the human genome. Nat Genet, 38(1): 75-81.

Cooper G M, Zerr T, Kidd J M, et al. 2008. Systematic assessment of copy number variant detection via genome-wide SNP genotyping. Nat Genet, 40(10): 1199-1203.

Daly M J, Rioux J D, Schaffner S F, et al. 2001. High-resolution haplotype structure in the human genome. Nat Genet, 29(2): 229-232.

Dohm J C, Lottaz C, Borodina T, et al. 2008. Substantial biases in ultra-short read data sets from high-throughput DNA sequencing. Nucleic Acids Res, 36(16): e105.

Dumas L, Kim Y H, Karimpour-Fard A, et al. 2007. Gene copy number variation spanning 60 million years of human and primate evolution. Genome Res, 17(9): 1266-1277.

Graubert T A, Cahan P, Edwin D, et al. 2007. A high-resolution map of segmental DNA copy number variation in the mouse genome. PLoS Genet, 3(1): e3.

Hastings P J, Lupski J R, Rosenberg S M, et al. 2009. Mechanisms of change in gene copy number. Nat Rev Genet, 10(8): 551-564.

Hormozdiari F, Hach F, Sahinalp S C, et al. 2011. Sensitive and fast mapping of di-base encoded reads. Bioinformatics, 27(14): 1915-1921.

Hyten D L, Song Q, Fickus E W, et al. 2010. High-throughput SNP discovery and assay development in common bean. BMC Genomics, 11: 475.

Iafrate A J, Feuk L, Rivera M N, et al. 2004. Detection of large-scale variation in the human genome. Nat Genet, 36(9): 949-951.

Judson R, Salisbury B, Schneider J, et al. 2002. How many SNPs does a genome-wide haplotype map require? Pharmacogenomics, 3(3): 379-391.

Kidd J M, Cooper G M, Donahue W F, et al. 2008. Mapping and sequencing of structural variation from eight human genomes. Nature, 453(7191): 56-64.

Kim T M, Luquette L J, Xi R, et al. 2010. rSW-seq: algorithm for detection of copy number alterations in deep sequencing data. BMC Bioinformatics, 11: 432.

Klein R J, Zeiss C, Chew E Y, et al. 2005. Complement factor H polymorphism in age-related macular degeneration. Science, 308(5720): 385-389.

Koboldt D C, Chen K, Wylie T, et al. 2009. VarScan: variant detection in massively parallel sequencing of individual and pooled samples. Bioinformatics, 25(17): 2283-2285.

Kondrashov A S, Rogozin I B. 2004. Context of deletions and insertions in human coding sequences. Hum Mutat, 23(2): 177-185.

Korbel J O, Urban A E, Affourtit J P, et al. 2007. Paired-end mapping reveals extensive structural variation in the human genome. Science, 318(5849): 420-426.

Krawitz P, Rodelsperger C, Jager M, et al. 2010. Microindel detection in short-read sequence data. Bioinformatics, 26(6): 722-729.

Lee A S, Gutierrez-Arcelus M, Perry G H, et al. 2008. Analysis of copy number variation in the rhesus macaque genome identifies candidate loci for evolutionary and human disease studies. Hum Mol Genet, 17(8): 1127-1136.

Lee D, Hormozdiari F, Xin H, et al. 2015. Fast and accurate mapping of complete genomics reads. Methods, 79-80: 3-10.

Li H, Handsaker B, Wysoker A, et al. 2009. The sequence alignment/map format and SAMtools. Bioinformatics, 25(16): 2078-2079.

Li H, Ruan J, Durbin R. 2008. Mapping short DNA sequencing reads and calling variants using mapping quality scores. Genome Res, 18(11): 1851-1858.

Li R, Li Y, Fang X, et al. 2009. SNP detection for massively parallel whole-genome resequencing. Genome Res, 19(6): 1124-1132.

Lunter G. 2007. Probabilistic whole-genome alignments reveal high indel rates in the human and mouse genomes. Bioinformatics, 23(13): i289-296.

Lupski J R. 2007. An evolution revolution provides further revelation. Bioessays, 29(12): 1182-1184.

Malats N, Calafell F. 2003. Basic glossary on genetic epidemiology. J Epidemiol Community Health, 57(7): 480-482.

McCarroll S A, Hadnott T N, Perry G H, et al. 2006. Common deletion polymorphisms in the human genome. Nat Genet, 38(1): 86-92.

McCarroll S A, Kuruvilla F G, Korn J M, et al. 2008. Integrated detection and population-genetic analysis of SNPs and copy number variation. Nat Genet, 40(10): 1166-1174.

McKenna A, Hanna M, Banks E, et al. 2010. The genome analysis toolkit: a MapReduce framework for analyzing next-generation DNA sequencing data. Genome Res, 20(9): 1297-1303.

Nachman M W. 2001. Single nucleotide polymorphisms and recombination rate in humans. Trends Genet, 17(9): 481-485.

Ng S B, Buckingham K J, Lee C, et al. 2010. Exome sequencing identifies the cause of a mendelian disorder. Nat Genet, 42(1): 30-35.

Nguyen D Q, Webber C, Hehir-Kwa J, et al. 2008. Reduced purifying selection prevails over positive selection in human copy number variant evolution. Genome Res, 18(11): 1711-1723.

Ogurtsov A Y, Sunyaev S, Kondrashov A S. 2004. Indel-based evolutionary distance and mouse-human divergence. Genome Res, 14(8): 1610-1616.

Ossowski S, Schneeberger K, Clark R M, et al. 2008. Sequencing of natural strains of Arabidopsis thaliana with short reads. Genome Res, 18(12): 2024-2033.

Patil N, Berno A J, Hinds D A, et al. 2001. Blocks of limited haplotype diversity revealed by high-resolution scanning of human chromosome 21. Science, 294(5547): 1719-1723.

Perry G H, Tchinda J, McGrath S D, et al. 2006. Hotspots for copy number variation in chimpanzees and humans. Proc Natl Acad Sci U S A, 103(21): 8006-8011.

Perry G H, Yang F, Marques-Bonet T, et al. 2008. Copy number variation and evolution in humans and chimpanzees. Genome Res, 18(11): 1698-1710.

Pinkel D, Segraves R, Sudar D, et al. 1998. High resolution analysis of DNA copy number variation using comparative genomic hybridization to microarrays. Nat Genet, 20(2): 207-211.

Qi J, Zhao F, Buboltz A, et al. 2010. InGAP: an integrated next-generation genome analysis pipeline. Bioinformatics, 26(1): 127-129.

Queller D C, Strassmann J E, Hughes C R. 1993. Microsatellites and kinship. Trends Ecol Evol, 8(8): 285-288.

Redon R, Ishikawa S, Fitch K R, et al. 2006. Global variation in copy number in the human genome. Nature, 444(7118): 444-454.

Rozowsky J, Euskirchen G, Auerbach R K, et al. 2009. PeakSeq enables systematic scoring of ChIP-seq experiments relative to controls. Nat Biotechnol, 27(1): 66-75.

Saiki R K, Scharf S, Faloona F, et al. 1985. Enzymatic amplification of beta-globin genomic sequences and restriction site analysis for diagnosis of sickle cell anemia. Science, 230(4732): 1350-1354.

Saxena R, Voight B F, Lyssenko V, et al. 2007. Genome-wide association analysis identifies loci for type 2 diabetes and triglyceride levels. Science, 316(5829): 1331-1336.

Schuster S C. 2008. Next-generation sequencing transforms today's biology. Nat Methods, 5(1): 16-18.

Sebat J, Lakshmi B, Troge J, et al. 2004. Large-scale copy number polymorphism in the human genome. Science, 305(5683): 525-528.

She X, Cheng Z, Zollner S, et al. 2008. Mouse segmental duplication and copy number variation. Nat

Genet, 40(7): 909-914.
Shendure J. 2008. The beginning of the end for microarrays? Nat Methods, 5(7): 585-587.
Smith D R, Quinlan A R, Peckham H E, et al. 2008. Rapid whole-genome mutational profiling using next-generation sequencing technologies. Genome Res, 18(10): 1638-1642.
Solinas-Toldo S, Lampel S, Stilgenbauer S, et al. 1997. Matrix-based comparative genomic hybridization: biochips to screen for genomic imbalances. Genes Chromosomes Cancer, 20(4): 399-407.
Stankiewicz P, Lupski J R. 2002. Genome architecture, rearrangements and genomic disorders. Trends Genet, 18(2): 74-82.
Stankiewicz P, Lupski J R. 2010. Structural variation in the human genome and its role in disease. Annu Rev Med, 61: 437-455.
Stephens J C, Schneider J A, Tanguay D A, et al. 2001. Haplotype variation and linkage disequilibrium in 313 human genes. Science, 293(5529): 489-493.
Stranger B E, Forrest M S, Dunning M, et al. 2007. Relative impact of nucleotide and copy number variation on gene expression phenotypes. Science, 315(5813): 848-853.
Stuber F, Petersen M, Bokelmann F, et al. 1996. A genomic polymorphism within the tumor necrosis factor locus influences plasma tumor necrosis factor-alpha concentrations and outcome of patients with severe sepsis. Crit Care Med, 24(3): 381-384.
The International HapMap Consortium. 2005. A haplotype map of the human genome. Nature, 437(7063): 1299-1320.
Tuzun E, Sharp A J, Bailey J A, et al. 2005. Fine-scale structural variation of the human genome. Nat Genet, 37(7): 727-732.
van Ommen G J. 2005. Frequency of new copy number variation in humans. Nat Genet, 37(4): 333-334.
Vignal A, Milan D, SanCristobal M, et al. 2002. A review on SNP and other types of molecular markers and their use in animal genetics. Genet Sel Evol, 34(3): 275-305.
Wang D G, Fan J B, Siao C J, et al. 1998. Large-scale identification, mapping, and genotyping of single-nucleotide polymorphisms in the human genome. Science, 280(5366): 1077-1082.
Wang J, Wang W, Li R, et al. 2008. The diploid genome sequence of an Asian individual. Nature, 456(7218): 60-65.
Warren S T, Zhang F, Licameli G R, et al. 1987. The fragile X site in somatic cell hybrids: an approach for molecular cloning of fragile sites. Science, 237(4813): 420-423.
Wicks S R, Yeh R T, Gish W R, et al. 2001. Rapid gene mapping in Caenorhabditis elegans using a high density polymorphism map. Nat Genet, 28(2): 160-164.
Xie C, Tammi M T. 2009. CNV-seq, a new method to detect copy number variation using high-throughput sequencing. BMC Bioinformatics, 10: 80.
Ye K, Schulz M H, Long Q, et al. 2009. Pindel: a pattern growth approach to detect break points of large deletions and medium sized insertions from paired-end short reads. Bioinformatics, 25(21): 2865-2871.
Yoon S, Xuan Z, Makarov V, et al. 2009. Sensitive and accurate detection of copy number variants using read depth of coverage. Genome Res, 19(9): 1586-1592.
Zhang F, Gu W, Hurles M E, et al. 2009. Copy number variation in human health, disease, and evolution. Annu Rev Genomics Hum Genet, 10: 451-481.
Zhang K, Qin Z S, Liu J S, et al. 2004. Haplotype block partitioning and tag SNP selection using genotype data and their applications to association studies. Genome Res, 14(5): 908-916.

10 单细胞测序数据分析

> **内容提要**：正如谚语中所说，"世界上没有完全相同的两片树叶"，这句话同样适用于构成生命系统的最基本单位——细胞。生物体内即使来源于同一细胞系或者同一个体的细胞，也会由于基因组或者表观遗传组的重编程、细胞在分裂或者分化过程中的 DNA 复制过程的错误等原因而呈现出不同的基因组、转录组及表观遗传组。因而，能够通过单细胞测序技术在单细胞水平上对上述问题进行研究对我们深入理解生命现象具有至关重要的意义。

单细胞分析技术的成熟及下一代测序技术的迅猛发展，使得在细胞水平上进行全基因组高通量测序分析成为了可能。在本章中，我们将首先简要勾勒单细胞测序技术的发展历程，然后着重介绍单细胞测序技术的不同分类及其在各个研究领域的应用，以及与通常的下一代高通量测序数据在计算分析上的不同之处，之后将结合一个研究实例介绍单细胞测序数据分析技术，文末将对单细胞测序技术的现状及未来发展趋势进行探讨。

10.1 单细胞测序技术的简要发展历程

人类对单细胞世界的探索最早可以追溯到 17 世纪 60 年代第一台显微镜的发明，那时早期的微生物学家可以借助显微镜观察水滴中可以移动的原核生物单个细胞的形态结构。在 20 世纪末期，细胞染色技术及细胞生物学研究技术的快速发展，极大地推进了单细胞领域的研究，此时生物学家已经可以实现对单细胞中染色体上遗传物质进行直接研究。然而，当时的细胞遗传学和免疫染色技术仅限于对单个基因或者蛋白质的测定分析。同样，在 20 世纪末发展起来的定量基因微阵列技术虽然能够实现在全基因组层次上对 DNA 和 RNA 的定量测量，但是单细胞中所能提取到的遗传物质量又难以达到该技术测定的最低要求。尽管此时 PCR 技术已经得以开发使用，但也只能实现针对基因组特定小范围的片段区域进行扩增。之后，随着全基因组和全转录组扩增技术的开发，一个具有里程碑意义的技术，即下一代测序技术，在 2005 年得以诞生并迅速在各个研究领域得到推广运用（Mardis，2011）。通过该技术，我们可以实现用较小的时间和费用成本在全基因组层次对 DNA 和 RNA 的定量分析。

下一代测序技术的迅猛发展，加上单细胞分离等技术的日趋成熟，促成了高通量单细胞测序技术的诞生。图 10-1（a）列举了自单细胞测序产生以来的重要研究进展,如 Tang 等在 2009 年首先实现了对哺乳动物单细胞的转录组 RNA 测序分析(Tang et al., 2009), Navin 等在 2011 年首次对人类单细胞进行了全基因组测序分析(Navin et al., 2011)。之后,单细胞测序技术在 2012 年及以后得到了更加深入的发展,并于 2013 年荣膺《自然-方法》年度技术的称号。基于 Pubmed 文献数据库的收录情况,我们可以看到近几年单细胞测序技术相关研究的文献发表情况呈现出逐年增长的趋势[图 10-1 (b)],直接体现了单细胞测序技术在研究领域受到的重视程度。进一步对这些文献的研究领域进行归类可以发现[图 10-1 (c)],单细胞测序技术在癌症及发育生物学研究领域得到了最为广泛的应用,单细胞测序技术方法及测序数据计算分析方法的开发也占到了很大比重。此外,该项技术同样被广泛应用于微生物学、神经生物学及免疫生物学等研究领域中。

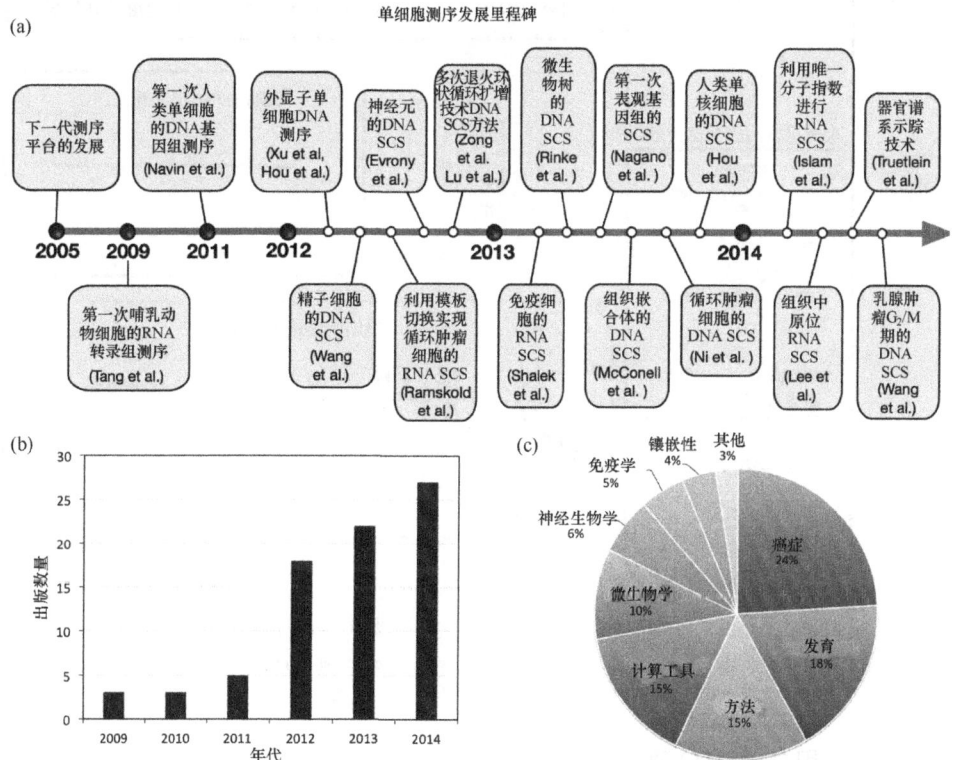

图 10-1 单细胞测序技术的发展历程介绍(Wang and Navin, 2015)
(a) 单细胞测序技术发展里程碑事件一览图;(b) 近几年单细胞测序相关研究工作发表情况;
(c) 单细胞测序技术在各个研究领域的应用状况

10.2 单细胞测序的技术实现及主要分类

单细胞测序技术,顾名思义,即是对生命体内单细胞进行测序。简单来说,该技术的实现主要包含以下三个步骤（图 10-2）：①单细胞的分离；②DNA/RNA 的提取和扩增；③测序以及后续的分析应用。根据遗传物质提取的不同及后续分析应用的差异，单细胞测序技术又可以划分为单细胞基因组测序技术、单细胞转录组测序技术及单细胞表观遗传组测序技术三大类。本章中，我们将首先介绍常用的单细胞分离技术，之后将详细讲解不同类别的单细胞测序技术的实现方法。

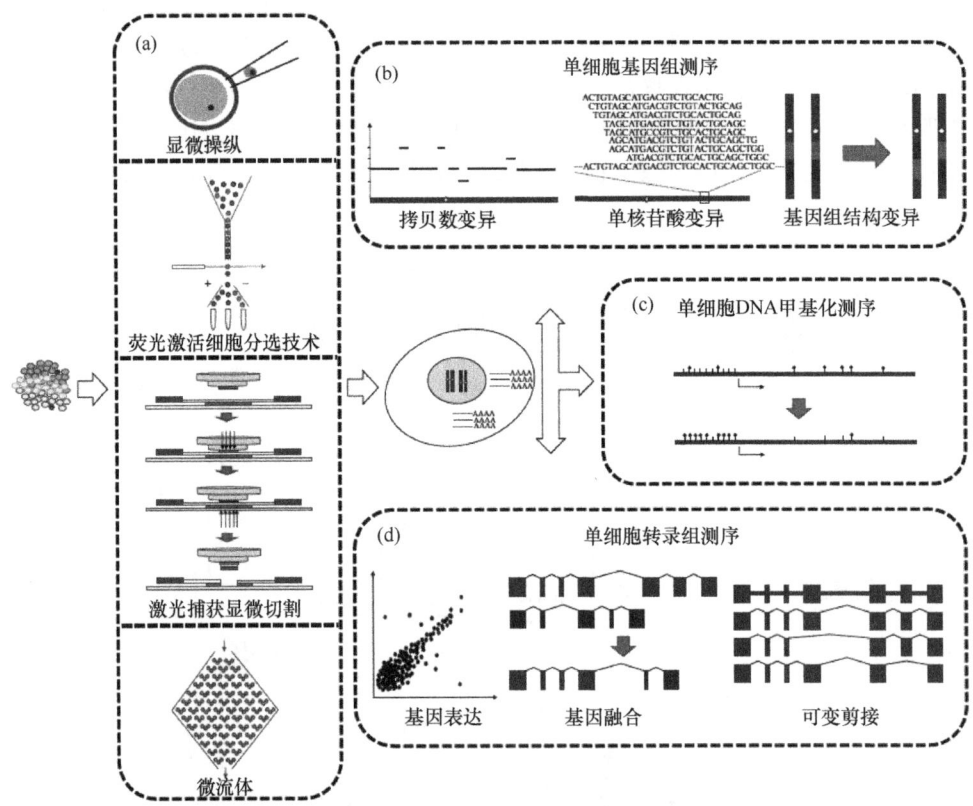

图 10-2　单细胞测序的技术流程及主要分类（Liang et al.，2014）
（a）单细胞分离技术示意图；（b）单细胞基因组测序应用示意图；（c）单细胞 DNA 表观遗传组测序应用示意图；（d）单细胞转录组测序应用示意图

10.2.1　常用单细胞分离的技术

单细胞测序的第一步是单细胞的分离和提取［图 10-2（a）］。目前常用的用于从机体组织或者培养细胞系中分离和提取单细胞的方法有：①显微操作技术（micromanipulation）；②激光捕获显微切割技术（laser capture microdissection）；③荧光活化细胞分类技术（fluorescence activated cell sorting）；④微流控技术（microfluidics）。

显微操作技术和激光捕获显微切割技术是两种基于显微镜下细胞形态和着色特性，从而进行手工分离和提取单细胞的低通量技术。这两项技术可以在显微镜直视下快速、准确获取所需的单一细胞亚群及至单个细胞。通常，显微操作技术被用来对培养细胞系和早期胚胎中进行分离提取细胞，而激光捕获纤维切割技术则主要被用来从固定的机体组织中进行切割提取，其基本原理是通过一低能红外激光脉冲激活热塑模-乙烯乙酸乙烯酯（EVA）膜，在直视下选择性地将目标细胞或组织碎片粘到该膜上。

荧光活化细胞分类技术和微流控技术是两种基于对荧光标志物、光散射等细胞特异性，从而可以实现自动化分离和提取单细胞的高通量技术。其中，荧光活化细胞分类技术的实现需要大量悬浮于流体中的细胞，待测细胞经特异性荧光染料染色后，加入样品管中，经过测量区，由染色后的细胞在激光照射下的荧光产生的电信号来进行定量分析，之后通过流束形成含有细胞的带电液滴来实现单细胞的分离。微流控技术是一种新型的用于精确控制微量液体的技术。微流控芯片是实施该技术的平台，通过细微的管道对液体实施操控，微流控对液体的操控尺度，刚好适合于单细胞样品的处理操作，因而被认为是用于单细胞分离的一项极佳方法。

10.2.2 单细胞基因组测序技术

下一代测序技术的广泛应用极大加速了遗传学各个领域的研究步伐，包括演化遗传学、疾病遗传学等。然而，大量实验证据表明，即使是来源于同一个生命个体或者同一个细胞系的细胞，在基因组上大多存在一定的差异性。DNA的复制失真、哺乳动物发育过程中细胞编程的基因组编辑，以及许多疾病的产生都会带来细胞基因组的变异。传统基因组测序的材料来源于机体中多个组织样本的混合，甚至是多个个体的样本混合，因而测序得到的数据可能存在较多偏差。

单细胞测序技术可以很好地解决传统的大块基因组测序方法带来的这些问题，因而被认为是一种可以研究生命现象特异性的很好的方法。由于单细胞的遗传物质含量很少，比如单个人类二倍体细胞仅含有约 6 pg 的 DNA，因而需要进行高准确度的全基因组扩增以满足后续单细胞测序需要的 DNA 量。下文中我们将简要介绍目前常用的应用于全基因组 DNA 扩增的技术状况。

早在下一代测序技术兴起之前，基于 PCR 的全基因组扩增技术（PCR-based WGA）就被用来检测单细胞中的基因拷贝数变异（CNV）和单核苷酸变异（SNV）。根据 PCR 的不同方式，PCR-based WGA 的方法主要包括：①基于配体锚定的 PCR 扩增（LA-PCR）；②扩增前引物延伸 PCR 扩增（PEP-PCR）；③简并寡核苷酸引物 PCR 扩增（DOP-PCR）。其中，基于 DOP-PCR 而开发的 GenomePlex 单细胞全基因组扩增工具盒，在实际中的科研工作中得到了广泛的应用。然而，由于随机引物和其相应模板的退火动力学差异以及扩增子的长度较短，因而 PCR-based WGA 技术往往具有较高的扩增偏差，从而导致基因组不同区域的扩增覆盖度有较大差异。

多重置换扩增（MDA）是一种等温的链置换扩增反应，其使用随机的 6 碱基引物在多位点和模板链结合，接着利用 phi29 DNA 聚合酶很强的模板结合和置换能力实现对全基因组的扩增。与 PCR-based WGA 技术相比，MDA 能够在极大程度上降低扩增的偏差性，同时还可以产生更大的扩增子。然而，MDA 技术在扩增复杂真核生物基因组时，依然会产生较大的扩增偏差，从而导致基因组不同区域的扩增覆盖度有较大差异。

基于多次退火和成环的扩增循环（multiple annealing and looping-based amplification cycles）技术实现了将多重置换循环和 PCR 扩增技术相结合，其通过采用特殊引物，使得扩增子的结尾互补而成环，从而达到近乎线性的扩增，以实现降低非线性扩增所带来的偏差。该技术可以实现以平均 25×的测序深度来获得人类基因组高达 93%的覆盖度，而在同等情况下，多重置换扩增只能达到大约 72%的覆盖度。

10.2.3　单细胞转录组测序技术

基于下一代测序的 RNA-Seq 技术被广泛应用于检测多种生物学过程（如疾病与正常状态）的基因表达水平、可变基因剪接，以及鉴定新的转录本。大量的实验数据表明，即使是对看似同质的细胞群体，它们在基因及蛋白质表达水平上也有很大的差异，因而通常的 RNA-Seq 技术只是检测了细胞群体基因表达水平的平均值。然而对于仅含微量基因物质的细胞样本，如早期胚胎细胞、癌症干细胞等，传统的 RNA-Seq 技术便很难被用来进行基因表达的测定。而最近兴起的单细胞转录组测序技术能够很好地解决上述问题，特别是针对细胞异质性的检测，以及微量遗传物质转录水平的检测。

单细胞转录组测序技术的核心步骤是全转录组的扩增，该步骤包括 mRNA 的反转录为 cDNA 和 cDNA 扩增两个过程。为了能够反映全转录组的情况，需要 mRNA 完全反转录为 cDNA，以及对 cDNA 的线性扩增。其中，cDNA 的扩增过程往往引入较多的偏差。目前，已经开发了一系列方法用来进行全转录组的扩增。如表 10-1 所示，尽管在技术细节上迥异，各种扩增技术存在着一定的误差偏倚性，而且在检测功能的实现上也不尽相同。在实际的应用中，用户需要根据科研问题选择合适的单细胞转录组扩增方法。

表 10-1 单细胞转录组测序技术特性（Liang et al., 2014）

方法	关键技术	位置偏差	是否可检测可变剪接	是否可检测新转录本	是否可检测基因表达	参考文献
Tang 等的方法	多聚 A 拖尾	3'端偏移	仅 3'端	仅 3'端	是	(Tang et al., 2009)
Cel-seq	体外转录、条码加编	3'端偏移	否	否	是	(Hashimshony et al., 2012)
Quartz-seq	抑制 PCR	3'端偏移	仅 3'端	仅 3'端	是	(Sasagawa et al., 2013)
Smart-seq	模板转换	3'端偏移	是	是	是	(Ramskold et al., 2012)
Smart-seq2	模板转换、核酸锁定	3'端偏移	是	是	是	(Picelli et al., 2013)
STRT	模板转换、条码加编	5'端偏移	否	否	是	(Islam et al., 2011)
Quantitative single-cell sequencing	模板转换、独特分子标识	5'端偏移	否	否	是	(Islam et al., 2014)

10.2.4 单细胞表观遗传组测序技术

大量的证据表明，由于细胞的生物学功能在很大程度上取决于该细胞的表观遗传学状态，如 DNA 甲基化、羟基化、组蛋白修饰、非编码 RNA 调控等，因而仅有基因组和转录组信息并不能完全反映细胞功能的全局状态。来源于同一组织的细胞，甚至是看似同质的细胞群体，在表观遗传学状态上都存在着较大差异。由此可见，能够在单细胞层次上探究表观遗传组对于我们深入理解生物功能具有至关重要的作用。

DNA 的甲基化在基因表达调控方面起到了重要的作用，也是表观遗传学领域研究的一个热点。以往基于多重定量实时 PCR 的方法在单细胞的层次上仅能探测较少的 DNA 甲基化位点。最近，一种基于亚硫酸盐转化的高通量测序技术被开发出来以用于在单细胞中对 DNA 甲基化位点进行全基因组范围的扫描。据报道，该种方法可以检测到全基因组中超过 48.4% 的 CpG 位点，是当前该领域一个很大的进展。

在全基因组范围对组蛋白修饰和 DNA 结合蛋白的检测可以通过免疫共沉淀反应结合测序的方式实现（ChIP-Seq）。该方法取决于组蛋白修饰，以及 DNA 结合蛋白与相应抗体之间的特异性结合，而且需要大量的细胞作为初始检测底物。尽管新的技术流程不断被开发出来，目前初始检测底物的最少细胞量还需要大约一万个，因而在当前的技术条件下，实现单细胞层次上在全基因组的水平对组蛋白修饰和 DNA 结合位点的检测还有待时日。

10.3 单细胞测序的技术应用

单细胞测序技术的诞生为生物体内稀有类型细胞及复杂细胞群体的研究提供了强有力的工具。基于此，在近几年的时间里，单细胞测序技术对生物学内多个领域，包括癌症生物学、发育生物学、微生物学等的发展起到了不可或缺的作用。本章我们将分别讨论单细胞测序技术在上述几个领域内的应用情况，之后将探讨该技术未来在临床转化医学中的应用潜力。

10.3.1　单细胞测序技术在癌症生物中的应用

癌症起源于单个的正常细胞。癌症的产生和发展可以看成是细胞中突变累积并不断分化形成多个亚群的过程。癌症群体细胞内部的异质性使得其临床诊断和治疗变得更加复杂。然而，癌症群体细胞的多样性却可以保护其自身能够在癌症微环境的选择压力下得以生存。传统的基于大块组织的测序技术难以满足上述研究需要，而单细胞测序技术的出现却使得癌症细胞群体多样性及稀有细胞的研究成为了可能。

目前，单细胞测序在癌症生物学中的研究应用主要是关注于癌症细胞群体内部的异质性及初期癌症细胞群体的演化两个领域。例如，最近一项针对癌症的单细胞外显子组测序分析显示了癌症细胞中的单核苷酸突变随着时间逐渐产生并导致癌症细胞群体中的多样性。同时，该研究还鉴定除了癌症细胞群体中的许多稀有突变（Wang et al., 2014）。另一项针对恶性胶质细胞瘤的研究则揭示了在初期肿瘤群体中 EGFR 突变的趋同演化现象（Francis et al., 2014）。

10.3.2　单细胞测序技术在发育生物中的应用

精子和卵子细胞可以融合形成受精卵，之后发育成新的个体，通过该过程母体将遗传物质传递给下一代个体。在此过程中，由于演化的作用可以产生新的遗传变异。通过应用单细胞测序技术，研究者可以探究种系细胞中遗传变异的产生机制。例如，最近一项基于 MALBAC 对受精卵细胞的研究发现，来源于 8 个女性的卵子细胞中平均每个卵子细胞有 43 个交叉事件，卵子细胞中的遗传重组率要比精子细胞高 1.63 倍（Hou et al., 2013）。

胚胎发育的早期过程中存在极强的转录调控及表观遗传重组现象。然而，由于胚胎早期发育细胞量（样本输入量）较低，上述事件的研究却又存在较大的困难。单细胞转录组测序技术的产生很好地解决了这个问题。例如，近期一项单细胞的转录组测序研究了人和小鼠中从卵子到桑椹胚发育过程转录组的动态变化，该研究揭示了调控细胞循环、基因调控等一系列过程的基因通路发生过程（Xue et al., 2013）。另一项基于单细胞亚硫酸氢盐测序的方法则发现了小鼠胚胎干细胞发育过程中的大规模 DNA 去甲基化过程（Guo et al., 2013）。

目前，对于绝大多数组织中细胞类型的划分仅仅是基于以往比较常用的标志物，而单细胞转录组测序技术则提供了一项新的无偏倚的手段，根据细胞中基因表达模式的迥异来重新区分不同的细胞类型。此外，该方法还可以用于发现新的用来界定细胞类型的标志物。

10.3.3 单细胞测序技术在微生物学研究中的应用

微生物学研究中的一个难点是绝大多数的微生物物种无法在实验室中培养和扩增，因而单细胞测序技术可以为微生物基因组的解析和不同菌落中细胞间多样性的研究提供强有力的工具。然而，由于微生物中仅含有极微量的遗传物质，因而研究的关键变成了对微生物中遗传物质的扩增。目前，对于微生物基因组的扩增常用的方法为多重置换扩增。大量的研究证明，在微生物学研究中，单细胞测序技术是对元基因组深度测序技术的很好补充，可以为微生物基因组的研究尤其是无法在实验室中培养的菌株开辟新的研究途径。

10.3.4 单细胞测序技术的临床应用前景

单细胞测序技术具有直接应用于癌症治疗的潜力。该技术有望成为研究癌症群体异质性、靶向治疗恶性最严重的癌症细胞群体的强有力工具。此外，单细胞测序技术还可以用来为每位癌症患者计算一个癌症细胞群体多样性系数，据此可以分析患者愈后复发可能性及化疗敏感性等多项指标。单细胞测序技术还有望能够用于癌症治疗过程中的非侵入性实时监控，即实时监测初期及转移癌症患者血液中残留基因突变的情况。据此，肿瘤学家可以追溯突变的演化过程，并对相应治疗措施的情况做出及时的反应。

单细胞测序技术另一个潜在的应用领域是体外受精的产前遗传检测。在这个过程中，卵裂球中的单个细胞被提取，然后进行单细胞 DNA 测序用于在植入子宫之前的遗传疾病的筛选。现有的初期实验研究已经证实该方法用于筛选卵细胞及卵裂球细胞，从而避免遗传疾病传递的可行性。该技术有望在未来几年中正式应用于临床实践，从而造福成千上万个的家庭。

10.4 单细胞测序技术的数据分析实例

单细胞测序数据的前期数据分析与常规的下一代测序数据分析大致相同，如小片段序列数据的过滤、在基因组上的定位与组装等。这些分析过程已经在本书之前的章节中进行了讲解，这里不再赘述。本章将从一套已经经过前期处理的单细胞转录组测序数据出发，讲述如何鉴定多个单细胞样本中的差异表达基因。有关单细胞测序数据的其他分析，可以参阅哈佛大学提供的单细胞测序数据分析资料：http://pklab.med.harvard.edu/scw2014/。

10.4.1 输入数据以及数据分析工具介绍

（1）输入数据。

这里我们模拟了 200 个单细胞的 30 000 个基因的表达值（以 FPKM 为单位），数据以矩阵的形式存储为 SCS_RNA.csv 文件。

（2）选用数据分析工具。

R 软件平台：https://www.r-project.org/

R 软件包 - DESeq：http://www.bioconductor.org/packages/release/bioc/html/DESeq.html

R 软件包 - Statmod：https://cran.r-project.org/ web/ packages/ statmod/

10.4.2 数据的读入与归一化

（1）数据在 R 软件中的读入与行名赋值（R 控制台输入命令）：

```
## 读入 csv 数据
$ SCS_Count <- read.csc ("SCS_RNA.csv", header=T)
## 为数据的行名赋值
$ rownames (SCS_Count) <- SCS_Count[, 1]
$ SCS_Count <- SCS_Count[, 2: ncol (SCS_Count)]
## 去除在所有样本中表达值均为 0 的基因行
$ SCS_Count <- SCS_Count [rowSums (SCS_Count) >0, ]
```

（2）采用 DESeq 包进行数据的归一化（R 控制台输入命令）

```
## R 平台载入 DESeq 包
$ require (DESeq)
## 利用 DESeq 包计算数据的 library size
$ lib.size <- estimateSizeFactorsForMatrix (SCS_Count)
## 根据上述计算得到的 library size 对数据进行归一化
$ ed <- t (t (SCS_Count) /lib.size)
```

10.4.3 根据归一化后的数据鉴定样本中高度差异表达的基因

```
## 计算方差估计值，变异系数
$ means <- rowMeans (ed)
$ vars <- apply (ed, 1, var)
```

```
$ cv2 <- vars/means^2
## R 平台载入 Statmod 包
$ require (Statmod)
## 回归曲线的拟合
$ minMeanForFit <- unname ( quantile ( means[ which ( cv2
> .3 )], .95 ))
$ useForFit <- means >= minMeanForFit
$ fit <- glmgam.fit ( cbind ( a0 = 1, a1tilde = 1/means
[useForFit] ), cv2[useForFit] )
$ a0 <- unname ( fit$coefficients["a0"] )
$ a1 <- unname ( fit$coefficients["a1tilde"])
## 根据基因表达情况与拟合曲线的偏离程度对基因进行排序
$ afit <- a1/means+a0
$ varFitRatio <- vars/ (afit*means^2)
$ varorder <- order (varFitRatio, decreasing=T)
$ oed <- ed[varorder, ]
## 获取差异表达最显著的前100个基因并输出至文件
$rownames (oed)[1: 100]
$ write.table ( rownames ( oed ) [1: 100], file="Top10_
Variable_Genes")
```

10.5 单细胞测序技术的未来发展趋势

单细胞测序技术为我们对生物多样性的理解、对稀有细胞的研究提供了极有效的工具。该技术对生物学中多个领域的研究发展都起到了重要的推动作用。比较常用的研究应用为：①解析群体细胞的多样性；②追溯细胞谱系的来源；③细胞亚类的分型；④稀有细胞的基因组测序。在癌症生物学研究方面，单细胞测序技术可以用来帮助研究人员理解肿瘤发展过程中不同细胞群体的重要性。在发育生物学方面，单细胞测序技术能够被用来探索不同发育阶段细胞谱系的来源，以及发现可用于细胞种类分型的标志物研究。单细胞测序技术还有非常广阔的临床应用前景，可以被用于癌症治疗过程的诊断与监控，以及产前遗传检测等。

未来单细胞测序技术的一个重要发展方向是对组织中单细胞进行原位测序技术的开发。此外，之后的技术还应当考虑将单细胞中基因型和表型的数据结合起来分析，同时需要整合多种类型的组学数据，如基因组学、转录组学及表观遗传组学数据等。技术发展的另一个重要方面是测序成本的降低,以使在未来普通的实验室能够以可接受的成本对成千上万个单细胞进行多种组学数据的检测。最后,如何从海量的单细胞测序数据进行有效的分析从而获得有意义的生物学结果是计算生物学家面临的另外一个巨大挑战。与传统的深度测序技术相比,单细胞测序数据在技术噪声、测序覆盖度一致性、扩增偏移性等方面都有较大差别。因而,针对单细胞测序数据开发有效的分析算法和工具是生物信息学家及计算生物学家未来一个重要的研究方向。

总结起来,尽管单细胞测序技术仍然处于发展的初期,但是我们已经看到了该技术在生物学各个领域中的广泛应用以及所产生的深远影响。因而,我们可以预期在未来的时间里,单细胞测序技术会得到的更多的重视和更长足的发展,从而以更低成本、更高测序通量在未来被普通的研究机构和临床实验室广泛使用。

参 考 文 献

Francis J M, Zhang C Z, Maire C L, et al. 2014. EGFR variant heterogeneity in glioblastoma resolved through single-nucleus sequencing. Cancer Discov, 4(8): 956-971.

Guo H, Zhu P, Wu X, et al. 2013. Single-cell methylome landscapes of mouse embryonic stem cells and early embryos analyzed using reduced representation bisulfite sequencing. Genome Res, 23(12): 2126-2135.

Hashimshony T, Wagner F, Sher N, et al. 2012. CEL-Seq: single-cell RNA-Seq by multiplexed linear amplification. Cell Rep, 2(3): 666-673.

Hou Y, Fan W, Yan L, et al. 2013. Genome analyses of single human oocytes. Cell, 155(7): 1492-1506.

Islam S, Kjallquist U, Moliner A, et al. 2011. Characterization of the single-cell transcriptional landscape by highly multiplex RNA-seq. Genome Res, 21(7): 1160-1167.

Islam S, Zeisel A, Joost S, et al. 2014. Quantitative single-cell RNA-seq with unique molecular identifiers. Nat Methods, 11(2): 163-166.

Liang J, Cai W, Sun Z. 2014. Single-cell sequencing technologies: current and future. J Genet Genomics, 41(10): 513-528.

Mardis E R. 2011. A decade's perspective on DNA sequencing technology. Nature, 470(7333): 198-203.

Navin N, Kendall J, Troge J, et al. 2011. Tumour evolution inferred by single-cell sequencing. Nature, 472(7341): 90-94.

Picelli S, Bjorklund A K, Faridani O R, et al. 2013. Smart-seq2 for sensitive full-length transcriptome profiling in single cells. Nat Methods, 10(11): 1096-1098.

Ramskold D, Luo S, Wang Y C, et al. 2012. Full-length mRNA-Seq from single-cell levels of RNA and individual circulating tumor cells. Nat Biotechnol, 30(8): 777-782.

Sasagawa Y, Nikaido I, Hayashi T, et al. 2013. Quartz-Seq: a highly reproducible and sensitive single-cell RNA sequencing method, reveals non-genetic gene-expression heterogeneity. Genome Biol, 14(4): R31.

Tang F, Barbacioru C, Wang Y, et al. 2009. mRNA-Seq whole-transcriptome analysis of a single cell. Nat Methods, 6(5): 377-382.

Wang Y, Waters J, Leung M L, et al. 2014. Clonal evolution in breast cancer revealed by single nucleus genome sequencing. Nature, 512(7513): 155-160.

Xue Z, Huang K, Cai C, et al. 2013. Genetic programs in human and mouse early embryos revealed by single-cell RNA sequencing. Nature, 500(7464): 593-597.

11 深度测序的数据可视化软件

> **内容提要**：深度测序技术能够实现一次对大量的 DNA 分子进行序列测定，对生物学产生了重大影响。随着这一技术的发展，对数量庞大的序列实现可视化显得尤为重要。

11.1 数据可视化技术的生物问题和应用背景

11.1.1 生物问题

深度测序技术是对传统测序一次革命性的改变，一次对几十万到几百万条 DNA 分子进行序列测定，因此在有些文献中称其为下一代测序（next generation sequencing）技术。同时，高通量测序使得对一个物种的转录组和基因组进行细致全面的分析成为可能，所以又被称为深度测序（deep sequencing）。高通量测序技术的出现使基因组数据的获得比从前更快更容易。连续的技术跨步被要求进一步提高吞吐量、测序平台的耗费和准确性，能够大规模地学习基因组、人类和疾病之间的关系，如 1000 基因组工程、国际癌症基因组协会和孤独症基因组计划等，以寻找和识别人类基因组间的基因组变异，利用这些知识通过联系变异和症状去确定人类疾病的基因遗传学基础。深度测序可以帮助研究者跨过文库构建这一步骤，避免了亚克隆过程中引入的偏差。依靠后期生物信息学，对照一个参考基因组，深度测序技术可以非常轻松地完成基因组重测序（re-sequence），可以广泛地用于疾病病因研究、物种发育研究等各项领域。深度测序技术的引入对数据分析工具提出了新的要求，需要同时在一台计算机上对几百万条序列进行可视和操纵。

深度测序技术的出现加快了全基因组的测序与再测序过程。这种低消耗测序技术提供了基因多态发现的空前机会。新数据类型和巨大数据体的分析带来对 base calling、reads 比对、基因组集合、多态性探测、数据可视化等方面的挑战。

11.1.2 应用背景

过去十年，深度测序技术的来临已经引起了在大规模基因数据分析上富有成效的研究。因此，非常多的软件工具被开发并且广泛应用。由于基因数据数量庞大且组织复杂，可视化工具对于一般基因数据可视化有两类主要方法：一类是提供内部建立的数据可视化组件和数据分析工具，如 DNA chip 分析器；第二类是程序以特定格式生成输出文件，并且随后可以被导入和通过其他数据可视工具进行可视。例如，Affymetrix Integrated Genome Browser。

可视化是许多数据分析的一个必要需求，包含但不仅仅局限于以下任务：

（1）发现在序列短片段映射、队列和组装上的错误。同源区域的短片段映射错误、本地队列和组装错误会导致得到不正确的单核苷酸多态性（SNP）。视觉检测就能揭示这些错误。

（2）软件开发和测试为了下游分析。组装算法和多态发现工具的发展需要严谨的软件测试，这很大程度上得益于显示的基础差异、机器信号和基础质量值。

（3）数据解释和假设生成。解释基因组的候选多态位点需要整合基因组注释数据到一个组装视图。这种整合促进后续实验的假设生成。

新的测序技术生成大量原始序列数据的能力增加了分析实质性信息的困难。测序平台典型的输出文件包含一个核苷酸序列和每一个短序列片段的质量值，并会在一次单独的运行中被测出的短序列片段很多。由于它们结构化的文本格式，这些文件可以通过下游计算机程序被解析为多行形式，但不能用来直接操作和可视化分析。目前，部分下游分析程序可以识别实验科学家感兴趣的区域和对支持数据进行可视化分析等。

基因组数据的可视化为研究人员提供了一个较原有格式更自然的方法来查看信息。其中，有许多困难的任务得益于可视化（Fiume et al., 2010）：①在一个单独视图中整合多个相关数据集，可以洞察基因组间相互作用的特点；②算法开发，许多潜在 calls 的可视化（如基因组变异、启动子位点、内显子-外显子的边界等）能够帮助排除故障和识别真假阳性；③以计算机程序来描述探索基因组不同区域上功能位点特异性的显著特征是比较困难的。例如，ChIP-Seq 数据中两个相近的空间峰值暗示了相邻结合位点的存在。没有可视化工具提供的便捷，在上述感兴趣区域的识别不得不通过支持数据的人工分析去费力完成。

11.2 数据可视化相关软件介绍和比较

此类工具多用于基因组注释的可视化。UCSC 基因组浏览器（Kent et al., 2002）、Ensembl（Yates et al., 2016）和 MapViewer（Coordinators, 2016）基因组浏览器是常用的在线工具，能够用于不同生物数据的展示，如基因突变、已表达序列标志和功能基因组数据的注释等。目前，虽然新版本的这些工具能够支持高通量数据处理，但实现过程仍然过于烦琐，主要体现在（Fiume et al.,

2010）：①大量的本地数据需要通过网络上传至服务器；②一经上传，可视化的数据将不能再被操作和计算；③服务器端浏览器运行速度慢且是非交互式的。其他可视化程序，如 Integrative Genomics Viewer（IGV）（Thorvaldsdottir et al.，2013）、Artemis（Rutherford et al.，2000）及 Tablet（Milne et al.，2010）能够方便地在本地计算机上运行，利用本地储存能力和计算资源将会克服网络浏览器的缺陷。这些浏览器允许对高通量数据实现交互性的可视化，但限制了分析能力，并且不能通过用户自定义模块进行扩展。

深度测序技术对数据分析工具的可用性提出了新的要求。经过选择和比较，这里我们将按照基于网络和基于本地平台这两种类型介绍可视化软件，并重点介绍三款性能较好的工具，分别是 Savant（Fiume et al.，2010）、NGSView（Arner et al.，2010）和 Tablet（Milne et al.，2010）。

11.2.1　基于网络的可视化浏览器

11.2.1.1　UCSC 基因组浏览器

UCSC 基因组浏览器（Kent et al.，2002；Speir et al.，2016）是目前最流行的基因组可视化工具之一，它提供了一系列网页分析工具，能够迅速、可靠地显示基因组的任何部分，并且得到相关的基因组注释信息。目前，最新版本的浏览器包括了大量的基因组信息，共有 166 个集合（assembly），涵盖了 93 个物种。每一个集合都拥有一个标准化的注释，包括 contig 和 scaffold 名称、gap 的位置、GC 百分比、基因预测（gene scan）、CpG 岛，以及由 RepeatMasker、Tandem Repeat Finder 和 WindowMasker 识别的代表元件。在有数据的情况下，来自于 GenBank 的 EST 和 mRNA、来自于 RefSeq 的基因集也会匹配到基因组上。除了以上基本的注释，一些集合还提供了其他数据集信息，如基因预测和保守分数等。在人类基因组中，更提供了由 GENCODE 预测的基因、ENCODE 提供的调控和表达数据、由不同来源提供的表型和疾病相关性信息及变异数据等（Speir et al.，2016）。

一般地，可视化工具以基因组中碱基的位置作为横坐标，在纵坐标方向上排列着相关的注释数据的可视化结果，每一个注释数据的可视化结果被称为 track。同样，UCSC 基因组浏览器也是以 track 的方式展示基因组及其注释数据。如今，在此浏览器中一个注释 track 的一半在 UCSC 中计算，另一半由世界上的合作伙伴生成，最终由 BLAST 序列搜索工具整合而成。如图 11-1 所示，UCSC 基因组浏览器系统大致可为分查询控制、可视化展示和 track 管理三个部分。查询控制的操作包括：染色体范围查询、关键词查询、对范围的左右平移和不同倍数的放缩进行查询。可视化展示的模式有 5 种，分别是 hide、dense、squish、pack 和 full。

最后，track 管理包括分组管理和展示模式管理。

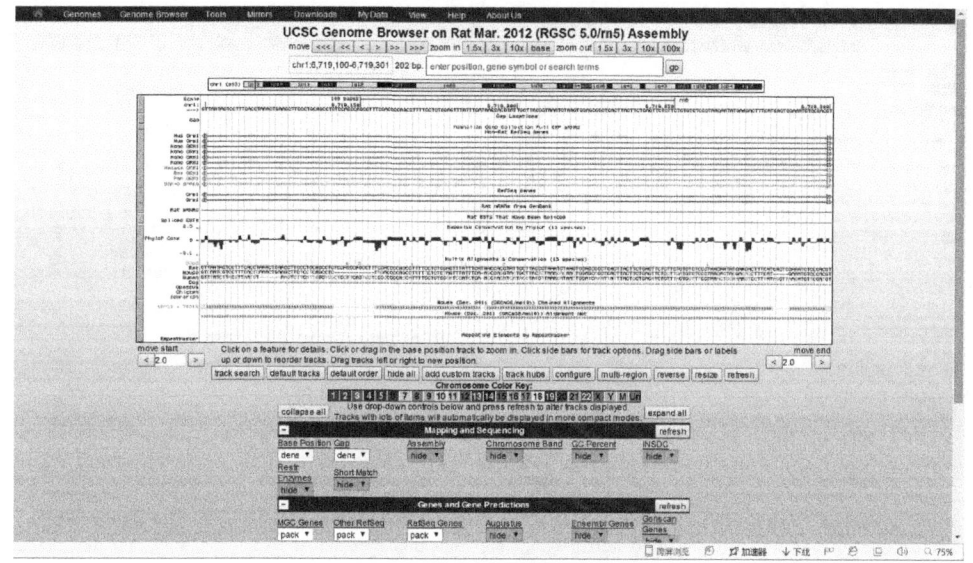

图 11-1　UCSC 基因组浏览器

11.2.1.2　Ensembl 基因组浏览器

Ensembl 也是一个全面的基因组系统，与 UCSC 基因组浏览器类似，也是采用 track 来展示各种数据，但其提供了多分辨率的展示方案。Ensembl 基因组浏览器系统由数据存储、整合、分析和可视化大量生物数据组成。其重点是围绕真核生物的基因注释和比较基因组的整合，其中共包括 87 个物种的基因组信息（Yates et al., 2016）。

大多数用户通过网站界面来使用 Ensembl。目前，网站进一步提高了导航性和发现性。新的设计提供 5 类不同的视图（图 11-2 和图 11-3）：定位、比较基因组、调控、基因注释和变异。通过点击每个页面的顶部的 tab 键可轻松实现导航。

11.2.2　基于本地平台的可视化软件

11.2.2.1　IGV

IGV（Integrative Genomics Viewer），如图 11-4 所示（Thorvaldsdottir et al., 2013）是哈佛和麻省理工 Broad 研究院研发出的一款高性能的、适用于交互的大量整合的数据集、简单易用的可视化软件。它旨在整合不同类型的数据，不仅支持芯片数据，还支持 NGS 数据，并且可以整合表型和临床数据，同时可灵活放大基因组上的某个特定区域。IGV 基于 JAVA 平台，支持在多个操作系统运行。

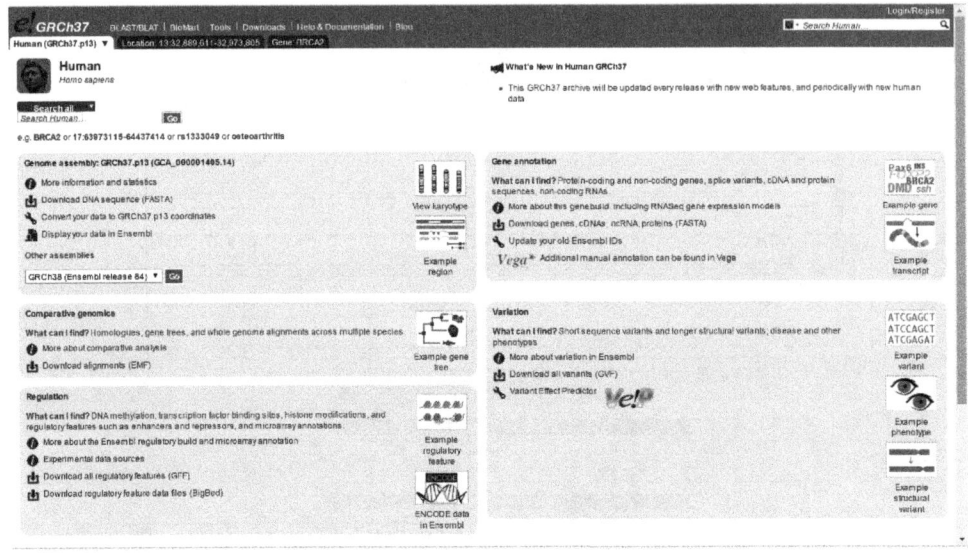

图 11-2　Ensemb 基因组浏览器视图

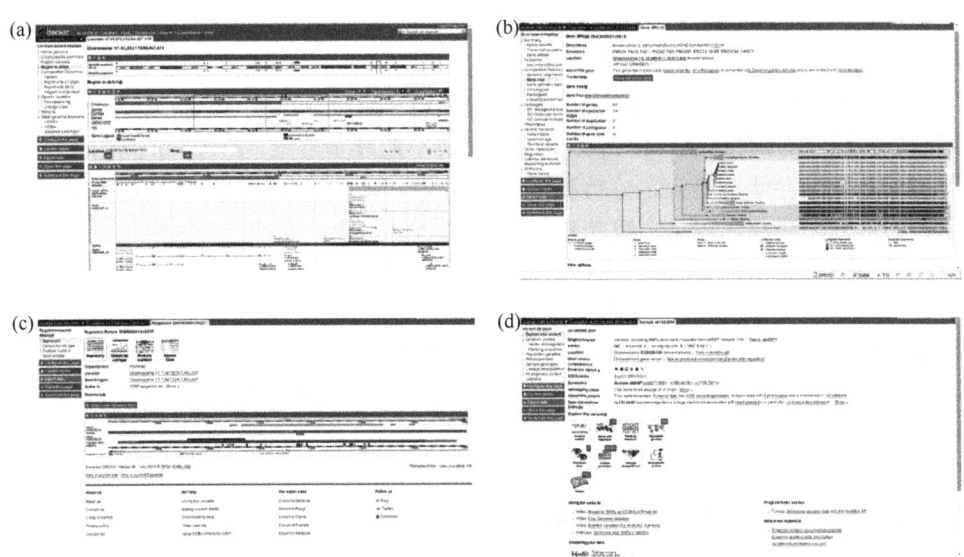

图 11-3　Ensemb 视图
（a）定位视图；（b）比较基因组视图；（c）调控视图；（d）变异视图

11.2.2.2　Artemis

Artemis 是一款用于高通量序列可视化、注释和分析的工具，目前版本更新至 16.0（Rutherford et al., 2000; Carver et al., 2012）。它采用 Java 开发，并且能够

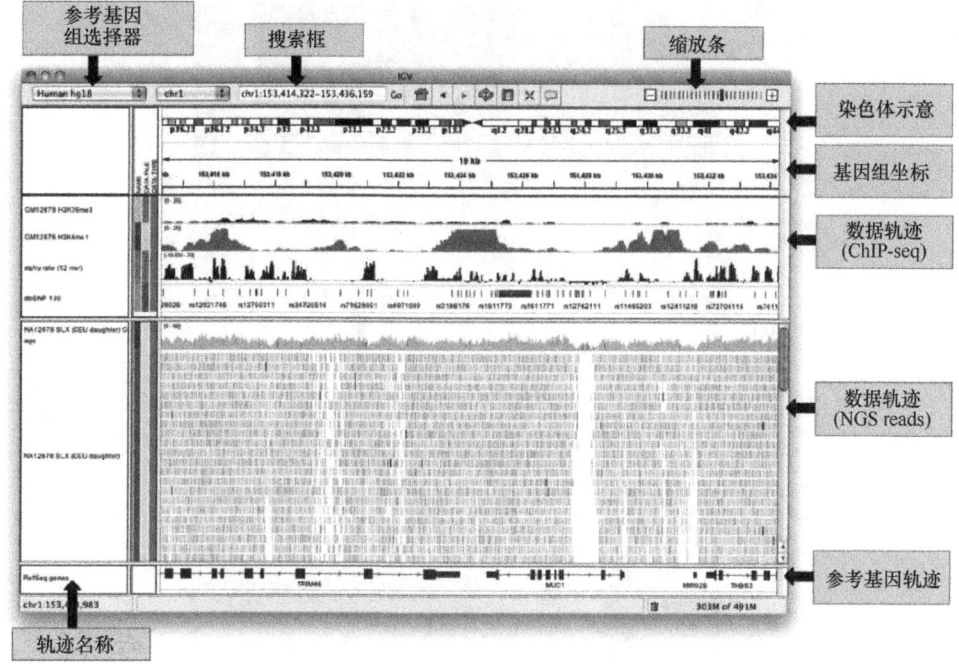

图 11-4　IGV 软件界面图（Thorvaldsdottir et al., 2013）

在 MacOSX、UNIX 和 Windows 上运行。Artemis 支持 BAM、VCF、BCF、FASTA 和 Tab 等格式的文件,网址为 http://www.sanger.ac.uk/science/tools/artemis。Artemis 第一个版本于 2000 年发表,主要用于 DNA 序列的可视化和注释,特别是细菌和低真核基因组的注释。2012 年,发表了新的版本,开发者将其功能扩充到了高通量实验数据的可视化。Artemis 的新功能主要包括多序列的可视化和变异展示,它提供了一个综合性的多序列比对的视图,可以一次性向用户展示多个不同的视图结果。图 11-5 分别从 5 个方面对比对结果进行了展示（Carver et al., 2012）。

11.2.2.3　Tablet

Tablet（Milne et al., 2010；Milne et al., 2013）是一款面向深度测序序列组装和比对的高性能图形化软件,支持多种输入组装格式,提供高质量的可视化,以包或栈形式的视图显示数据,允许即时存取和导航到任何区域。Tablet 面向所有用户,安装使用简单、视觉效果丰富、支持单核和多核处理器架构,并会根据处理器内核数量调整性能。

Tablet 也是采用 Java 编写,兼容任意支持 Java 且运行时 ≥1.6 级的系统,如图 11-6 所示。安装程序可用于 Windows、Mac OS X、Linux 和 Solaris 操作系统,有 32 位和 64 位版本。一旦安装和运行,Tablet 将监测服务器上是否有新版本,并提示用户下载更新,同时打开更新网页介绍增加的功能。

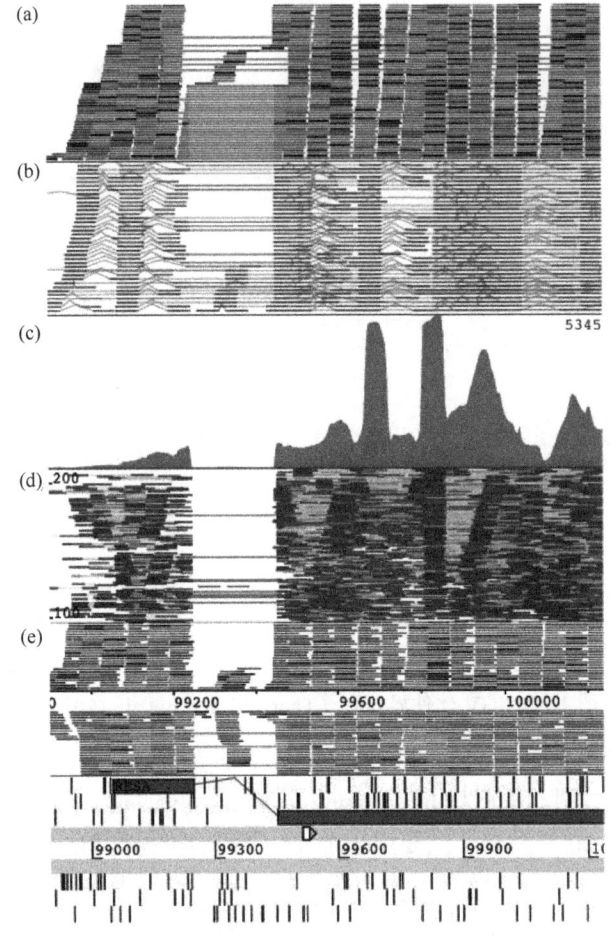

图 11-5 Artemis 中 RNA-Seq 数据比对视图（Carver et al., 2012）

处理组装数据的两种主要方法分别是基于内存或磁盘缓存。前者所有数据都载入内存中，这类应用程序的查看和导航速度较快（最初下载数据有延迟），并可以提供数据集的总体综览和统计概要。但是，可处理的数据集大小受可用内存的限制；后者只有当前可用的数据集部分在内存中时，数据才驻留在磁盘上，这类应用程序可以利用最小的内存显示更大的数据集，但是访问数据的速度非常慢（将影响导航），且可用功能有限。Tablet 综合了两种方法的优势，采用了一种新的解决方案：在内存中为序列采取了"skeleton"的安排，每个序列的数据仅限于一个内部 ID、相对于共有或参考序列的位置及其长度。核苷酸数据经有效的压缩，以便尽快读取，连同其他补充信息（如序列的名称和位置），保存在有索引的磁盘高速缓存中，需要时通过序列的 ID 访问即可。Tablet 也以每个重叠群为基础分配内存，包括打包数据以显示、覆盖计算等功能的信息，这些数据的计算和存储在每次重叠群呈现及再次丢弃后显示。这种方法能够在内存消耗较低的同时提供最多的功能：即时访问数据的任何部分、整体数据集的综合浏览等。

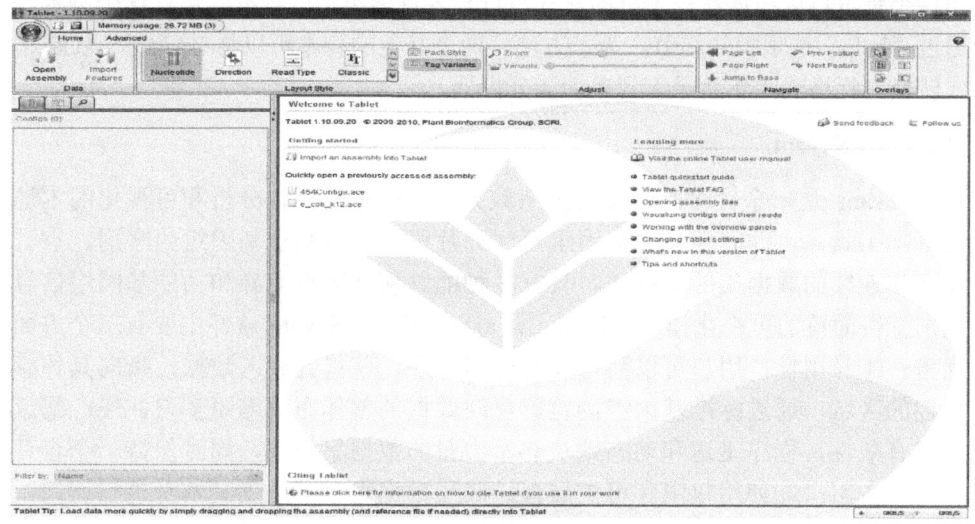

图 11-6　Tablet 软件界面图

Tablet 可导入 ACE、 AFG、 MAQ 和 SOAP 格式的数据（为 SAM 提供初步支持），同时，454 和 Solexa 数据也可处理。它的界面分为 4 个部分，主界面显示重叠群，序列按一致序列比对。序列根据核苷酸型着色，即使在完全缩小时，仍然能保持可视化结构。

11.2.2.4　NGSView

NGSView（Next Generation Sequence View）软件是一个通用、灵活、可扩展的下一代测序比对编辑和可视化工具，其目标是为了在普通的台式计算机上就可以操作和可视化数百万的 NGS 数据（Arner et al.，2010）。NGSView 软件相对于其他可视工具的主要优势是它给用户提供更大的权力。用户可以移动周围的序列并剪切、复制、粘贴它们，或在它们身上运行算法，选择不同的视觉模型，放大或缩小。用户界面是一个前端数据库，通过 NGSView 软件实现的变化会自动反映在数据库中。NGSView 拥有三大特性，即普遍性、灵活性、可扩展性。它的普遍性表现在它能够操作任何格式和几乎任何大小的序列数据，它的灵活性表现在它拥有除了可视化的更多编辑选项，可扩展性表现在一个开源的环境下通过已定义好的 API 开发。

这个软件在 Linux Fedora、Ubuntu、Debian、openSUSE、CentOS 32 和 64 平

台被开发和测试。下层组件是开源的，并且可以广泛在其他平台使用，在未来可以直接将 NGSView 移植到其他平台上。NGSView 直接支持的唯一格式是一个本身的 XML 格式。然而，一个通用的 perl 脚本（map2ngsview.pl）包含在包里，用这个脚本可以根据在视图里的格式以行导入许多类型的数据。运行这个脚本，通过"help"选项得知细节。为了方便，两个其他的脚本可以将 SAM 和 ACE 格式转换到行格式，然后导入到多功能分析器。

11.2.2.5 Savant

Savant 是一个针对高通量基因组数据进行序列注释、分析和可视化的本地浏览器工具，可动态地显示基因组短序列片段，支持基于基因组的序列、点、间隔和连续的数据集的可视化，具有多种能够使基因组变异和功能基因组信息识别变得简单的可视化模式（Fiume et al.，2010）。Savant 软件主要有三个方面优势：①易用性，用户可以简单安装应用程序，获得并载入数据，指向具体感兴趣的区域，通过标准基因组浏览器反映数据的整体布局缩短学习曲线；②速度和有效性，程序迅速和动态地从非常大量的数据集筛选，同时保持一个合理的内存占用；③使用权限和可扩展性，底层数据很容易从工具本身进行访问，并且用户能够通过增加许多对具体任务的插件来扩展应用程序。Savant 软件的特征如表 11-1 所示。

表 11-1　Savant 软件的特征（修改自 Fiume et al.，2010）

特征分类	特征
数据格式	FASTA，BED，SAM/BAM，WIG，GFF 和制表符分隔的文本文件包含位置的注释
速度和有效性	快速存取，可扩展到非常大的数据，小内存占用
导航	放大缩小，移动镜头，寻找通过使用范围控制或者键盘和鼠标
布局	可停靠的模块支持显示和隐藏，重新排列，最大化，浮动和靠近
可视化	序列，点，间断和连续的轨迹的紧凑视图；具体数据类型的多种显示类型
编程语言	Java
操作系统	Windows，Linux，Mac 和其他支持 Java 虚拟机的平台
可扩展性	插件框架支持数据的读取和用户的为了定制扩展的用户界面
其他	对感兴趣的地方进行书签标记；锁定概述轨迹；对成对短序列片段用新的表示方法使得结构变异易于识别

Savant 有一个简单直接的界面，这是通过使用一个模块化对接的框架进行定制的。图 11-7 显示了 Savant 的运行情况，并且阐述了它的组件及扩展信息。

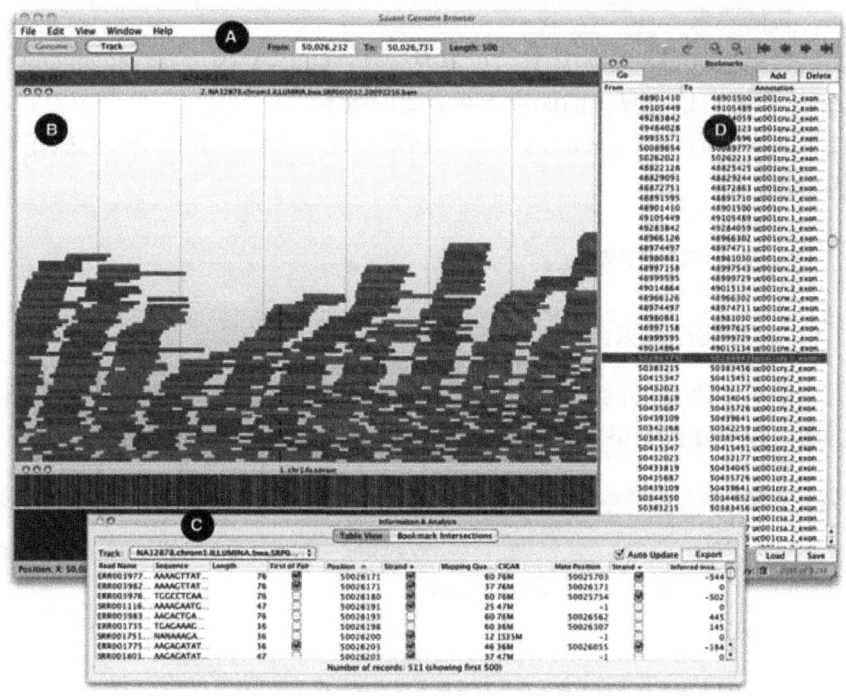

图 11-7　Savant 软件界面图（Fiume et al.，2010）

11.3　软 件 示 例

本节将针对软件 Savant 做详细的使用介绍。

11.3.1　Savant 安装

Savant 代表"Sequence Annotation Visualization and Analysis Tool"。换句话说，Savant 是一个可视化分析基因组数据的程序，能够有效地在传统台式计算机或笔记本电脑运行。Savant 使得基因组数据的可视化和分析更加高效。

（1）下载

可以从网站 http://compbio.cs.toronto.edu/savant 免费下载。

（2）运行环境

Windows XP，Vista，7

Mac OS X

Linux

Zip（运行"java -jar Savant.jar"）

(3)其他要求

安装 JRE 1.6 或更高版本，可以从网站 http://www.java.com/en/download/manual.jsp 根据自己计算机的配置下载需要的版本。

接下来，我们均以 Windows 平台为例进行使用介绍，其他平台的操作类似，故不再赘述。

11.3.2 Savant 运行实例

11.3.2.1 从 UCSC 基因组浏览器下载示例数据

首先登录 UCSC 的网站 http://genome.ucsc.edu/，点击 Table Browser，如图 11-8 设置参数（以 bed 数据格式为例），点击 get output 按钮；

图 11-8 Table Browser 下载数据

接着出现如图 11-9 所示界面，设置 BED 文件的相关参数，点击 get BED 按钮进行下载。

11.3.2.2 文件格式转换

Savant 支持一些文件格式。在确定数据检索速度前，这些文件被指定格式转换，以学习如何输出 Savant 格式文件。

打开软件 Savant，初始界面：点击 File->Format File，得到 Format 对话框，选择需要导入的文件格式、BED 格式和输出文件，点击 Format 按钮开始文件格式转换，如图 11-10 所示。

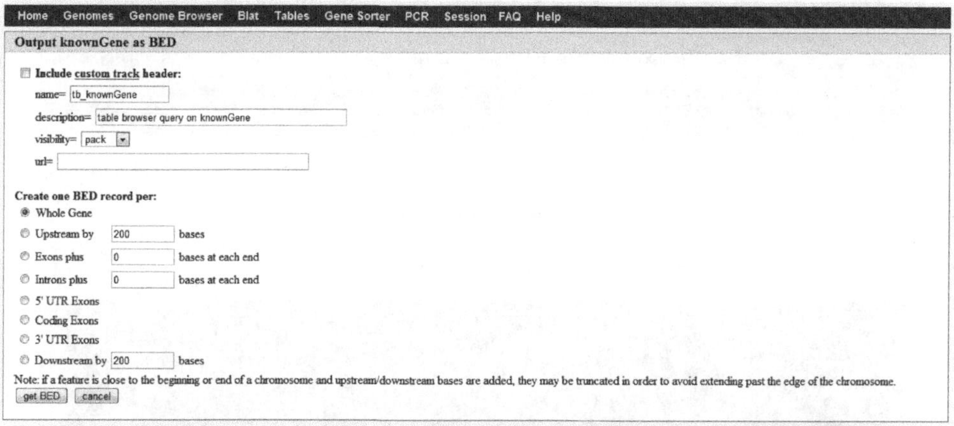

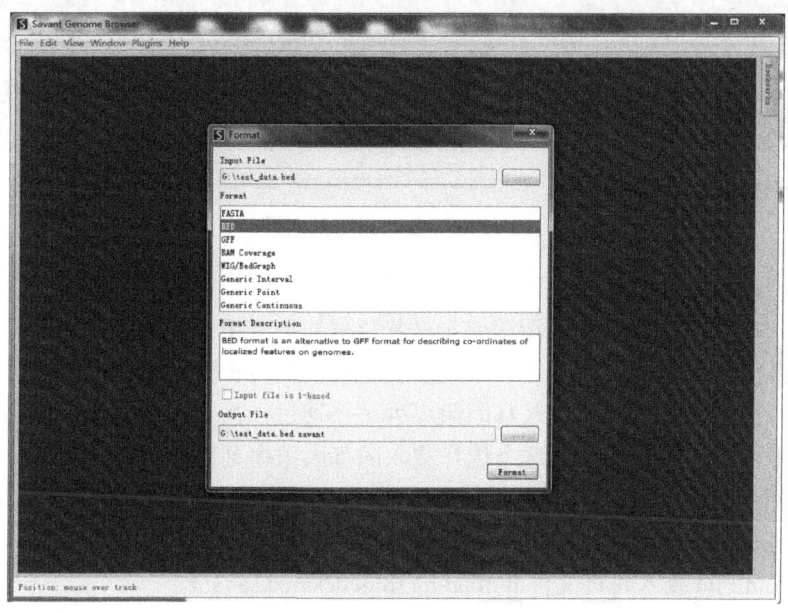

图 11-9　BED 文件参数设置

图 11-10　用 Savant 进行格式转换

11.3.2.3　指定基因组

点击 File->Load Genome 后，点击 File 按钮，从文件中指定基因组，这里以载入 Fasta 数据为例，载入基因组后界面，如图 11-11 所示。

11.3.2.4　导航控制

首先载入基因轨迹文件。这里，一个轨迹即是一个单独的数据集。

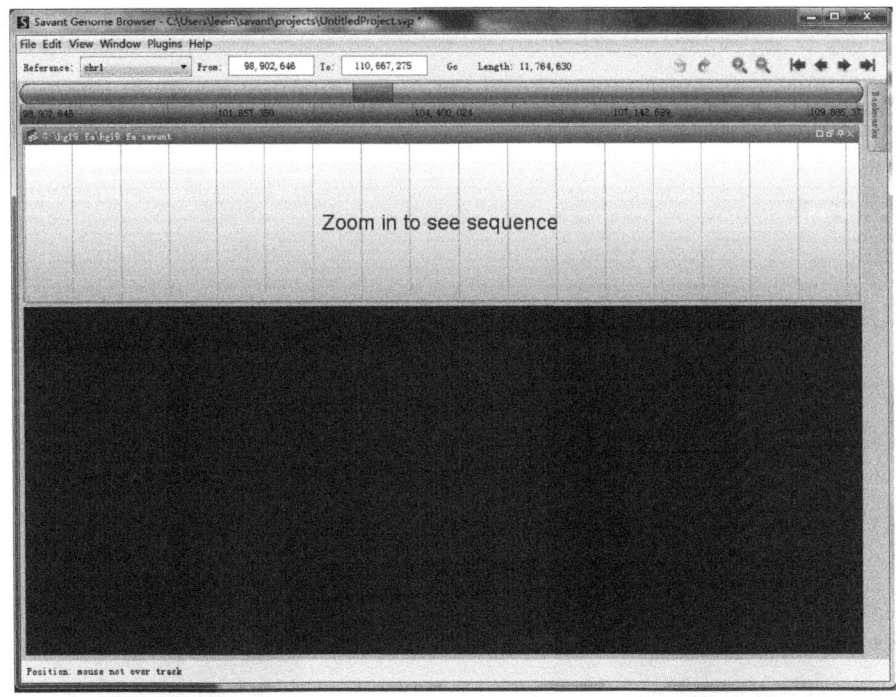

图 11-11　载入指定基因组

轨迹载入预备知识：

（1）文件在 Savant 中使用前必须转换格式。如果用户并不确定文件是否已经转换格式，可先试着载入。如果没有转换，Savant 会提醒进行格式转换。

（2）选择 1：从文件载入基因组序列——通过点击基因组或文件按钮载入已被转换好格式的序列文件。这个选择载入的基因组序列作为轨迹。

选择 2：指定没有提供序列的基因组——通过点击基因组按钮或点击：File >Load >Genome and choosing "Specify Length" 指定没有序列的基因组，File->Load Track From File 载入轨迹文件 human.hg18.genes.bed.savant。

导航涉及改变通过浏览器看到的基因组区域。用户可以通过与用户交互（特别地，导航的工具栏在界面最上方）或通过使用键盘鼠标的快捷键进行导航，如图 11-12 所示。

11.3.2.5　变换可视化模式

每次用户要求改变范围 Savant 便检索和呈现数据。同时，这些过程几乎同时发生，从而在基因组实现无缝导航。每个轨迹呈现适应于显示模式和用户选择可视区域的长度。特别的数据类型能够在不同的模式下显示。例如，间隔注释能够压缩在一起显示在单独的行上。可通过点击 Display Mode 选择希望的模型。每个

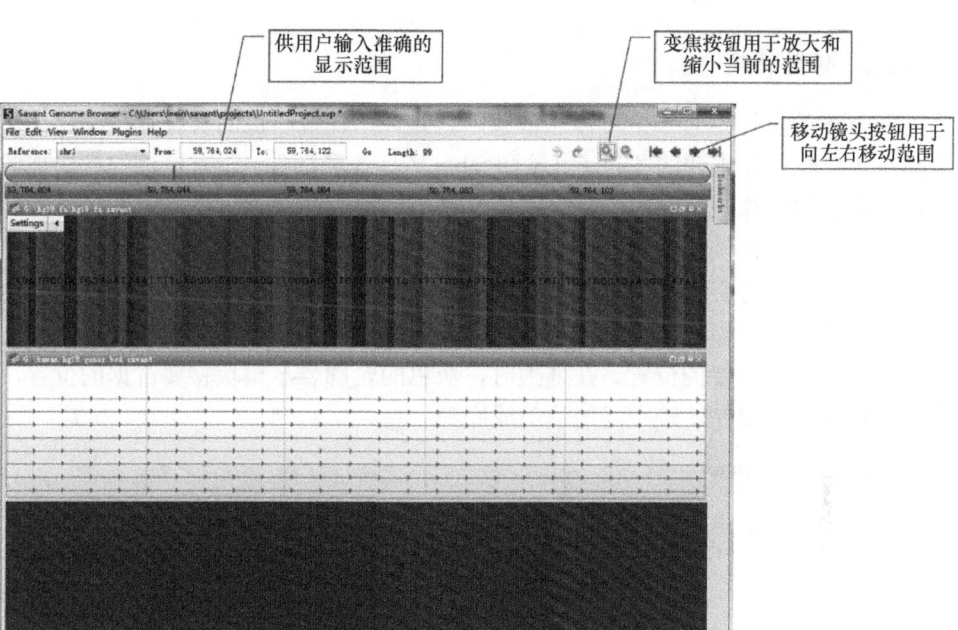

图 11-12 导航

模型强调数据不同的方面,如图 11-13 所示。例如,变异模型针对短序列比对的,可用颜色强调在短序列片段上的不匹配的现象。

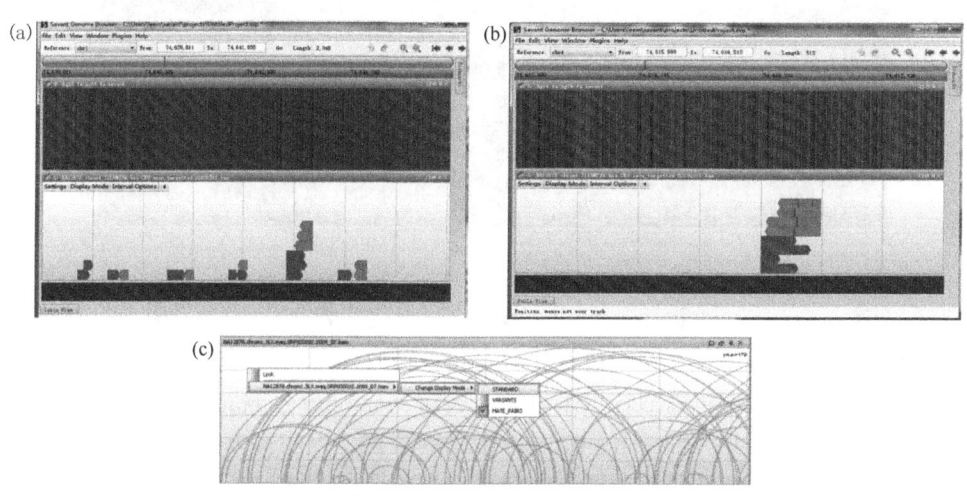

图 11-13 可视化模式
(a) 标准模式;(b) 变异模式;(c) MATE_PAIRS 模式

11.3.2.6 停靠模块

Savant 的特征是有一个可停靠框架，它允许用户按自己的喜好重排模块。这些模块包含轨迹和内建的条目（书签和 table View）和插件。没有轨迹的模块被放在用户界面的边缘。相同地，轨迹模块不在其他模块之间。

通常，内部模块是隐藏的。隐藏模块以短小突出定位出现在用户界面。当鼠标移到模块部分将突出显示；当鼠标离开时显示模块将会隐藏，中心将移到其他用户界面的组件；模块也可置顶显示，可调整大小和形状。移动模块，点击它的标题栏可拖拽到需要的位置。在拖拽时，灰色的轮廓表示模块将要占据的位置，轨迹模块能被放置在轨迹空间的顶部或底部。

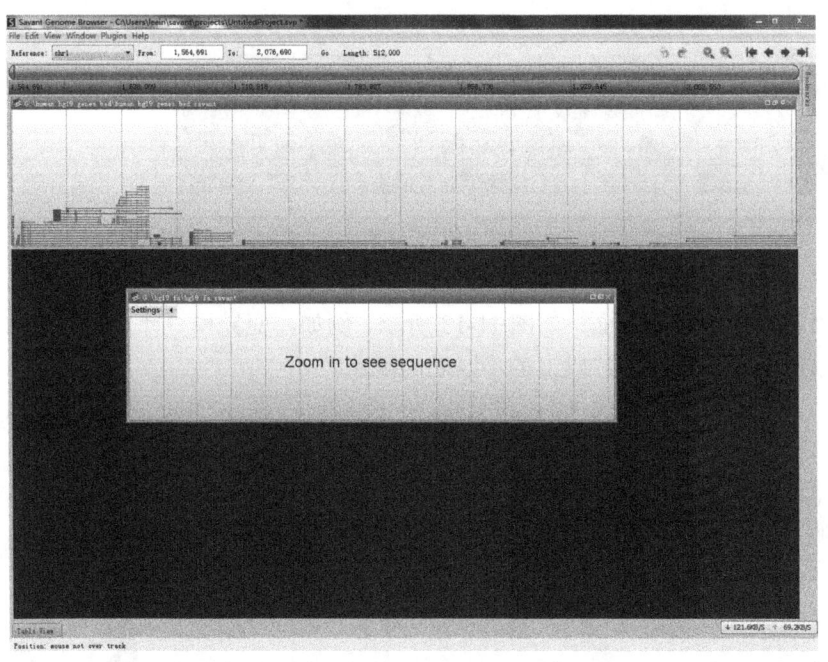

图 11-14　模块

模块可最大化以使交互或可视化更容易，并且可从其他模块中恢复原始尺寸以回到中心视图，也可以通过点击右键，选择 Maximize 实现最大化。

模块可以从用户界面拆分到屏幕上独立的位置，以实现分析模块和轨迹独立显示。拆分模块的方法是点击嵌入的像正方形的图标，通过点击和拖拽它的标题栏，被拆分的模块能接着被移到另一个位置。通过点击上述正方形的里面 L 型的按钮来取消拆分，让它重新回到原来的界面。也可以通过点击鼠标右键，选择 float 完成窗口的分离。

11.3.2.7 书签

书签模块可以帮助记录感兴趣的区域或进行注释。任何时候，用户可以通过使用模块内的按钮或键盘快捷键添加、移除或寻找书签标记过的区域。

书签能够通过点击嵌入在书签模块内的按钮进行添加。当前的范围将会被用作书签，书签的起始和结束坐标可以通过双击它们进行调节。同时，还可以进行书签的添加、注释、保存、载入等操作，如图11-15所示。

图 11-15　书签

11.3.2.8 表视图

表视图模块显示从短序列片段比对的轨迹得到的数据，以表格形式展现当前范围的数据，如图11-16所示。在数据电子表中，以列显示记录，以行显示字段。当选取一个范围时，数据可随着自动更新。

表视图在同一时间只显示来源于一个单独轨迹的数据。用户可以通过下拉菜单选择轨迹，选定轨迹后的界面，如图11-17所示。

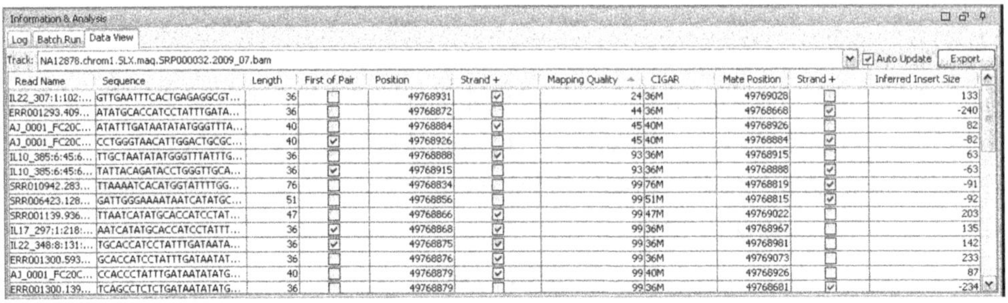

图 11-16 表视图模块

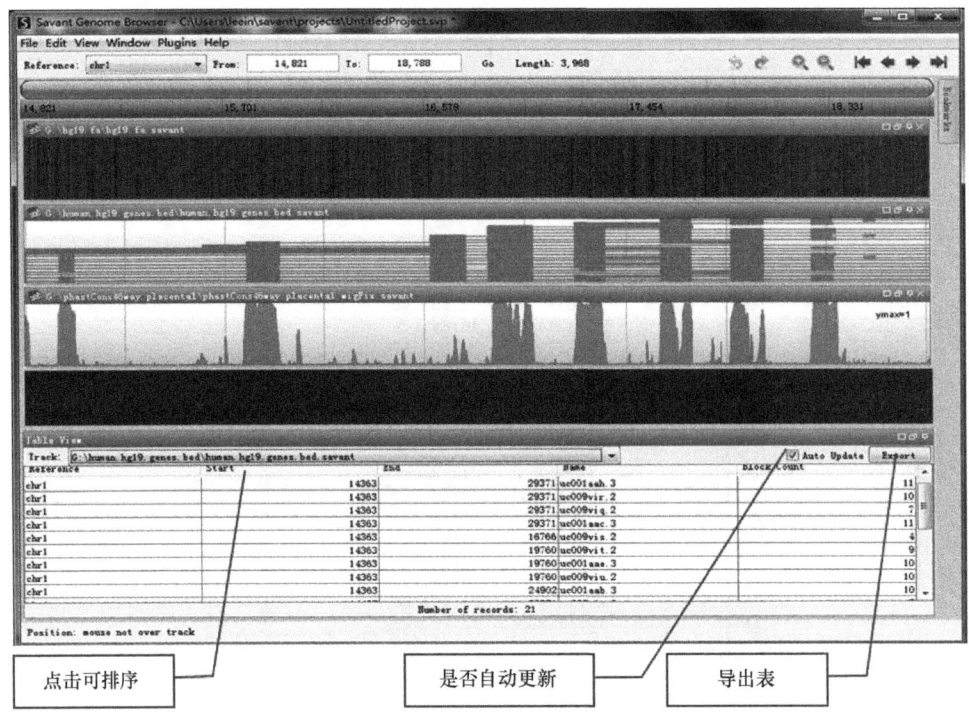

图 11-17 轨迹和对应表视图

其中，Auto Update 勾选框表示是否自动更新选择，在表视图的整个数据可以通过字段标题排序。在表视图的数据能够通过点击嵌入在模块内导出按钮被导出。结果文件中的内容以信息制表符分隔保存。点击 Export 导出文件，点击保存后，文件将以文本的形式存储。

11.3.2.9 轨迹锁定

单独的轨迹能够锁定到一个特定的范围，直到解锁前，它们不会被更新。锁定的轨迹能够用于描述从选定子区域指定其他轨迹的范围变化。锁定轨迹的方法是在轨迹模块点击 settings→lock track 并检查锁定选项，不选此选项则可以解锁轨迹（图 11-18）。

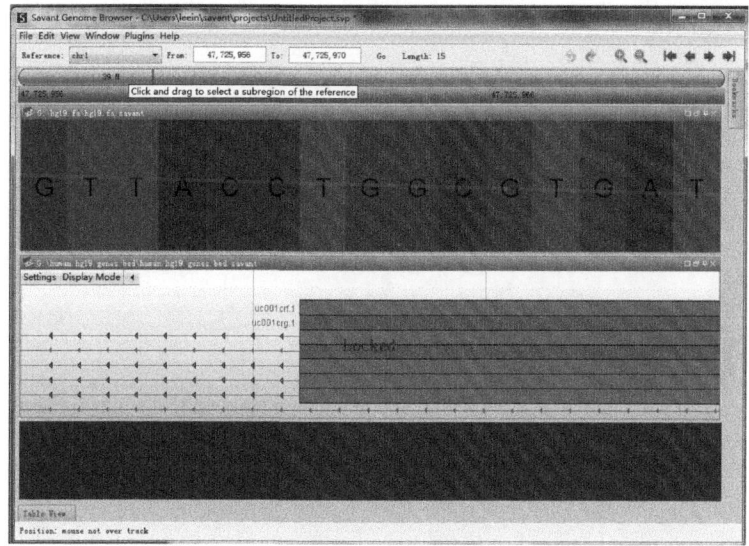

图 11-18　轨迹锁定

参 考 文 献

Arner E, Hayashizaki Y, Daub C O. 2010. NGSView: an extensible open source editor for next-generation sequencing data. Bioinformatics, 26(1): 125-126.

Carver T, Harris S R, Berriman M, et al. 2012. Artemis: an integrated platform for visualization and analysis of high-throughput sequence-based experimental data. Bioinformatics, 28(4): 464-469.

Coordinators N R. 2016. Database resources of the national center for biotechnology Information. Nucleic Acids Res, 44(D1): D7-19.

Fiume M, Williams V, Brook A, et al. 2010. Savant: genome browser for high-throughput sequencing data. Bioinformatics, 26(16): 1938-1944.

Kent W J, Sugnet C W, Furey T S, et al. 2002. The human genome browser at UCSC. Genome Res, 12(6): 996-1006.

Milne I, Bayer M, Cardle L, et al. 2010. Tablet--next generation sequence assembly visualization. Bioinformatics, 26(3): 401-402.

Milne I, Stephen G, Bayer M, et al. 2013. Using Tablet for visual exploration of second-generation sequencing data. Brief Bioinform, 14(2): 193-202.

Rutherford K, Parkhill J, Crook J, et al. 2000. Artemis: sequence visualization and annotation. Bioinformatics, 16(10): 944-945.

Speir M L, Zweig A S, Rosenbloom K R, et al. 2016. The UCSC genome browser database: 2016 update. Nucleic Acids Res, 44(D1): D717-725.

Thorvaldsdottir H, Robinson J T, Mesirov J P. 2013. Integrative genomics viewer(IGV): high-performance genomics data visualization and exploration. Brief Bioinform, 14(2): 178-192.

Yates A, Akanni W, Amode M R, et al. 2016. Ensembl 2016. Nucleic Acids Res, 44(D1): D710-716.